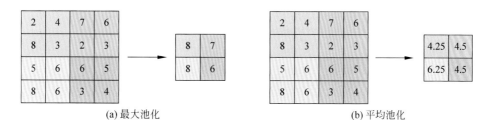

(a) 最大池化   (b) 平均池化

图 3-10 池化过程的计算

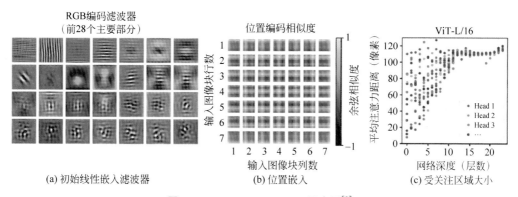

(a) 初始线性嵌入滤波器   (b) 位置嵌入   (c) 受关注区域大小

图 5-8 Position Embedding 示意图[9]

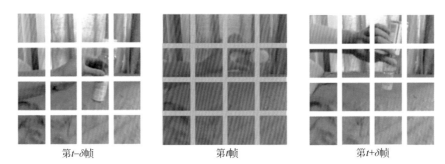

第$t-\delta$帧 　　　　 第t帧 　　　　 第$t+\delta$帧

图 10-12 时空分离注意力的处理过程[6]

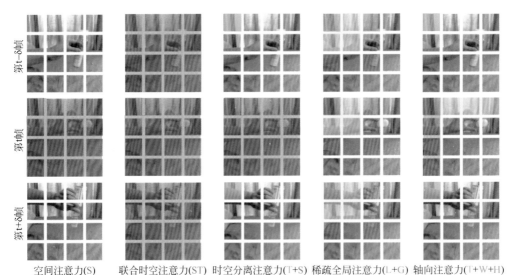

空间注意力(S)　联合时空注意力(ST)　时空分离注意力(T+S)　稀疏全局注意力(L+G)　轴向注意力(T+W+H)

图 10-14 5 种时空自注意力机制的不同处理过程[6]

计算机视觉

——飞桨深度学习实战

深度学习技术及应用国家工程研究中心　　　组编
百度技术培训中心

罗晓燕　白浩杰　党青青　杜宇宁　张宝昌　编著

清华大学出版社
北京

内 容 简 介

本书在介绍深度学习、百度飞桨等相关知识的基础上，着重介绍了图像分类、目标检测、语义分割、人体关键点检测、图像生成、视频分类、图像文本检测和识别、图像识别等计算机视觉任务的实现原理及深度学习模型框架，并通过具体案例来详细介绍各任务的实现细节。

全书分为理论篇和实战篇。理论篇(第1~4章)梳理了计算机视觉技术的发展历程、主要任务、行业应用系统，同时简要介绍了深度学习开发框架、飞桨(PaddlePaddle)开发平台，以及深度学习的基础知识与网络模型架构。实战篇(第5~12章)结合计算机视觉的各个任务要求与技术发展，对其中经典的深度学习算法模型进行介绍。全书提供了实例代码，详解了在飞桨开发框架下各任务的模型实现过程。

本书适合作为高等院校人工智能、计算机视觉专业高年级本科生、研究生的教材，同时可作为计算机视觉相关任务实践教程，也可以作为科研工作者的参考书籍。

图书在版编目(CIP)数据

计算机视觉：飞桨深度学习实战/深度学习技术及应用国家工程研究中心，百度技术培训中心组编；罗晓燕等编著. —北京：清华大学出版社，2023.2 (2023.12重印)

ISBN 978-7-302-62376-2

Ⅰ. ①计… Ⅱ. ①深… ②百… ③罗… Ⅲ. ①计算机视觉 Ⅳ. ①TP302.7

中国国家版本馆 CIP 数据核字(2023)第 012949 号

责任编辑：黄　芝
封面设计：刘　键
责任校对：韩天竹
责任印制：刘海龙

出版发行：清华大学出版社
　　　　网　　　址：https://www.tup.com.cn，https://www.wqxuetang.com
　　　　地　　　址：北京清华大学学研大厦 A 座　　邮　　编：100084
　　　　社　总　机：010-83470000　　　　　　　　邮　　购：010-62786544
　　　　投稿与读者服务：010-62776969，c-service@tup.tsinghua.edu.cn
　　　　质量反馈：010-62772015，zhiliang@tup.tsinghua.edu.cn
　　　　课件下载：https://www.tup.com.cn，010-83470236
印　装　者：三河市龙大印装有限公司
经　　　销：全国新华书店
开　　　本：185mm×260mm　　印　张：16.5　　彩　插：1　　字　　数：408千字
版　　　次：2023 年 4 月第 1 版　　　　　　　　　　印　　次：2023 年 12 月第 2 次印刷
印　　　数：1501～2000
定　　　价：69.80 元

产品编号：095001-01

2022 年我们经历了新型冠状病毒感染的反复无常、国际形势的瞬息万变,也感受了冬季奥运会的中国式浪漫,希望一切都朝着好的方向发展,一起向未来。回首整个书稿撰写历程,有对章节内容安排的困惑、对案例选择的迷茫;也有团队协作的喜悦、内容逐步明晰的踏实。

计算机视觉(Computer Vision,CV)主要研究如何用机器来代替人类的眼睛和大脑实现对真实世界的"观察"和"理解"。在深度学习网络模型不断发展的同时,互联网上的图像数据规模有了爆发性的增长,图形处理单元(Graphic Processing Unit,GPU)性能也飞速提升,三者合力为人类带来了一场席卷全球的计算机视觉深度学习热潮。在学术界,人脸识别、目标检测等相关任务的算法得到了很好的理论优化;在产业界,由深度学习驱动的计算机视觉已经广泛应用于智慧城市建设、医疗健康、电商与实体零售、无人驾驶等各类场景,逐步成为计算机视觉行业的支撑力量。

本书将计算机视觉及深度学习的理论基础与代码实践相结合,可以作为计算机视觉相关任务实践教程,也可以作为科研工作者的参考图书。本书内容涵盖各类计算机视觉任务的深度学习模型、案例实践基本流程和步骤。通过本书,读者可以掌握计算机视觉处理的基本概念、评价指标,熟悉视觉处理任务的具体实现过程。

全书共分为 12 章,分为理论篇与实战篇两部分。

第一部分为理论篇(第 1~4 章),首先梳理了计算机视觉技术的发展历程、主要任务、行业应用系统和常用处理工具;其次详细介绍了目前比较流行的深度学习开发框架,重点介绍了飞桨(PaddlePaddle)开发平台的构成与入门基础;然后介绍了深度学习中需要掌握的基础知识与网络模型架构;最后通过简单的模型搭建案例,让读者能够轻松地入门飞桨平台。

第二部分为实战篇(第 5~12 章),每章分别对应计算机视觉领域中不同的经典任务,并且结合各个视觉任务的任务要求与技术发展,对其中经典的深度学习算法模型进行介绍。然后,详解了在飞桨开发框架下各算法模型的实现过程,让读者能够快速地从基础入门到熟练掌握。各章节的内容都采用理论与实践相结合的方式,在模型介绍的基础上,结合具体案例提供了相应的实现代码,在百度飞桨 AI Studio 上进行部署和运行,链接详见配套课件。读者在阅读本书的同时,可以进行代码实战,加深对计算机视觉任务的深度学习理论及模型的理解。

在国家"新一代人工智能发展规划"的重大战略指导下,计算机视觉技术迎来了前所未有的机遇与发展。本书编写的初衷是推动计算机视觉技术的教育,以及为深度学习平台自主性、国产化贡献一份力量。

本书由来自北京航空航天大学和百度公司的几位多年从事计算机视觉科研和教学的工作者共同编写完成,书中的内容和结构安排经过了我们团队多轮讨论和审定,实战案例及相关代码来源于百度飞桨社区和作者相关的科研实践。

参与本书编写的有张磊、李宏、王瑜、王麒雄、李森、姜鸿翔、魏晓东、胡宇韬、吴承曦、于阳、洪友飔、张可昕、于子淇、武东锟、楚天彤、肖雄。

本书在编写过程中,参考了国内外大量图书和论文,在此对本书所引用论文和图书的作者深表感谢。同时,感谢飞桨社区的 luplup、月影知星辰、nanting03、自尊心 3、ZMpursue、PaddleVideo、GT-Zhang 以及 Gitee 平台的 dongshuilong,感谢你们为飞桨框架下的代码做出的贡献;感谢飞桨团队程军、吕健、吴蕾对书中实战案例与相关代码的审核和编写建议;感谢百度公司马婧对本书撰写过程中所有事务的处理。

最后,感谢北京航空航天大学宇航学院的刘博老师、深圳市塞外科技有限公司的黄明先生,感谢你们百忙中对本书撰写的指导和建议,虽然书稿还存在不足之处,但你们让它变得更好!

作者

2022 年 9 月

目 录

理 论 篇

实　战　篇

理 论 篇

第1章

计算机视觉概述

计算机视觉（Computer Vision，CV）是计算机科学的一个重要分支，主要研究如何用机器来代替人类的眼睛和大脑实现对真实世界的"观察"和"理解"[1]。如今，随着摄像头的广泛使用，计算机视觉则主要利用计算机对图像与视频中的目标进行检测、识别等处理，使计算机能像人一样通过视觉观察和分析来理解世界，并具有环境自适应能力。

1.1　计算机视觉技术的发展

计算机视觉始于 20 世纪 50 年代兴起的统计模式识别，当时的研究集中在二维图像的分析和识别上，例如光学字符识别、显微图像或航拍图像的分析和解译等。20 世纪 60 年代，Roberts 通过计算机程序从二维数字图像中提取出立方体、楔形体等"积木世界"中多面体的三维结构信息[2]，如图 1-1 所示。该项针对"积木世界"的研究工作开创了计算机视觉以理解三维场景为目的先河，实现了对简单几何体的边缘提取和三维重建，并完成了 CV 领域的第一篇专业学位论文。1966 年，麻省理工学院（Massachusetts Institute of Technology，MIT）发起了旨在搭建机器视觉系统来完成模式识别（Pattern Recognition，PR）等工作的项目，项目虽以失败告终，但却成为计算机视觉作为一个科学领域的正式标志。20 世纪 70 年代，计算机视觉的研究主要立足于从二维图像中构建三维几何结构，所以三维结构重建成为当时 CV 领域中最主要的研究方向之一。

在 20 世纪 70 年代中期，麻省理工学院人工智能（Artificial Intelligence，AI）实验室正式开设了由著名学者 B. K. P. Horn 教授主讲的"机器视觉"（Machine Vision，MV）课程，吸引了国际上众多知名学者参与机器视觉的系列研究工作。1977 年，麻省理工学院 AI 实验室的 David Marr 教授领导的研究小组，提出了不同于 Roberts"积木世界"分析方法的计算视觉理论，尝试通过将计算分析和神经科学联系起来，从而模拟人类的神经结构。该理论成为 20 世纪 80 年代计算机视觉研究领域中非常重要的理论框架，对模式识别和计算机视觉领域的研究具有深远影响，也为计算机视觉多个领域的研究创造了起点。Marr 教授的代表

Larry Roberts

输入图像　　　　2×2梯度操作　从新视角渲染的3D模型

图 1-1　Roberts 及其研究的工作

性著作 *Vision* 更是严谨地指出了 CV 领域的一些长远发展方向和基本算法,包括大家熟知的"图层"概念、边缘提取、三维重建等,这标志着计算机视觉成为一门独立学科。*Vision* 一书将计算机视觉生物视觉的复杂信息处理过程抽象成计算理论、算法、实现三个层次[3]。其中,计算理论层次主要研究计算机视觉问题的表达,即如何将计算机视觉任务抽象为数学问题;算法层次则研究数学问题的求解方法;实现层次研究算法的物理硬件实现。

20 世纪 80 年代,计算机视觉的方法论也开始随人工智能技术的发展而发生改变,研究者发现要让计算机理解图像,不一定先要恢复物体的三维结构,而是可以通过将所看到的物体表征与先验知识库进行匹配实现认知。1980 年,日本学者 Kunihiko Fukushima 发明了第一个深度卷积神经网络架构——Neocognitron,这是将神经科学原理应用于工程实践的开创性研究[4]。1989 年,法国学者 LeCun 将一种误差反向传播学习算法与其相结合用于手写数字识别[5],并于 1998 年提出了卷积神经网络(Convolutional Neural Networks,CNN)的经典模型 LeNet,进一步提高了手写字符识别的准确率[6]。

20 世纪 90 年代,支持向量机和朴素贝叶斯等统计学习方法的广泛应用,引发了一次较大的计算机视觉发展变革。同时,研究者们也开始关注具备一定视角和光照稳定性的局部特征。其中,最具代表性的工作为 David Lowe 教授提出的尺度不变特征变换(Scale-Invariant Feature Transform,SIFT),如图 1-2 所示,用于匹配不同拍摄方向、纵深、光线等条件下多幅图像中的相同元素[7-8]。

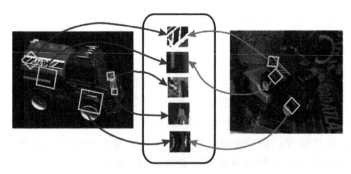

图 1-2　尺度不变特征变换 SIFT[8]

1990—2010 年,互联网数据有了爆炸式的增长,满足了机器学习发展的数据需求。Everingham 等在 2006—2012 年搭建了一个供机器识别和训练的大型图像数据库 PASCAL Visual Object Challenge,共包含 20 种类别,每种类别的图像至少 1000 张。2009 年,李飞飞教授等公布了一个用于视觉对象识别软件研究的大型可视化数据库 ImageNet[9]。ImageNet 在计算机视觉领域具有划时代的意义,其是计算机视觉识别领域的标杆,使得物体识别领域取得了前所未有的突破,机器学习也获得了长足发展。

同时,还有一些相关技术成果在计算机视觉领域也有举足轻重的地位。2009 年,芝加哥大学的 Pedro Felzenszwalb 教授提出了基于方向梯度直方图(Histograms of Oriented Gradients,HOG)的可变形零件模型(Deformable Parts Model,DPM),它是深度学习之前最成功的目标检测与识别算法[10,11]。Felzenszwalb 教授也因此在 2010 年斩获了由 VOC(Visual Object Class)组委会授予的终身成就奖。

后来,随着神经网络的再一次流行和发展,CV 领域的相关技术也发生着重大变革。2012 年,Alex Krizhevsky、Ilya Sutskever 和 Geoffrey Hinton 创造了一个名为 AlexNet 的"大型深度卷积神经网络",并且赢得了当年 ILSVRC(ImageNet Large Scale Visual Recognition Challenge)比赛的冠军[12]。自此,卷积神经网络被大家熟知。逐渐地,深度神经网络(Deep Neural Networks,DNN)成为计算机视觉领域中一项核心的技术,并且发展出多种变体,例如 GoogLeNet[13]、VGGNet[14]、ResNet[15]、DenseNet[16]、SENet[17]等,它们之间存在一种前后相继、不断迭代的关系,推动着计算机视觉进入了新的繁荣时期。其中,在 ImageNet 上的图像分类模型的 Top1 精度排行如图 1-3 所示。

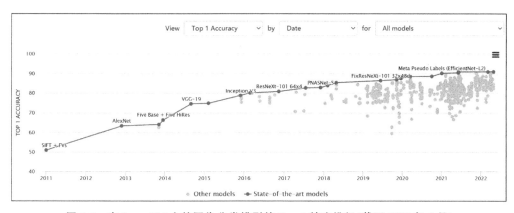

图 1-3　在 ImageNet 上的图像分类模型的 Top 1 精度排行(截至 2022 年 6 月)

图像来源于 https://paperswithcode.com。

2014 年,蒙特利尔大学的 Ian Goodfellow 提出生成对抗网络(Generative Adversarial Networks,GAN),采用生成器(generator)和判别器(discriminator)相互博弈对抗的训练范式来生成更为精确的图像[18],被认为是计算机视觉无监督学习领域中的一项重大突破。英伟达在 2018 年末发布了视频到视频的生成(video-to-video synthesis)算法,通过生成器、判别器网络以及时空对抗目标的精心设计,可以合成高分辨率、具有真实性、时间一致的视频,实现了让 AI 更具物理意识,变得更加强大,能够推广到更多未知的应用场景中。2019 年提出的 BigGAN 是一个更加强大的 GAN 网络,拥有更聪明的学习技巧,可以实现高保真的自然图像合成,引发了业界诸多学者的关注[19],其生成的图像样本如图 1-4 所示。

图 1-4　BigGAN 生成的图像样本[19]

自 2017 年谷歌提出 Transformer 以来,该模型在自然语言处理(Natural Language Processing, NLP)领域取得了巨大成功,但却一度被认为不适合 CV 任务。直到 2020 年,研究者成功地将 Transformer 模型跨领域地引入到计算机视觉任务,在分类(ViT)[20]、检测(DETR)[21]和分割(SETR)[22]三大视觉任务上都取得了不错的效果,给予计算机视觉领域新的研究灵感。

总之,在深度学习网络模型不断发展的同时,互联网上的图像规模有了爆发性的增长,图形处理单元(Graphic Processing Unit, GPU)性能也在飞速提升,三者合力为人类带来了一场席卷全球的计算机视觉深度学习热潮。

1.2　计算机视觉任务概述

如今,计算机视觉技术的应用已经渗透到人类的各个研究领域,如天文、地理、医学、化学、生物等,其任务目标可以分为以下四类:

(1) 让计算机理解图像中的场景;

(2) 让计算机识别场景中包含的物体;

(3) 让计算机定位物体在图像中的位置;

(4) 让计算机理解物体之间的关系或行为以及图像表达的语义。

在上述计算机视觉任务目标的分解基础上,结合具体的应用领域,可将计算机视觉从经典任务和常见任务上进行划分。

1.2.1　计算机视觉经典任务

一般而言,计算机视觉包含三大经典任务,分别为图像分类(image classification)、目标检测(object detection)、图像分割(image segmentation),其中图像分割包括语义分割(semantic segmentation)和实例分割(instance segmentation)[23-24],如图 1-5 所示。

1. 图像分类

图像分类是计算机视觉中的一项基础研究任务。根据图像的语义信息对其进行不同类别的区分,用事先确定好的类别标签来描图像,是目标检测、图像分割、目标跟踪、人脸检测等其他高级视觉任务的基础。在许多领域都有着广泛的应用,例如,智慧城市领域的智能视频场景分析、交通领域的场景识别、军事侦察和危险环境的自主机器人环境感知。

通常,单标签的图像分类可以分为跨物种语义级、子类细粒度级以及实例级三类图像分

(a) 图像分类

(b) 目标检测

(c) 语义分割

(d) 实例分割

图 1-5 计算机视觉的三大基本任务[23]

类问题。

（1）跨物种语义级图像分类：在不同物种划分上识别具有不同语义的对象。由于此类图像分类任务中各类别所属的物种或大类不同，所以类别之间往往具有较大的类间差异和较小的类内误差。

（2）子类细粒度级图像分类：较跨物种的图像分类任务，该图像分类问题的级别稍低一些。它聚焦在同一个大类中的子类分类，如不同车型、飞机类型、房屋类型等的子类分类。

（3）实例级图像分类：如果不仅仅是区分物种类别或其子类，而要区分不同的个体，那就是一个目标识别问题，或者说是实例级别的图像分类，人脸识别任务是实例级图像分类最典型的代表。

2. 目标检测

分类任务往往关注图像整体，得到的是对于整张图像的内容描述，而目标检测则关注图像中特定的目标对象，要求同时获得目标对象的类别（classification）信息和位置（localization）信息。目前，在深度学习技术的支撑下，目标检测算法性能得到了极大的提升，广泛应用于智能视频监控、机器人导航、工业检测等领域。

目标检测算法大致可以分为两类，一类是两阶段（two-stage）算法，该类算法需要首先产生指示目标位置信息的候选框，然后再对候选框中的目标进行分类与坐标回归。该类方法的代表有基于目标候选框（region proposal）的 R-CNN[25]、Fast R-CNN[26]、Faster R-CNN[27] 等。而另一类是一阶段（one-stage）算法，该类算法仅用一个卷积神经网络直接得到不同目标的类别与位置，例如 YOLO[28]、SSD[29] 等。相比而言，两阶段算法在准确度上占优势，而一阶段算法在运算速度上具有优势。其中，图 1-6 为 YOLO 算法的目标检测效果图。

3. 图像分割

图像分割对图像每个像素类别进行像素级描述，是从图像特征到语义信息的映射，适用

图 1-6　YOLO 算法的目标检测效果图[28]

于理解要求较高的场景,如无人驾驶中对道路的分割。其中,只区分类别的分割任务称为语义分割;需要区分同一类别的不同个体的分割任务称为实例分割。

在语义分割中,实现的是图像中像素的语义标记,例如像素是属于人、飞机、鸟还是树;而实例分割需要赋予像素实例标签,说明它们属于"谁"或具体是"哪只鸟"。由于实例分割能分辨的目标可数,为了同时实现实例分割与不可数类别的语义分割,Alexander Kirillov等于 2018 年提出了全景分割(panoptic segmentation)的概念,其中"全景"的定义是"一个视图内可见的一切",指的是一个统一的全局分割视图[30]。图 1-7 展示了在图像分割中的不同任务。

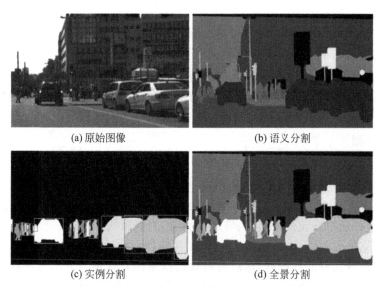

(a) 原始图像	(b) 语义分割
(c) 实例分割	(d) 全景分割

图 1-7　图像分割的不同任务[30]

1.2.2　计算机视觉常见任务

在上述三大计算机视觉经典任务的基础上,根据实际应用需求,还衍生出了其他的常见任务。

（1）目标跟踪（object tracking）：在给定目标初始位置的情况下，根据所设计的算法模型来预测后续视频图像帧中目标位置和移动尺度等信息的过程[31]。如图1-8所示，目标跟踪通过对目标外观和运动信息的综合分析，实现对运动目标的视频定位，以便进一步对更高级的目标行为分析和理解服务。常见的应用领域包括安防视频现场监控、自动驾驶以及机器人视觉等。

图1-8　行人目标跟踪

（2）人体关键点检测（human keypoint detection）：又称为人体姿态估计，一直是计算机视觉中一个具有挑战性的基本问题，主要是定位人体关键点（例如手肘、脚等）或部位，广泛应用于人体动作识别、人机交互等。一般情况下可以将人体关键点检测细分为单人[32]/多人[33]关键点检测、二维/三维关键点检测[34]。同时，也有一些研究在完成人体关键点检测之后还会进行关键点的跟踪，称为人体姿态跟踪[35]。

（3）图像生成（image generation）：根据输入向量生成目标图像的过程，其中的输入向量可以是符合某种分布的随机噪声或用户指定的条件向量。随着GAN网络的兴起和发展，图像生成可以从无到有地生成逼真、多样且满足特定条件要求的图像，例如图像风格迁移[36]、人脸合成、文本图像转换等都属于图像生成的领域。其中，图1-9展示了进行不同图像风格迁移的效果图。

（4）视频分类（video classification）：与图像分类不同，视频分类的对象不再是静止图像，而是由多帧图像组成的视频序列，包括声音、内容、运动等信息。因此，理解视频需要获得更多的上下文信息，不仅要理解图像的每一帧是什么以及它包含什么信息，还要结合不同的帧，挖掘上下文的关联信息[37]，从而实现对视频数据的自动标注、分类和描述。近年来，互联网上视频的规模越来越大，据统计，YouTube上每分钟产生数百小时的视频，这使得研究视频分类相关算法以帮助人们更容易找到感兴趣的视频成为急需。

（5）光学字符识别（optical character recognition，OCR）：对文本图像进行分析处理，提取文字信息的技术[38]。其使用场景包括证件识别、车牌识别等专用场景，以及难度更高的自然场景文本识别。自然场景文本识别面临更多的挑战，如不均匀光照、多语言文本混合、多方向文本、存在变形（透视、仿射变换）残缺的文字区域等。

（6）度量学习（metric learning）：也称作距离度量学习、相似度学习，是指通过对象之间的距离学习，分析对象在时间序列维度的关联或者近似关系[39]。在实际问题中应用较为

图 1-9　风格迁移[36]

广泛,常用于图像或视频检索、场景识别、人脸识别等领域。

1.3　计算机视觉处理应用系统

图像视频数据量的不断增加、GPU 算力的持续提升和深度学习相关算法的优化迭代,使计算机视觉成为人工智能领域发展与应用最繁荣的方向之一。《2020 年度中国计算机视觉人才调研报告》指出,根据清华大学数据显示,在人工智能的诸多技术方向中,计算机视觉是中国市场规模最大的应用方向,在中国人工智能市场应用中占比为 34.9%[40]。其中,人脸识别、物体识别等应用的算法在学术界得到了很好的理论优化,使得中国计算机视觉技术率先在安防领域中实现商业化,广告金融、医疗影像、工业制造等领域也逐步成为计算机视觉行业的重要支撑力量。

1.3.1　计算机视觉行业产业链

目前计算机视觉行业拥有完整的产业链,上、中、下游均处于快速发展阶段。如图 1-10 所示,上游为支持基础层,包括芯片、摄像机等硬件,理论算法和数据集支撑;中游为计算机视觉技术与产品服务;下游为各行业应用领域。

近几年,深度学习模型训练的开源框架不断被推出,包括国外公司 Amazon 的 MXNet、谷歌的 TensorFlow、Microsoft 的 CNTK、Meta 的 Caffe2 和 PyTorch 等,以及国内机构百度的飞桨(PaddlePaddle)、清华大学的计图(Jittor)和华为的 MindSpore。这些开源框架极大地降低了计算机视觉在实践中的部署难度。在这些框架中,百度、谷歌、Meta 形成鼎立格局,其中百度飞桨是市场三强中唯一的国产品牌,并持续稳步增长。据全球权威咨询机构 IDC 最新发布的 2021 年上半年深度学习框架平台市场份额调研报告显示,百度位列中国深

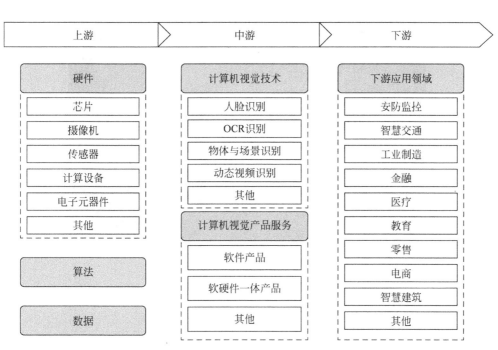

图 1-10　计算机视觉产业链[41]

度学习平台市场综合份额第一,飞桨企业版 EasyDL 保持市场排名首位,BML 百度全功能 AI 开发平台显现强劲增速。

1.3.2　计算机视觉行业应用系统

下面以百度飞桨作为开发框架,描述其在重要行业应用中的具体系统。

(1) 城市交通:2020 年 3 月,在新型冠状病毒感染疫情影响下,全国人民陆续复工返岗,公共交通防疫战持续升级,各交通枢纽采取有力的防疫措施,全力保障市民出行。

为助力北京地铁做好地铁站内的防疫工作,百度与北京地铁合作开展了 AI 口罩检测的系统开发。该系统可在地铁站实时视频流中,准确地对未戴口罩以及错误佩戴口罩的情况进行识别和检测,辅助一线地铁工作人员进行防疫工作。如图 1-11 所示,为了降低疫情期间的沟通成本,北京地铁 AI 口罩检测方案首先通过站厅内摄像头进行 UDP 多播＋H264 协议为主的实时视频流抓取和分析,若出现未佩戴口罩情况,自动将人脸标出,并保存历史检测记录。对于口罩佩戴不规范情况,例如露出鼻子等,模型也将进行识别提示。

(2) 能源监测:电力巡检通常依赖人工巡检,这一方式工作量大、劳动强度高,同时工作效率较低,巡视质量不一,且常受恶劣天气等外界因素影响,常常是事故发生了一段时间之后,才能发现并补救。为了有效减少人员的工作量和停电跳闸次数,能源电力有关企业尝试部署可视化监拍装置。

百度携手国家电网和山东信通,在深度学习平台飞桨视觉技术的基础上,引入飞桨的模型压缩库 Paddle Slim 和端侧推理引擎 Paddle Lite,打造出电网智能巡检方案,并在国家电网山东电力公司的输电线范围内率先应用,实现了深度学习在工业领域的落地,对输电线路

图 1-11　北京地铁口罩检测系统

外破隐患的识别分析准确率达 90%,同时实现秒级报警,充分保障电力安全。其中,图 1-12 为电网巡检系统 Paddle Lite 在实现端侧的部署结构。

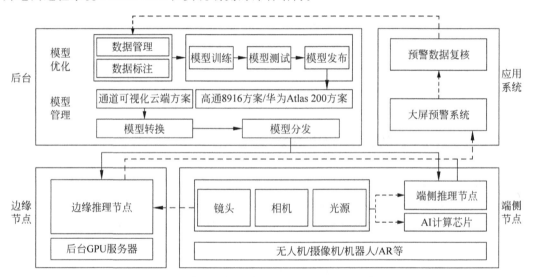

图 1-12　电网巡检系统 Paddle Lite 实现端侧部署

（3）医疗影像:CT 影像已成为新型冠状病毒感染筛查和病情诊疗的重要依据。在当前疫情诊疗的关键时期,存量患者和新增患者总体数量庞大,医生需要对患者不同进展期的多次 CT 影像检查进行随访对比,以对患者的病情发展和治疗效果进行精准评估。如果采用传统目测检视的医学影像检查手段,医生不仅工作量巨大,也难以对患者病情做到精准评估和及时对比。在全社会抗击疫情医疗资源紧张、医生超负荷工作的情况下,超量的 CT 影像检查无疑会对一线抗疫工作形成巨大的医疗资源需求挑战,并影响患者的诊疗速度。而基于 AI 技术打造的 CT 影像肺炎筛查与病情预评估系统的上线,能有效帮助临床医生缓解工作压力,加快患者诊疗速度,为缓解医疗资源不足和取得抗疫的最终胜利提供助力。

2020 年 2 月 28 日,连心医疗基于百度飞桨平台开发上线"基于 CT 影像的肺炎筛查与病情预评估 AI 系统",已在湖南郴州湘南学院附属医院投入使用。如图 1-13 所示,该系统基于连心医疗在医学影像领域积累的核心 AI 技术,结合飞桨开源框架和视觉领域技术领先的 PaddleSeg 开发套件研发,可快速检测识别肺炎病灶,为病情诊断提供病灶的数量、体积、肺部占比等定量评估信息。同时,辅以双肺密度分布的直方图和病灶勾画叠加显示等可视化手段,为临床医生筛查和预诊断患者肺炎病情提供定性和定量依据,提升医生诊断和评估效率。

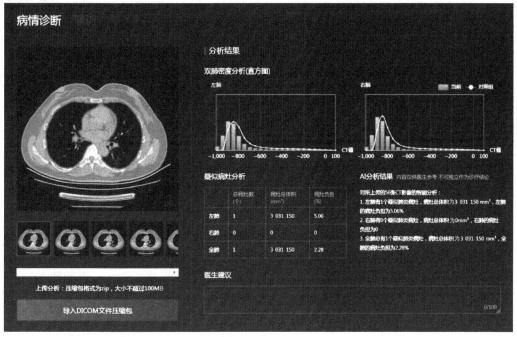

图 1-13　百度飞桨助力连心医疗开发的基于 CT 影像的肺炎筛查及病情预评估 AI 系统

(4) 农业管理:水稻是我国三大主粮之一。水稻田的田间管理复杂、重复度高(诸如打药、锄草等)且工作极其繁重,给从业人员造成了极大的负担。由于水稻是按列种植的,列与列之间近似平行,因此,实现农机视觉自动导航的基础在于实时准确地检测出秧苗列中心线。虽然使用传统图像处理算法也能够提取到秧苗列的中心线,但是自然光照下的水田为非结构化环境,不同天气不同时段图像亮度的差异、水田里夹杂浮萍蓝藻等与秧苗特征相似的植物、偶发缺苗和反光等干扰因素使传统算法的鲁棒性面临极大的挑战,精准度难以保证。

为解决这一难题,苏州博田技术人员综合分析稻田图像特点,基于百度飞桨深度学习平台研发了水田导航线自动检测系统,可以根据水稻秧苗的种植情况实时调整航向,避免压苗等情况出现,从而更好地保养和管理水稻秧苗,让"节省人力的同时大幅提高农作物产量"的梦想成为了现实。如图 1-14 所示,该系统应用飞桨图像分割开发套件 PaddleSeg 中的 ICNet 模型将秧苗按列从背景中分割出来,并以此为基础实现了秧苗列中心线的精准提取。利用 PaddleSeg,苏州博田农业机器人已经拥有排除干扰精确地将秧苗从背景中分割出来、提取外轮廓和原图特征点、准确提取到中间 4~5 列秧苗中心线的能力,为实现农机视觉导航打下了坚实的基础。自动检测系统配上 GPS,苏州博田农业机器人已经实现从出库到入库全程自动导航的无人化作业,大大减少了人力物力的投入,为农民的耕作效率、健康等提供了保障。

图 1-14　基于 PaddleSeg 提取秧苗中心线

(5)自动驾驶:随着我国汽车大量增加,城市道路通行效率低、交通事故频发,自动驾驶被认为是解决上述问题的重要途径。现有的自动驾驶技术多以高级辅助驾驶系统的形式出现,主要目的是减少交通事故的数量和严重性,避免注意力分散、疲劳驾驶等人为因素造成的错误。近年来,伴随着机器学习的发展,特别是深度学习技术的再度崛起,自动驾驶在工业界和学术界都吸引了大量的研究。

2021 年 8 月 18 日,在百度世界大会上,基于百度飞桨深度学习平台开发的 Apollo 推出了无人车出行服务平台"萝卜快跑"品牌。如图 1-15 所示,通过萝卜快跑,打车用户能够乘坐具备汽车机器人雏形的百度 Apollo 无人车。百度 Apollo 与江铃共同打造了 L4 级自动驾驶轻客车队,于昌九高速实现 3 车 60km/h 编队自动驾驶。它综合了 Apollo 领先的 L4 编队自动驾驶能力和江铃扎实的整车设计,实现高速行驶下保持 0.5~1s 车间距的国际领先水平;灵活应对特殊车辆避让、交通管制、异常天气等高速场景,实现了 L4 高速编队自动驾驶 0 到 1 的突破,刷新了自动驾驶与车路协同融合的行业前景。百度还推出了 Apollo L4 级量产园区自动驾驶解决方案,携手新石器共同打造全球领先 L4 级量产自动驾驶无人作业机器人汽车。在新石器提供的整车设计、研发和量产下线等基础上,百度自主研发适配零售、安防、配送等多款车型的自动驾驶解决方案,实现封闭园区、景区内的 L4 级自动驾驶,为新石器小车 AI 赋能。

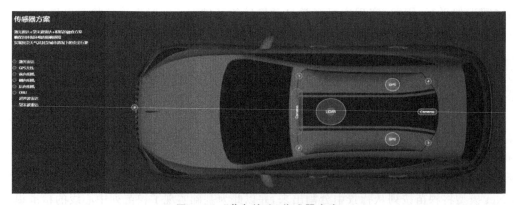

图 1-15　"萝卜快跑"传感器方案

以上介绍的计算机视觉处理应用系统,主要是在计算机视觉的三大典型任务上展开的。人们从抽象的任务中提取本质问题,例如口罩检测、电力巡检基于目标分类、识别与检测,医疗影像、农业管理基于目标识别与分割,自动驾驶基于目标检测与跟踪等。从中,我们也可以看出计算机视觉与人类生活的结合越来越紧密,应用领域也越来越广泛。

1.4 计算机视觉处理常用工具

图像被认为是人类视觉的基础,计算机视觉就是利用计算机去理解和认知图像。因此,计算机视觉技术的主要处理对象是图像,通过对数字图像进行分析和处理,提高图像质量或从中提取一些信息,用于高级的视觉任务,这也是目前人工智能领域一个重要的研究方向。当前,OpenCV(Open Source Computer Vision Library)是计算机视觉领域应用最广泛的开源程序库,包含了大量的图像和视频分析算法,被认为是主要的计算机视觉开发工具。

1.4.1 OpenCV 简介

OpenCV 是一款由英特尔公司俄罗斯团队发起并参与和维护的一个计算机视觉处理开源软件库,支持与计算机视觉和机器学习相关的众多算法,且仍在不断完善和扩展[42]。相较于其他 CV 处理工具,OpenCV 的优势包括以下四方面。

1. 支持多种编程语言

OpenCV 基于 C++语言实现,同时提供 Python、Ruby、Matlab 等语言的接口。OpenCV-Python 是 OpenCV 的 Python API,结合了 OpenCV C++API 和 Python 语言的最佳特性。

2. 跨平台

OpenCV 可以在 Windows、Linux、macOS X、Android 和 iOS 不同的操作系统平台上使用。此外,基于 CUDA 和 OpenCL 的高速 GPU 操作接口也在积极开发中。

3. 拥有活跃的开发团队

OpenCV 的开源许可允许任何人利用 OpenCV 包含的任何组件构建商业产品。在这种自由许可的影响下,项目有着极其庞大的用户社区,社区用户包括一些来自大公司(IBM、微软、英特尔、索尼、西门子和谷歌等)的员工以及一些研究机构(例如斯坦福大学、麻省理工学院、卡内基-梅隆大学、剑桥大学以及法国国家信息与自动化研究所等)的研究人员。

4. 丰富的 API

具有完善的传统计算机视觉算法,涵盖主流的机器学习算法,同时添加了对深度学习的支持。

1.4.2 OpenCV-Python

随着 Python 科学编程语言越来越流行,其也成为了图像处理的最佳选择之一,OpenCV-Python 是一个 Python 绑定库,旨在解决计算机视觉问题。

Python 是由荷兰数学和计算机科学研究学会的 Guido van Rossum 开发的通用编程语言,它不仅提供了高效的高级数据结构,还能简单有效地面向对象编程。2021 年 10 月,语言流行指数的编译器 Tiobe 将 Python 加冕为最受欢迎的编程语言。与 C/C++ 等语言相比，Python 速度较慢，但 Python 可以使用 C/C++ 轻松扩展，因此可以在 C/C++ 中编写计算密集型代码，并创建可用作 Python 模块的 Python 包装器。这样可以使代码的运行速度与原始 C/C++ 代码相媲美（因为后台实际上也是 C++），且用 Python 编写代码比用 C/C++ 编写代码更简单高效。

OpenCV-Python 使用了一个高度优化的数值库 NumPy，其具有 Matlab 风格的语法，简单并易上手。所有 OpenCV 数组结构都转换为 NumPy 数组，这也使得 OpenCV-Python 与使用 NumPy 的其他库（如 SciPy 和 Matplotlib）更容易集成。

1.4.3　OpenCV 的基础模块

OpenCV 官方提供的说明文档[43]中列出了 OpenCV 中包含的各个模块，其中 core、highgui、imgproc 是最基础的模块。

（1）core 模块定义了基本数据结构，包括密集的多维数组和所有其他模块使用的基本函数，如绘图函数、数组操作相关函数等。

（2）highgui 模块提供了简单的交互界面，实现了视频与图像的读取、显示、存储等接口；可以创建和操作用来显示图像并“记住”其内容的窗口，在窗口中可以添加轨迹栏，处理简单的鼠标事件以及键盘命令。

（3）imgproc 模块实现了图像处理的基础方法，包括线性和非线性图像滤波、图像的几何变换、颜色空间转换、形态学处理、直方图统计等。

对于图像处理其他更高层次的方向及应用，OpenCV 也有相关的模块实现。

（1）features2d 模块包含显著特征检测器、描述符和描述符匹配器，可用于提取图像特征（如 SIFT 特征）以及特征匹配。

（2）objdetect 模块实现了一些目标检测的功能，包括经典的基于 Haar 和 LBP 特征的人脸检测、基于 HOG 特征的行人和汽车等的目标检测。其中，分类器使用级联分类（cascade classification）和 Latent SVM 等。

（3）stitching 模块实现了图像拼接功能。

（4）FLANN（Fast Library for Approximate Nearest Neighbors）模块包含针对大型数据集中的快速近邻搜索和高维特征进行优化的一系列算法，例如快速近似最近邻搜索（FLANN）算法和聚类（clustering）算法。

（5）ml 模块是机器学习模块，包含一组类和功能函数，用于数据的统计分类、回归和集群。

（6）photo 模块包含图像修复、图像去噪、非真实感渲染的图像处理算法。

（7）video 模块针对视频处理的模块，算法包括如运动分析、对象跟踪等。

（8）calib3d 模块即校准（calibration）加三维重建，这个模块主要包括相机校准和三维重建相关的内容。

（9）G-API 是一个单独的 OpenCV 模块，包含超高效的图像处理 pipeline 引擎。

1.4.4 其他CV常用工具

其他 CV 常用工具主要包括以下几种[44]。

（1）Scikit Image①：Scikit Image 是一个基于 NumPy 的开源 Python 包，它实现了用于研究、教育和工业应用的算法和实用程序，此库代码质量非常高并已经过同行评审，是由一个活跃的志愿者社区编写的。

（2）SciPy②：SciPy 是 Python 的另一个核心科学模块，就像 NumPy 一样，可用于基本的图像处理任务。值得一提的是，子模块 scipy. ndimage 提供了在 n 维 NumPy 数组上运行的函数。该软件包目前包括线性和非线性滤波、二进制形态、B 样条插值和对象测量等功能。

（3）PIL③（Python Imaging Library）：PIL 是一个免费的 Python 编程库，它增加了对打开、处理和保存许多不同图像文件格式的支持。然而，其在 2009 年进行了最后一次更新后便停滞不前了。幸运的是，PIL 有一个正处于积极开发阶段的分支 Pillow。

Pillow 能在所有主要操作系统上运行并支持 Python 3。该库包含基本的图像处理功能，包括点操作、使用一组内置卷积内核进行过滤以及颜色空间转换。

（4）SimpleCV④：SimpleCV 也是用于构建计算机视觉应用程序的开源框架。通过它可以访问如 OpenCV 等高性能的计算机视觉库，而无须先了解位深度、文件格式或色彩空间等。SimpleCV 的学习难度远远小于 OpenCV，并且正如标语所说，"它使计算机视觉变得简单"。即使是初学者也可以编写简单的机器视觉测试，摄像机、视频文件、图像和视频流都可以交互操作。

（5）Mahotas⑤：Mahotas 是另一个用于 Python 的计算机视觉和图像处理库。它包含传统的图像处理功能（如滤波和形态学操作）以及用于特征计算的更现代的计算机视觉功能（包括兴趣点检测和局部描述符）。该接口使用 Python，适用于快速开发，但算法是用 C++ 实现的，并且针对速度进行了优化。Mahotas 库运行很快，它的代码很简单，对其他库的依赖性相对较小。

（6）SimpleITK⑥：ITK（Insight Segmentation and Registration Toolkit）是一个开源的跨平台系统，它为开发人员提供了一整套用于图像分析的软件工具。其中，SimpleITK 是一个建立在 ITK 之上的简化层，旨在促进其在快速原型设计、教育以及脚本语言中的使用。

SimpleITK 是一个包含大量组件的图像分析工具包，支持一般的滤波操作、图像分割和配准。SimpleITK 本身是用 C++ 编写的，但可用于包括 Python 在内的大量编程语言。

（7）Pgmagick⑦：Pgmagick 是 GraphicsMagick 库的 Python 封装。GraphicsMagick 图

---

① 使用说明文档：https://scikit-image. org/docs/stable/user_guide. html。

② 使用说明文档：https://docs. scipy. org/doc/scipy/reference/index. html。

③ 使用说明文档：https://pillow. readthedocs. io/。

④ 使用说明文档：https://simplecv. readthedocs. io/en/latest/。

⑤ 使用说明文档：https://mahotas. readthedocs. io/en/latest/。

⑥ 使用说明文档：https://simpleitk. org/TUTORIAL/。

⑦ 使用说明文档：https://github. com/hhatto/pgmagick。

像处理系统有时被称为图像处理的"瑞士军刀"。它提供了强大而高效的工具和库集合,支持超过 88 种主要格式图像的读取、写入和操作,包括 DPX、GIF、JPEG、JPEG-2000、PNG、PDF、PNM 和 TIFF 等重要格式。

(8) Pycairo[①]:Pycairo 是图形库 cairo 的一组 Python 封装,Pycairo 库可以从 Python 调用 cairo 命令,cairo 是一个用于绘制矢量图形的二维图形库。矢量图形很有趣,因为它们在调整大小或进行变换时不会降低清晰度。

1.5　本章小结

计算机视觉技术的研究目标是使计算机具备人类的视觉能力,能看懂图像内容、理解动态场景,已经广泛应用于人类生产活动的各类场景中。由深度学习驱动的计算机视觉在某些人脸识别、图像分类任务中已经超越人类。同时,我国计算机视觉技术的应用拥有庞大的市场空间与丰富的场景数据。图像视频数据量的不断增加、GPU 算力的持续提升和深度学习相关算法的优化迭代使得计算机视觉成为人工智能领域发展与应用最繁荣的方向之一。

本章首先梳理了计算机视觉技术的发展历程,然后简要介绍其主要任务和行业应用系统,最后讲述了计算机视觉处理常用工具。

参考文献

[1]　姜竹青,门爱东,王海.计算机视觉中的深度学习[M].北京:电子工业出版社.2021.

[2]　Roberts,Lawrence G. Machine perception of three-dimensional solids[D]. Massachusetts Institute of Technology,1963.

[3]　Acock M. Vision:A computational investigation into the human representation and processing of visual information. By David Marr[J]. The Modern Schoolman,1985,62(2):141-142.

[4]　Fukushima K,Miyake S. Neocognitron:A self-organizing neural network model for a mechanism of visual pattern recognition[M]//Competition and cooperation in neural nets. Springer,Berlin,Heidelberg,1982:267-285.

[5]　LeCun Y,Boser B,Denker J S,et al. Backpropagation applied to handwritten zip code recognition[J]. Neural Computation,1989,1(4):541-551.

[6]　LeCun Y,Bottou L,Bengio Y,et al. Gradient-based learning applied to document recognition[J]. Proceedings of the IEEE,1998,86(11):2278-2324.

[7]　Lowe D G. Object recognition from local scale-invariant features[C]//Proceedings of the seventh IEEE international conference on computer vision. IEEE,1999,2:1150-1157.

[8]　Lowe D. The SIFT (scale invariant feature transform) detector and descriptor[J]. University of British Columbia,Journal Paper IJCV,2004:1-34.

[9]　Deng J,Dong W,Socher R,et al. Imagenet:A large-scale hierarchical image database[C]//2009 IEEE conference on computer vision and pattern recognition. IEEE,2009:248-255.

[10]　Felzenszwalb P,McAllester D,Ramanan D. A discriminatively trained,multiscale,deformable part model[C]//2008 IEEE conference on computer vision and pattern recognition. IEEE,2008:1-8.

[11]　Felzenszwalb P F,Girshick R B,McAllester D,et al. Object detection with discriminatively trained

① 使用说明文档:https://github.com/pygobject/pycairo。

part-based models[J]. IEEE transactions on pattern analysis and machine intelligence,2009,32(9)：1627-1645.

[12] Krizhevsky A,Sutskever I,Hinton G E. Imagenet classification with deep convolutional neural networks[J]. Advances in neural information processing systems,2012,25.

[13] Szegedy C,Liu W,Jia Y, et al. Going deeper with convolutions[C]//Proceedings of the IEEE conference on computer vision and pattern recognition. 2015：1-9.

[14] Simonyan K,Zisserman A. Very deep convolutional networks for large-scale image recognition[J]. arXiv preprint arXiv:1409. 1556,2014.

[15] He K,Zhang X,Ren S, et al. Deep residual learning for image recognition[C]//Proceedings of the IEEE conference on computer vision and pattern recognition. 2016：770-778.

[16] Huang G,Liu Z, Van Der Maaten L, et al. Densely connected convolutional networks[C]// Proceedings of the IEEE conference on computer vision and pattern recognition. 2017：4700-4708.

[17] Hu J,Shen L,Sun G. Squeeze-and-excitation networks[C]//Proceedings of the IEEE conference on computer vision and pattern recognition. 2018：7132-7141.

[18] Goodfellow I J,Pouget-Abadie J,Mirza M, et al. Generative adversarial networks[J]. Advances in Neural Information Processing Systems,2014,3：2672-2680.

[19] Brock A,Donahue J,Simonyan K. Large scale GAN training for high fidelity natural image synthesis[J]. arXiv preprint arXiv:1809. 11096,2018.

[20] Dosovitskiy A,Beyer L,Kolesnikov A, et al. An image is worth 16x16 words：Transformers for image recognition at scale[J]. arXiv preprint arXiv:2010. 11929,2020.

[21] Carion N,Massa F,Synnaeve G, et al. End-to-end object detection with transformers[C]//European conference on computer vision. Springer,Cham,2020：213-229.

[22] Zheng S,Lu J, Zhao H, et al. Rethinking semantic segmentation from a sequence-to-sequence perspective with transformers[C]//Proceedings of the IEEE/CVF conference on computer vision and pattern recognition. 2021：6881-6890.

[23] Lin T Y,Maire M,Belongie S, et al. Microsoft coco：Common objects in context[C]//European conference on computer vision. Springer,Cham,2014：740-755.

[24] Different Tasks in Computer Vision,2017. https://luozm. github. io/cv-tasks.

[25] Girshick R,Donahue J,Darrell T, et al. Rich feature hierarchies for accurate object detection and semantic segmentation[C]//Proceedings of the IEEE conference on computer vision and pattern recognition. 2014：580-587.

[26] Girshick R. Fast R-CNN[C]//Proceedings of the IEEE international conference on computer vision. 2015：1440-1448.

[27] Ren S,He K,Girshick R, et al. Faster R-CNN：Towards real-time object detection with region proposal networks[J]. Advances in neural information processing systems,2015,28.

[28] Redmon J,Divvala S,Girshick R, et al. You only look once：Unified,real-time object detection[C]// Proceedings of the IEEE conference on computer vision and pattern recognition. 2016：779-788.

[29] Liu W,Anguelov D,Erhan D, et al. SSD：Single shot multibox detector[C]//European conference on computer vision. Springer,Cham,2016：21-37.

[30] Kirillov A,He K,Girshick R, et al. Panoptic segmentation[C]//Proceedings of the IEEE/CVF Conference on Computer Vision and Pattern Recognition. 2019：9404-9413.

[31] Xu Y,Zhou X,Chen S, et al. Deep learning for multiple object tracking：A survey[J]. IET Computer Vision,2019,13(4)：355-368.

[32] Sun K,Xiao B,Liu D, et al. Deep high-resolution representation learning for human pose estimation[C]//Proceedings of the IEEE/CVF Conference on Computer Vision and Pattern Recognition. 2019：

5693-5703.

[33] Cao Z,Simon T,Wei S E,et al. Realtime multi-person 2D pose estimation using part affinity fields [C]//Proceedings of the IEEE Conference on Computer Vision and Pattern Recognition. 2017：7291-7299.

[34] Zhou X,Huang Q,Sun X,et al. Towards 3D human pose estimation in the wild：A weakly-supervised approach[C]//Proceedings of the IEEE International Conference on Computer Vision. 2017：398-407.

[35] Xiao B,Wu H,Wei Y. Simple baselines for human pose estimation and tracking[C]//Proceedings of the European conference on computer vision (ECCV). 2018：466-481.

[36] Gatys L A,Ecker A S,Bethge M. Image style transfer using convolutional neural networks[C]// Proceedings of the IEEE conference on computer vision and pattern recognition. 2016：2414-2423.

[37] Ren Q,Bai L,Wang H,et al. A survey on video classification methods based on deep learning[J]. DEStech transactions on computer science and engineering,2019,33301：1-7.

[38] Bansal S,Gupta M,Tyagi A K. A necessary review on optical character recognition (OCR) system for vehicular applications [C]//2020 Second international conference on inventive research in computing applications (ICIRCA). IEEE,2020：918-922.

[39] Bellet A,Habrard A,Sebban M. A survey on metric learning for feature vectors and structured data [J]. Computer Science. arXiv preprint arXiv：1306. 6709,2013.

[40] 清华大学. 智慧人才发展报告[R].清华大学-中国工程院知识智能联合研究中心,2021.

[41] 头豹研究院. 2019 年中国计算机视觉行业市场研究[R]. 2020.

[42] 拉戈尼尔.OpenCV 计算机视觉编程攻略[M].相银初,译. 北京：人民邮电出版社,2015.

[43] OpenCV 官方说明文档. https：//docs. opencv. org/4. x/modules. html.

[44] Pandey P. 10 Python image manipulation tools,towards data science[EB/OL]. 2019. 5. https:// towardsdatascience. com/image-manipulation-tools-for-python-6eb0908ed61f.

第2章

深度学习开发框架

近年来,深度学习在图像分类、图像分割、目标检测等计算机视觉处理任务上都表现出色[1]。面对多样的任务应用场景,深度学习开发框架有助于开发者减少深度学习模型构建过程中大量的重复性工作,可以节省大量底层代码编写精力,具有计算图搭建容易、计算过程简化、部署高效等优势。

2.1 常见的深度学习开发框架

在最早期的深度学习探索阶段,开发者往往采用"纯手工打造"的方式开发深度学习模型[2],逐渐地开发者不断探索新的场景、网络结构、模型优化方式、组件、算子等。随着深度学习相关项目的增多,在每个工程项目中都需要编写大量的重复代码,会浪费很多宝贵的时间。为了提高工作效率,开发者就将代码中具有共性的部分抽取出来,针对不同应用场景抽象出多个单元,进而编写出深度学习开发框架,开源并不断更新,框架的每次更新都是增加新功能、沉淀开发经验、消除旧 bug 的过程。开源框架允许广大开发者将自己的代码贡献到社区,也就是将自己在开发过程中总结的经验提交共享给其他开发者,其他开发者就可以同步获得最新的成果。

从 2013 年开始的这波 AI 浪潮中,涌现了大量针对不同领域的深度学习框架[2],这些开源框架被大量使用,在开发者间流行起来,成为了目前工业界和学术界比较流行的深度学习框架。随着时间的推移,有的深度学习框架发展得越来越好,有的则逐渐淡出了公众的视野。目前,国内使用较为广泛的有 TensorFlow、PyTorch、PaddlePaddle,下面分别介绍这三个框架。

2.1.1 TensorFlow 深度学习开发框架

TensorFlow 是当前深度学习通用的主流开发框架之一,由谷歌人工智能团队谷歌大脑(Google Brain)开发和维护,基于谷歌内部第一代深度学习系统 DistBelief 改进而来,被广泛应用于谷歌内部产品的开发和各领域的科学研究。该框架于 2015 年 11 月 9 日正式开源,在 GitHub 和工业界有较高的应用程度。

TensorFlow 采用数据流图(data flow graphs)进行计算。在此开发框架下,首先需要创建一个数据流图,然后再将数据以张量(tensor)形式放在数据流图中计算[3]。在数据流图中,节点(nodes)表示数学操作,边(edges)则表示在节点间相互联系的多维数据数组,即张量。训练模型时张量会不断地从数据流图中的一个节点流到(flow)另一节点,这就是 TensorFlow 名字的由来。

TensorFlow 是一个端到端的开源深度学习框架。它拥有一个全面而灵活的生态系统,其中包含各种工具、库和社区资源,可助力研究人员推动机器学习先进技术的发展,并使开发者能够轻松地构建和部署基于机器学习技术的应用。

初学者和专家可以分别通过 Sequential API 和 Subclassing API 创建适用于桌面、移动、网络和云端环境的机器学习模型[4]。开发者可以将 TensorFlow 视作一个核心开发库,在服务器、PC、端侧设备上引用该库完成深度学习模型的开发和训练。除了在专用应用和设备上运行 TensorFlow,开发者还可以通过 TensorFlow.js 使用 JavaScript 创建新的机器学习模型和部署现有模型,进而可以将深度学习模型嵌入网页中,实现在浏览器中运行。

TensorFlow 框架是一个基于数据流编程(dataflow programming)的符号数学系统。由于集成了 Keras API,Keras 通过用户友好的 API 实现快速原型设计、先进技术研究和生产,因此新手也可以较容易地入门 TensorFlow 编程。更进阶的开发者可以使用高阶 API,TensorFlow 的高阶 API 基于 Keras API 标准,用于定义和训练神经网络。借助于 TensorFlow 灵活的架构,用户可以将其部署到 CPU、GPU、TPU 等多种平台和桌面设备、服务器集群、移动设备、边缘设备等多种设备上。

TensorFlow 生态有众多的工作流程的工具,例如 TensorFlow Hub、TensorFlow Lite、TensorFlow Research Cloud、TensorFlow Extended、TensorFlow Federated 等。这些工具帮助开发者能在数据处理、模型训练、模型验证、模型部署等各个阶段提升开发效率。

有关 TensorFlow 的具体介绍,可参见其中文官方网站:https://tensorflow.google.cn/。

2.1.2　PyTorch 深度学习开发框架

PyTorch 也是当前深度学习主流开发框架之一,得名于 Python 和 Torch 这两个单词的组合。其中,Python 就是大家很熟悉的程序设计语言,Torch 是一个有大量机器学习算法支持的科学计算框架,Torch 与 NumPy 类似,可以用来实现对张量的操作。Torch 是 PyTorch 的前身,但其使用的编程语言是 Lua,在人工智能领域流行度不高;将 Torch 库迁移到 Python 语言就诞生了 PyTorch。PyTorch 主要由 Meta 人工智能研究所开发和维护,在 Meta 内部也广泛使用 PyTorch 框架开发深度学习项目。该框架于 2017 年 1 月正式开源,在 GitHub 上公开了其源代码。PyTorch 刚开始在学术界比较流行,后来随着版本不断升级在工业界也有较高的应用程度。

PyTorch 从 2017 年发布以来,迭代非常迅速,经历了从 0.1.0 到 1.9.1 一共 15 个大版本的更新,同时在大版本之间各有一个小版本的更新。在保持快速更新的同时,PyTorch 保持了 API 的稳定性,而且作为一个飞速迭代的深度学习框架,PyTorch 在构建和运行深度学习模型方面也非常稳定,并没有因为迭代速度太快而导致代码运行不稳定。得益于迭代速度,PyTorch 现阶段支持非常多的神经网络类型和张量的运算类型[5]。

Pytorch 也有丰富的生态工具。在训练神经网络过程中,需要用到很多工具,其中最重要的三部分是数据加载预处理、可视化和 GPU 加速。在解决深度学习问题的过程中,往往需要花费大量的精力去处理数据,包括图像、文本、语音或其他二进制数据等。数据的处理对训练神经网络来说十分重要,良好的数据处理不仅会加速模型训练,更会提高模型效果。考虑到这点,PyTorch 提供了几个高效便捷的工具,以供使用者进行数据处理或增强等操作,同时可通过并行化加速数据加载。计算机视觉是深度学习中最重要的一类应用,为了方便研究者使用,PyTorch 团队专门开发了一个视觉工具包 torchvision,主要包含 models、datasets、transforms 三部分,该工具包独立于 PyTorch,需通过 pip install torchvision 安装。在训练神经网络时,我们希望能更直观地了解训练情况,包括损失曲线、输入图像、输出图像、卷积核的参数分布等信息。这些信息能帮助我们更好地监督网络的训练过程,并为参数优化提供方向和依据。最简单的办法就是打印输出,但其只能打印数值信息,不够直观,同时无法查看分布、图像、声音等。为此,Pytorch 提供了 Visdom 工具,支持对象的持久化可以将 Tensor、Variable、nn. Module、Optimizer 等保存成张量形式,方便进行外存数据的读取。此外,PyTorch 还提供 GPU 加速。

有关 PyTorch 的具体介绍,可参见其中文官方网站：http://pytorch.org/；也可参见其中文官方文档网站：https://pytorch.apachecn.org/。

2.1.3　PaddlePaddle 深度学习开发框架

PaddlePaddle(百度飞桨)是另一个当前深度学习主流开发框架,由百度公司开发和维护,被应用于百度内部的产品开发和各领域的科学研究。其前身是百度于 2013 年自主研发的易用、高效、灵活、可扩展的深度学习平台,可以认为是一个在工业应用优而开源的深度学习框架典范,类似 Meta 开发的 PyTorch、谷歌开发的 TensorFlow。该框架于 2016 年 9 月 27 日正式开源到 GitHub,目前在国内工业界有较高的应用程度。国际数据公司(International Data Corporation,IDC)发布的 2021 年上半年深度学习框架平台市场份额报告显示,飞桨已经跃居中国深度学习平台市场综合份额第一,它汇聚的开发者数量达 370 万,服务了 14 万企事业单位,产生了 42.5 万个模型。

Paddle 是并行分布式深度学习(Parallel Distributed Deep Learning)的缩写。Paddle 的原意是"用桨划动",所以 Logo 也是两个划船的开发者。在人工智能这条河流中,PaddlePaddle 这艘快船引领了我国在复杂软件领域拥有完全自主知识产权的赛道。PaddlePaddle 以迅捷的速度不断迭代框架本身,在充分考虑了软件运行性能、底层算力兼容性、开发者易用性、未来新算子新模式的兼容性等维度基础上,开源至今从 0.10 版本一直迭代到 2.1 版本。在数次的迭代中 PaddlePaddle 提供从数据预处理到模型部署在内的深度学习全流程的底层能力支持,不断完善官方验证的最新模型,随着 Python 版本的迭代也不断适配新版本 Python 语言。在算力方面 PaddlePaddle 支持服务端 CPU、服务端 GPU、FPGA、和多种 AI 加速芯片。

PaddlePaddle 具有业界领先的技术,自然完备兼容命令式和声明式两种编程范式,默认采用命令式编程范式,并完美地实现了动静统一,使开发者可以实现动态图编程调试,一行代码转静态图训练部署[6]。PaddlePaddle 框架还提供了低代码开发的高层 API,并且高层 API 和基础 API 采用了一体化设计,两者可以互相配合使用,做到高低融合,确保用户可以同时享受开发的便捷性和灵活性[6]。PaddlePaddle 具有超大规模深度学习模型训练技术,领先其他框架实现了千亿稀疏特征、万亿参数、数百节点并行训练的能力,解决了超大规模深度学习模型的在线学习和部署难题。此外,PaddlePaddle 还覆盖支持包括模型并行、流水线并行在内的广泛并行模式和加速策略,率先推出业内首个通用异构参数服务器模式和 4D 混合并行策略,引领大规模分布式训练技术的发展趋势。PaddlePaddle 具有多端多平台部署的高性能推理引擎,对推理部署提供全方位支持,可以将模型便捷地部署到云端服务器、移动端以及边缘端等不同平台设备上,并拥有全面领先的推理速度,同时兼容其他开源框架训练的模型。PaddlePaddle 推理引擎支持广泛的 AI 芯片,特别是对国产硬件做到了全面的优化适配。PaddlePaddle 具有产业级开源模型库,基于 PaddlePaddle 框架 2.0 官方建设的算法数量达到 270,并且绝大部分模型已升级为动态图模型,包含经过产业实践长期打磨的主流模型以及在国际竞赛中的夺冠模型;提供面向语义理解、图像分类、目标检测、语义分割、文字识别、语音合成等场景的多个端到端开发套件,满足企业低成本开发和快速集成的需求,助力快速的产业应用。

PaddlePaddle 框架是集深度学习核心框架、工具组件和服务平台为一体的技术先进、功能完备的开源深度学习平台,已被中国企业广泛使用。其深度契合企业应用需求,拥有活跃的开发者社区生态,提供丰富的官方支持模型集合,并推出全类型的高性能部署和集成方案供开发者使用。

有关 PaddlePaddle 的具体介绍,可参见其中文官方网站:https://www.paddlepaddle.org.cn/。

2.2 飞桨基础

由于本书的示例代码基于飞桨深度学习开发框架编写,下面将介绍其具体的开发环境、开发套件、工具组件、开发平台。

2.2.1 开发环境

飞桨团队为开发者准备了保姆式的本地开发环境搭建方法、免费的云上开发环境和开发界面友好的在线开发环境,使开发者比较容易获得 PaddlePaddle 开发环境。

飞桨的本地安装十分方便。飞桨框架和普通的 Python 库在使用方法上并无太大区别,开发者可以通过 pip 命令或 conda 命令安装。如果不想自己搭建全套环境或者想把自己的环境备份、分享给其他人,也可以使用直接拉取 docker 镜像,在 docker 环境中编写代码。飞桨适配 Windows、macOS、Linux 操作系统,开发者如果需要可以在 Linux 下从源码编译。具体安装步骤请查阅如下网址的快速安装介绍:https://www.paddlepaddle.org.cn/。

飞桨为开发者提供了资源与训练无缝对接的云上开发环境。由于深度学习任务通常对计算资源要求较高,对于本地资源受限的客户,使用 PaddleCloud 是一个不错的选择。PaddleCloud 能够帮助开发者一键发起深度学习任务,为开发者提供免费底层计算资源或快速打通云上计算资源通道,支持开发者快速发起单机/分布式飞桨框架训练任务,帮助开发者的 AI 应用更广泛的落地。具体网址为 https://www.paddlepaddle.org.cn/paddle/paddlecloud。

飞桨为有算力和数据集需求的零基础开发者准备了在线编程环境 AI Studio。AI Studio 是针对 AI 学习者的在线一体化学习与实训社区,该平台集合了 AI 教程、深度学习样例工程、各领域的经典数据集、云端的超强运算与存储资源以及比赛平台和社区,从而解决学习者在 AI 学习过程中的一系列难题,例如教程水平不一、教程和样例代码难以衔接、高质量的数据集不易获得以及本地难以使用大体量数据集进行模型训练。这个在线平台可以帮助初入门深度学习的开发者一路历练为合格的深度学习工程师[7]。具体网址为 https://aistudio.baidu.com/aistudio/index。

2.2.2 开发套件

飞桨开发团队以多年的深度学习技术研究和业务应用为基础,集深度学习核心框架、基础模型库、端到端开发套件、工具组件和服务平台于一体。飞桨是全面开源开放、技术领先、功能完备的产业级深度学习平台,它源于产业实践,始终致力于与产业深入融合,目前已广泛应用于工业、农业、服务业等行业。飞桨致力于让深度学习技术的创新与应用更简单,针对不同的使用场景提供了丰富的开发工具。

在开发与训练阶段,飞桨除了提供 Paddle 核心框架外,还支持用于分布式训练的 FleetAPI、用于多任务学习的 PALM 和用于量子机器学习框架的 Paddle Quantum。FleetAPI 是高阶 API,平衡了易用性和算法可扩展性,可在 10 行代码内将本地飞桨代码高效地转换成分布式代码;PALM 灵活、通用且易于使用的 NLP 大规模预训练和多任务学习框架,旨在快速开发高性能 NLP 模型;Paddle Quantum 支持量子神经网络的搭建与训练,提供易用的量子机器学习开发套件与量子优化、量子化学等前沿量子应用工具集。

2.2.3 工具组件

飞桨提供了多类模型资源使用方式供开发者选择。分别针对预训练场景、模型应用场景和模型开发场景提供了不同的工具。

对于需要训练模型的人来说,使用预训练模型能够切实做到事半功倍。飞桨提供了预训练模型工具 PaddleHub。PaddleHub 帮助开发者便捷地获取飞桨生态下的预训练模型,完成模型的管理和一键预测。配合使用 Fine-tune API,可以基于大规模预训练模型快速完成迁移学习,让预训练模型更好地服务于用户特定场景的应用。PaddleHub 具有无须数据和训练、一键模型应用、一键模型转服务、易用的迁移学习、丰富的预训练模型等优点。

对于模型应用者来说,飞桨针对不同任务封装了不同的应用工具,包括针对图像分类任务的 PaddleClas、针对目标检测任务的 PaddleDetection、针对图像分割任务的 PaddleSeg、针对文字识别的 PaddleOCR、针对对抗生成对抗网络的 PaddleGAN、针对语音识别的 DeepSpeech、针对语音合成的 Parakeet、针对语义理解的 ERNIE、针对点击率预估的 ElasticCTR、针对海量分类类别的 PLSC、针对图神经网络的 PGL、针对强化学习的 PARL、针对生物计算的 PaddleHelix。目前，飞桨已经提供了 13 种具体任务的工具供开发者使用，随着人工智能赋能产业的步伐越来越快，也会有越来越多的工具问世。

对于模型开发者来说，如果有现成的经过验证的经典模型和当前最流行模型作为参考，一定比自己从零开始构建模型要更友好一些。针对模型开发的场景，飞桨提供了官方维护的模型库，模型库包含当前主流的人工智能领域，具体为智能视觉（PaddleCV）、智能文本处理（PaddleNLP）、智能推荐（PaddleRec）、智能语音（PaddleSpeech）。开发者可以从 GitHub 下载这几个领域的经典模型和流行模型的源代码。

在模型压缩和模型部署阶段飞桨也提供了相应的工具。PaddleSlim 是一个专注于深度学习模型压缩的工具库，提供剪裁、量化、蒸馏和模型结构搜索等模型压缩策略，帮助开发者快速实现模型的小型化。在服务端、嵌入式设备端和网页端有不同的模型部署方式。Paddle Serving 旨在帮助深度学习开发者轻易部署在线预测服务，用户使用 Paddle 训练了一个深度神经网络，就同时拥有了该模型的预测服务。Paddle Serving 的核心功能与 Paddle 训练紧密连接，绝大部分 Paddle 模型可以一键部署。Paddle Serving 支持工业级的服务能力，例如模型管理、在线加载、在线 A/B 测试等；支持客户端和服务端之间高并发和高效通信；支持多种编程语言开发客户端，例如 C++、Python 和 Java。Paddle Lite 是飞桨基于 Paddle Mobile 全新升级推出的端侧推理引擎，在多硬件、多平台以及硬件混合调度的支持上更加完备，为包括手机在内的端侧场景的 AI 应用提供高效轻量的推理能力，有效解决手机算力和内存限制等问题，致力于推动 AI 应用更广泛落地。针对网页端飞桨具有国内首个开源 JavaScript 深度学习库 Paddle.js，它以 JavaScript 实现 Web 端推理引擎，并提供深度学习开发工具，让开发者能轻松地在浏览器、小程序等环境快速实现深度学习应用。

2.2.4　开发平台

飞桨不仅对模型开发、模型训练、模型压缩、模型部署提供了工具，也提供了其他辅助工具。

PaddleX 是飞桨提供的全流程开发工具，集飞桨核心框架、模型库、工具及组件等深度学习开发所需全部能力于一身，打通深度学习开发全流程。PaddleX 同时提供简明易懂的 Python API 及一键下载安装的图形化开发客户端。用户可根据实际生产需求选择相应的开发方式，获得飞桨全流程开发的最佳体验。

AutoDL 可以实现自动化深度学习，它高效地自动搜索最佳网络结构的构建方法，通过增强学习在不断训练过程中得到定制化高质量的模型。DEL 是弹性计算框架，它帮助深度学习云服务提供商使用深度学习框架构建集群云服务。PaddleFL 是一个基于飞桨的开源联邦学习框架，开发者可以很轻松地用 PaddleFL 复制和比较不同的联邦学习算法，也可以在大规模分布式集群中较容易地部署 PaddleFL 联邦学习系统。PaddleFL 提供很多种联邦学习策略（横向联邦学习、纵向联邦学习）及其在计算机视觉、自然语言处理、推荐算法等领域的应用。此外，PaddleFL 还提供传统机器学习训练策略的应用，例如多任务学习、联邦学习环境下的迁移学习。依靠着飞桨的大规模分布式训练和 Kubernetes 对训练任务的弹性调度能力,PaddleFL 可以基于全栈开源软件轻松地部署。

VisualDL 是类似 TensorBoard 的可视化分析工具,以丰富的图表呈现训练参数变化趋势、数据样本、模型结构、P-R 曲线、ROC 曲线、高维数据分布等,帮助用户清晰直观地理解深度学习模型训练过程及模型结构,进而实现高效的模型调优。

2.3　本章小结

深度学习算法的实施离不开深度学习开发框架的支撑,本章介绍了深度学习项目使用开发框架的意义以及目前流行的几种框架 TensorFlow、PyTorch、飞桨。其中,重点介绍了飞桨框架,包括开发环境、开发套件、工具组件和开发平台,有助于后续章节计算机视觉深度学习模型的理解和实践,以及基于飞桨深度学习开发框架对本书示例的学习和编写。

参考文献

[1]　王生进.计算机视觉的发展之路[J].人工智能,2017(6):8-13.

[2]　于佃海,吴甜.深度学习技术和平台发展综述[J].人工智能,2020(3):12.

[3]　辛大奇.深度学习实战——基于 TensorFlow 2.0 的人工智能开发应用[M].北京:中国水利水电出版社,2020.

[4]　GALEONE P. TensorFlow 2.0 神经网络实践[M].北京:机械工业出版社,2020.

[5]　孙玉林,余本国.PyTorch 深度学习入门与实战[M].北京:中国水利水电出版社,2020.

[6]　刘祥龙,杨晴虹,胡晓光,等.飞桨 PaddlePaddle 深度学习实战[M].北京:机械工业出版社,2020.

[7]　潘海侠,吕科,杨晴虹,等.深度学习工程师认证初级教程[M].北京:北京航空航天大学出版社,2020.

第3章

深度学习算法基础

机器学习从大量数据中挖掘信息,学习如何完成任务,是计算机视觉处理任务的关键技术。深度学习是目前机器学习领域最受关注的分支,相比于需要手工特征提取的传统机器学习,深度学习自动从数据中学习复杂特征,并组合成更复杂的特征来完成任务,深度学习可以理解为传统神经网络的拓展。

3.1 机器学习

机器学习算法可以从大量数据中总结出潜在的规律,寻找出有用的知识,建立合适的模型,并利用这个模型解决包括计算机视觉在内的各种任务[1]。

根据数据使用情况,机器学习算法通常可以分为有监督学习、无监督学习、半监督学习等几种类型[2]。有监督学习和无监督学习的区别在于数据集有没有真实标签。有监督学习的训练数据集中包含了样本与对应的标签;无监督学习的数据集没有标签,例如聚类学习,需要通过算法将数据集中有相似特征的样本聚合为若干类别,这些不同的类别称为"簇"。半监督学习在实际应用场景中很常见,由于对数据进行标注的成本较高,往往需要付出大量的人力物力,而未标注的数据则较容易获得,半监督学习便是将少量有标注的样本与大量未标注的样本结合使用,学习到数据的特征表达。

与前面三种学习方式不同,强化学习是机器学习的另一个领域,不需要大量数据,而是在与环境不断交互的过程中进行学习。强化学习强调场景中的智能体如何基于环境进行行动,每一步行动都有可能得到奖励或者惩罚,通过与环境不断交互,以取得最大化的预期收益。

在实践应用中,使用最广泛的是有监督学习方法,常用的有监督分类技术可以分为线性、非线性、集成三个不同类别,分别以支持向量机(SVM)、核函数支持向量机、AdaBoost分类器为代表。

3.2　神经网络的基本组成

神经网络(Neural Network,NN)是实现机器学习任务的常见方法,主要由数据驱动对生物神经系统进行建模,在机器学习领域取得了出色的效果[3]。人工神经网络又称神经元网络,其基本单元为人工神经元(Artificial Neuron,AN),是学者们从人脑神经元中获得灵感并设计的一种具有简洁数学表示的计算单元。

3.2.1　神经元

神经系统中每个神经元是一个可以接收、发射脉冲信号的细胞,如图 3-1 所示。外部刺激通过神经末梢转化为电信号,并通过轴突将该信号进行传递。而这个脉冲信号的强度也决定了该神经元能否被激活,只有激活状态下的神经元才会输出脉冲信号至下一个神经元,非激活的神经元不输出脉冲。无数个这样的神经元构成了神经中枢,神经中枢可以综合各种信号,使得人体对外部刺激做出反应。

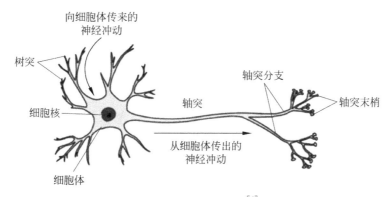

图 3-1　神经元示意图[4]

人工神经元的工作机制与生物神经系统中的神经元类似,每个神经元会接收若干输入信号,产生单个输出。对于每一个输入,都有一个权重与其关联,线性组合后再经过一个非线性的激活函数作为输出,由此来模拟生物神经元中激活与非激活的两种状态。如果用 $x_1, x_2, \cdots, x_n$ 表示 n 个输入,用 y 表示输出,则有

$$y = f(w_1 x_1 + w_2 x_2 + \cdots + w_n x_n + b) \tag{3-1}$$

其中,$f(\cdot)$ 表示激活函数,$\{w_1, w_2, \cdots, w_n\}$ 表示权重系数,b 表示一个与输入无关的偏置量(bias)。

图 3-2 是人工神经元的简要结构,通常也把这样的人工神经元称为感知器(perceptron),其中的模型参数需要通过学习来得到。单神经元模型已经可以用来作为一个简单的决策模型,通过输入信号来决定是否做出响应。但是在真实世界中实际决策模型更加复杂,这时便需要将多个神经元进行连接,组成神经网络,即多层感知器（Multi-Layer Perceptron,MLP)[5]。

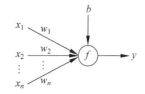

图 3-2　人工神经元示意图

3.2.2　神经网络的结构

一个完整的神经网络通常由输入层、隐藏层、输出层组成。输入层一般为输入神经网络中的样本信息,其维数决定了输入层的神经元个数。隐藏层指所有在输入层之后输出层之前的层,用于处理一些不对用户展示的中间步骤,通常隐藏层的层数可以根据任务的复杂程度自由设置[5]。当隐藏层层数较多时,就可以称其为深度神经网络[6]。输出层负责产生预测值,例如,当使用神经网络处理分类任务时,输出层的神经元个数为该任务中的类别数,每个神经元的输出值为该样本属于每个类别的概率。

图 3-3 展示了一个神经网络结构,其中输入层包含 4 个输入值,2 层隐藏层分别包含 5 个和 3 个节点,输出层包含 1 个输出值,网络中每个节点视为一个神经元,将神经元按输入层、各隐藏层、输出层进行分布。同时该神经网络模型为最基本的全连接网络,输入层的 4 个节点与第 1 隐藏层的 5 个节点连接,第 1 隐藏层的 5 个节点与第 2 隐藏层的 3 个节点连接,第 2 隐藏层的 3 个节点与输出层的节点连接。像图 3-3 这样层内的神经元互不相连,每层的每个节点都与下一层的全部神经元节点两两连接的网络,称为全连接网络(简称全连接)[7]。

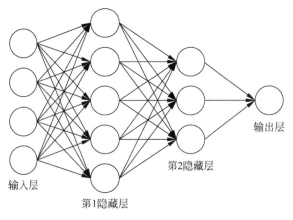

图 3-3　神经网络的结构

3.3　神经网络的计算

神经网络的计算是网络进行学习训练的过程,与机器学习中基于梯度下降训练的模型类似[8],也主要包含正向传播、反向传播、梯度下降三部分。

3.3.1　激活函数

如上所述,类似生物神经系统的激活机制,神经元在接收其他神经元释放的神经递质时,只有当刺激达到一定强度时才会将信号进行传递[9]。因此,在神经网络中,激活函数(activation function)起到非常重要的作用[10],是对输入的一种非线性映射操作,也是神经网络能学习到非线性特征的一个重要原因,没有激活函数的神经网络,只是一些线性映射层的多层堆叠,无论怎么增加层数,也很难从数据中学习到表达能力强的特征。

在传统的神经网络中,常用的激活函数有 Sigmoid 和 Tanh,其中 Sigmoid 是使用较多的激活函数,由如下公式定义:

$$\text{Sigmoid}(x) = \frac{1}{1+\text{e}^{-x}} \in (0,1) \tag{3-2}$$

图 3-4 分别给出了 Sigmoid 函数及其导数,Sigmoid 函数单调递增,值域范围限制在 $(0,1)$,这也很形象地描绘了神经元受到激活的情形——原点左侧几乎没有被激活,而右侧能得到较好的激活。此外,可以看出 Sigmoid 函数在左右两侧非常平坦,对应的 Sigmoid 激活函数导数趋于 0,这样在根据链式法则反向传播时,往往会导致梯度趋于 0,容易引起梯度消失的问题。

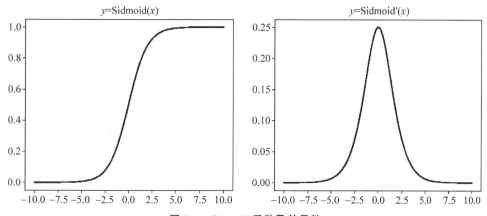

图 3-4 Sigmoid 函数及其导数

另一个常用的激活函数为双曲正切函数 Tanh,定义如下:

$$\text{Tanh}(x) = \frac{1-\text{e}^{-2x}}{1+\text{e}^{-2x}} \in (-1,1) \tag{3-3}$$

Tanh 函数及其导数如图 3-5 所示。与 Sigmoid 相比,该激活函数将输入数据压缩到了 $-1 \sim 1$,且均值为 0,但也同样存在梯度消失的问题。

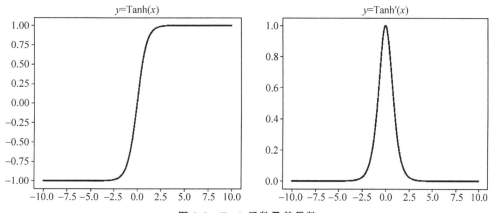

图 3-5 Tanh 函数及其导数

3.3.2　正向传播

在神经网络训练阶段,神经网络中的数据流动分为正向传播和反向传播两个环节。正向传播是指数据沿神经网络的输入层到输出层的顺序,依次与中间隐藏层的参数进行运算,一直传播到输出的过程。针对每个网络节点(神经元),正向传播过程就是节点在获得输入数据后进行线性变换和激活运算的两步计算过程。3.3.1节讲述了单个神经元的线性变换和激活运算过程,而对于复杂的深层神经网络模型一般采用向量化运算方法来改进正向传播计算过程。

以图3-3的神经网络结构为例,输入层的信息表示为矩阵 $\boldsymbol{X}=(x_1,x_2,\cdots,x_i,\cdots,x_n)$,其中 $n=4$ 表示有4个输入,x_i 表示第 i 个输入的具体信息。当把每层对应的权重系数和偏置量也都矩阵化以后,网络的正向传播构成也就转换为向量处理的过程。因此,图3-3神经网络第1层(由于输入层不计入神经网络的层数,因此神经网络第1层即第1隐藏层)的中间值矩阵 $\boldsymbol{A}^1$ 可表示为

$$\boldsymbol{A}^1 = f^1(\boldsymbol{W}^1\boldsymbol{X} + \boldsymbol{b}^1) \tag{3-4}$$

同理,对于神经网络第2层(第2隐藏层)的输出 $\boldsymbol{A}^2$,可由网络第1层的输出 $\boldsymbol{A}^1$ 经过加权偏移与激活计算得到;而网络第3层(输出层)输出 $\hat{\boldsymbol{Y}}$ 可由网络第2层的输出 $\boldsymbol{A}^2$ 经过加权偏移与激活计算得到,其过程如图3-6所示。

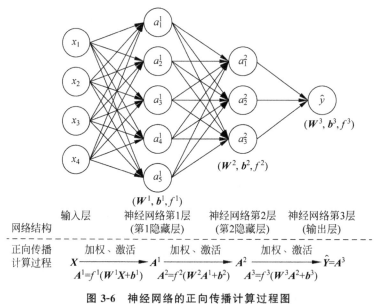

图 3-6　神经网络的正向传播计算过程图

3.3.3　反向传播

神经网络在正向传播得到输出后,可以计算预测值与实际值的误差,从而根据误差函数相对于网络参数的梯度进行网络学习;而反向传播便是应用链式法则,在神经网络模型中

逐层反向求解损失函数对所有待优化参数的梯度,并一步步更新中间权重和偏置参数。

在反向传播过程中,通常采用 delta 法则,其关键是采用梯度下降法来逐步逼近神经网络各隐藏层的最佳权重参数。假设图 3-6 中神经网络最终的预测输出结果为 $\boldsymbol{Y}$,而经过前向传播得到的实际输出为 $\hat{\boldsymbol{Y}}$,两者存在一定的误差。为了方便理解神经网络的参数学习过程,以均方误差为例计算两者之间的损失。

$$E(\boldsymbol{X},\boldsymbol{W},\boldsymbol{b}) = \frac{1}{2}\sum (\boldsymbol{Y} - \hat{\boldsymbol{Y}})^2 \tag{3-5}$$

其中,E 表示均方误差函数,$\boldsymbol{W}$ 和 $\boldsymbol{b}$ 分别表示神经网络各隐藏层的权重和偏置。反向传播的目标是确定一个参数矩阵 $\boldsymbol{W}$ 和偏置矩阵 $\boldsymbol{b}$ 使得损失函数 E 的值足够小。

梯度下降法是从随机初始化位置开始,每次都以较小的步幅向着误差曲面下降最快的方向微调参数,经过多轮迭代更新,直到达到误差最小值点,即全局最优点。在神经网络反向传播训练中,梯度下降法通过计算损失函数 E 对参数 $\boldsymbol{W}$ 和 $\boldsymbol{b}$ 的偏导数来确定误差曲面下降最快的方向。因此,为了使 E 最小化,参数 $\boldsymbol{W}$ 和 $\boldsymbol{b}$ 的修正变化量可以具体表示为式(3-6)和式(3-7)。

$$\Delta \boldsymbol{W} = -\eta \frac{\partial E}{\partial \boldsymbol{W}} \tag{3-6}$$

$$\Delta \boldsymbol{b} = -\eta \frac{\partial E}{\partial \boldsymbol{b}} \tag{3-7}$$

其中,η 为神经网络的学习率,表示沿着当前梯度方向下降的步幅,这就是 delta 法则。

在神经网络的训练学习过程中,正向传播与反向传播是交替进行的,反向传播需要在正向传播中得到的中间变量来进行计算,而每次正向传播前都需要反向传播来更新参数。

3.3.4 优化算法

当模型和损失函数较简单时,可以通过求解析解的方式来最小化误差;但如果模型或者损失函数较复杂,难以求得解析解,便只能通过一些迭代优化算法来降低损失函数的值,即数值解,在深度学习中,人们把这些优化算法称为优化器。常用的优化器有很多种,例如批量梯度下降(Batch Gradient Descent,BGD)及其变种、自适应的方法(AdaGrad、Adam 等)[11]。每种优化器都有其利弊,需要根据任务选择合适的优化算法。本节主要介绍较为经典的随机梯度下降(Stochastic Gradient Descent,SGD)[12]。

梯度下降使用整个训练集的数据来计算损失函数 $L(w)$ 对模型参数的梯度 $\nabla_w L(w)$,并沿梯度的反方向来更新参数以最小化损失函数。但在一次更新中,都要遍历整个训练集,BGD 的计算量巨大,会造成训练过程缓慢且不稳定。与 BGD 相比,随机梯度下降 SGD[11-12] 每次更新时会对每个样本(或者每个批次的样本)进行梯度更新,可能每次更新并不都是朝着整体最优的方向,但训练速度快,学习率设置合适的前提下仍能较好地收敛。当然,SGD 也有其局限性,例如更新频繁、容易产生振荡、容易收敛到局部最小值等,也有一些工作通过加入动量[13]、加入自适应的方法对 SGD 进行改进。

针对随机梯度下降存在的问题,可以选择使用自适应优化学习率的方法。自适应梯度(Adaptive Gradient,AdaGrad)优化算法对每个不同的参数调整不同的学习率,对于变化比较频繁的参数使用更小的步长进行更新,而变化较为稀疏的参数则用较大的步长来更新;但如果 AdaGrad 没有在前期找到较优解,后期学习率进一步降低则更难趋向最优解。均方根反向传播(Root Mean Squared Propagation,RMSProp)通过将 AdaGrad 中的梯度积累改变为指数加权移动平均,并结合这个值来调节学习率的变化,使得其能够在不稳定的目标函数下很好地收敛。自适应矩阵估计(Adaptive Moment Estimation,Adam)结合了 AdaGrad 与 RMSProp 两种优化算法的优点,收敛速度更快,同时又综合考虑之前时间的梯度动量,从而计算更新步长。

为了最小化网络的损失函数,学习率是一个非常关键的超参数。这个超参数决定了权重更新的快慢,如果学习率设置较低,则网络训练会十分缓慢,相反,如果学习率设置得较高,则可能会跳出最优解,使网络收敛到不理想的结果。因此,通常希望设置一个较为理想的学习率,来尽可能地减少网络的损失。

在训练神经网络时,一种常见的学习率设置方法是在初始时使用较大的学习率,然后在后期将学习率减小。但由于在刚开始训练时,网络模型的权重是随机初始化的,此时使用较大的学习率可能就会导致模型的不稳定振荡。于是,有人提出了 Warmup 预热学习率的方式,如图 3-7 所示,最开始训练的几个 Epoch 使用较小的学习率(learning rate),然后使学习率慢慢增大,直到模型逐渐趋于稳定后达到预先设置的学习率进行训练,此后学习率再慢慢衰减,这样可以使得模型的收敛速度更快,得到的效果更佳。

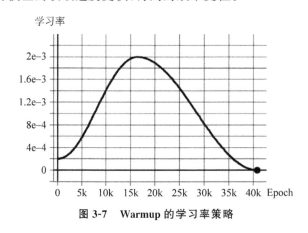

图 3-7   Warmup 的学习率策略

3.4   卷积神经网络的基本组成

卷积神经网络(Convolutional Neural Network,CNN)是指在网络结构中用卷积运算来代替一般的矩阵乘法实现加权操作的神经网络,是深度学习中一类非常重要的神经网络结构,也是一种广泛应用在计算机视觉领域的网络类型[14]。在结构上,卷积神经网络一般由卷积层、池化层、全连接层组成[15]。

3.4.1   卷积层

卷积层是卷积神经网络的核心组成部分,也是卷积神经网络能够提取非线性特征的重要依据,它由一系列参数可学习的卷积核(kernel)集合而成,其中卷积核也称为滤波器(filter)。对于每个卷积层,都存在一个卷积核,如果将卷积核矩阵中对应的数值视为传统神经网络中的权重系数,则卷积层的正向传播可通过神经元权重与输入数据的卷积计算实现。

如图3-8所示,在计算机视觉处理领域,输入数据一般为输入的图像,而卷积核通常为一个正方形矩阵,通常也被称作滤波器或者卷积模板。将卷积核在输入图像上沿高度或者宽度滑动,输入图像在卷积窗口内的每个元素与卷积核上对应位置的元素相乘求和,便得到了该窗口内的卷积输出,这个输出就是该局部邻域内的特征。

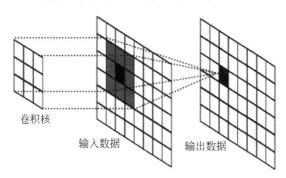

图 3-8　卷积过程示意图

使用一个卷积核遍历整幅图像时,卷积后的输出与原图的尺寸是不同的。这主要是因为图像最边缘的像素点无法与卷积核的中心重合,无法映射到输出的特征图,导致输出的特征图尺寸相比较原图会缩小。同样地,也应该考虑卷积核在输入图像上滑动的准则,不同准则下得到的输出尺寸也有差异。为了避免卷积操作之后使图像尺寸变小的问题,常在图像的外围进行填充操作(padding)。

填充指在原始图像的四周填充一些元素,通常填充值为0,填充0的行或者列数由卷积核的大小决定。例如,当卷积核大小为3×3时,只需要在输入图像的四周填充1行或1列0元素,就能保证卷积后的输出与原图的尺寸一致。

如图3-9所示,填充后的卷积将卷积核从图像的左上角开始滑动,卷积核每次滑动1个像素,这个滑动的像素步长称为步幅,可以人为设定。当步幅为1时,卷积核每完成一次卷积将向右移动一个像素(1列);完成该行的卷积后,卷积核返回最左端并向下平移一个像素(1行)。有时为了满足某些特定的任务或需求,也可以将宽和高上的步幅分别设置。

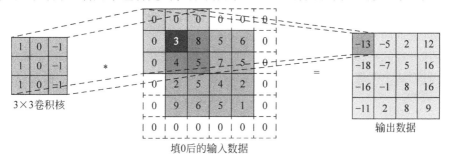

图 3-9　填充后的卷积过程

3.4.2　池化层

池化往往在卷积操作之后出现,其最直观的功能是缩小特征图的尺寸,这样一方面可以压缩参数量,简化网络的计算;另一方面还能聚合特征,使网络提取到不同尺度的信息。

池化是将某一位置的输出用该位置相邻输出的某种总体统计特征替换的操作。通常用池化窗口(一般为 2×2)对相邻区域进行限定,这一点与卷积类似,只是不像卷积核一样需要优化参数。与卷积核类似,池化窗口每次滑动的步长也可根据步幅来确定。常用的池化有最大池化与平均池化,最大池化便是在池化窗口中取最大值,平均池化则是在池化窗口中取平均值,图 3-10 为最大池化与平均池化的示例。

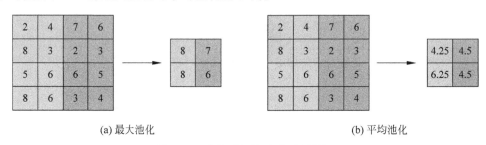

(a) 最大池化　　　　　　　　　　　　(b) 平均池化

图 3-10　池化过程的计算（见彩插）

3.4.3　ReLU 激活函数

激活函数可以给神经网络加入非线性因素,以提升线性模型的特征表达能力,是神经网络的重要组成部分。早期的神经网络普遍采用 3.3.1 节中所介绍的 Sigmoid 和 Tanh 激活函数。如前所述,Sigmoid 激活函数在正负饱和区的梯度都趋于 0,容易引起梯度弥散问题;而 Sigmoid 和 Tanh 激活函数都包含指数子项计算,使得计算难度较大。因此,为了解决上述问题,修正线性单元(Rectified Linear Unit,ReLU,又称线性整流函数)代替了传统的激活函数。

近几年,ReLU 激活函数已经成为深度学习领域中使用较多的激活函数,它的表达式如下:

$$\mathrm{ReLU}(x) = \begin{cases} x, & x \geqslant 0 \\ 0, & x < 0 \end{cases} \in [0, +\infty) \tag{3-8}$$

如图 3-11 所示,ReLU 激活函数的优点是在激活区域的导数为恒定的非 0 值,缓解了梯度消失问题的同时也能加快网络的收敛速度。但由于原点左侧的导数恒为 0,在梯度反传时流经该神经元后梯度就都变成了 0,之后的权重就无法得到更新,造成了"死亡神经元"的问题。针对这个问题,一些其他激活函数被提出[10],但仍不妨碍 ReLU 使深度学习往前迈进了一大步。

3.4.4　全连接层

在神经网络中,全连接是指某一层的节点都与其上一层的全部节点连接。在卷积神经

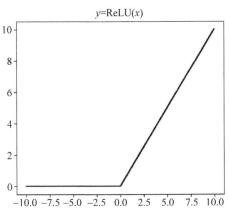
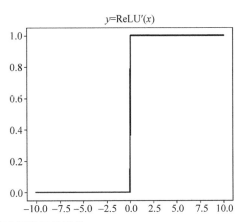

图 3-11　ReLU 激活函数及其导数

网络中,常说的全连接层(Fully Connected Layers,FC 层)往往位于卷积神经网络的末端,其作用是将前面卷积层产生的特征图展开成一个一维向量,即输入图像包含高级语义信息的特征向量,在整个卷积神经网络中起到"分类器"的作用。例如,对于分类任务,往往在多个全连接层后得到一个维数等于类别数的特征向量,该向量的每一维即为某个类别的概率。

3.5　深度学习模型的训练技巧

深度学习网络模型通常是一种非线性的神经网络模型,其所采用的损失函数是一个非凸函数。在模型迭代优化过程中,最小化损失函数在本质上可以看作一种非凸优化问题,因此会存在许多局部最优解。当深层神经网络进行梯度反传时,损失误差在经过每一层的传递都会不断衰减,有可能出现梯度消失问题。深度学习网络模型一般具有很大的参数量,也为模型的优化训练带来巨大挑战。同时,深度学习网络模型的训练往往依赖数据样本,样本的数量与多样性会直接影响模型最终的性能。如果训练样本太少或者网络模型过于复杂,则容易出现过拟合现象,导致模型鲁棒性和泛化能力变差。

为了克服深度学习网络模型在训练过程中难以优化的问题,通常会引入多种训练优化技巧来分别解决模型计算量大、过拟合、梯度弥散、参数量大等问题[14]。下面介绍几种在训练中常用的技巧方法,包括归一化(normalization)、丢弃法(dropout)、权重衰减(weight decay)以及参数初始化(weights initialization)等。

3.5.1　归一化

为了加快深度网络模型的收敛速度,同时缓解网络中梯度弥散问题,归一化处理是深度神经网络训练中一个非常重要的技巧,使得深层网络模型的训练更加容易和稳定。在百万量级数据的大规模神经网络训练中,常采用计算训练集中的批量(batch)数据模式。数据在送入网络时,都是成批输入的,但如果不同批次数据分布差异较大或训练集与测试集数据分布差异较大,就会导致神经网络的性能降低,变得难以训练或产生过拟合现象。因此,针对每一批数据的归一化处理目前已几乎成为所有卷积神经网络的通用技巧。

在深度学习中,常见的归一化方法有批归一化(Batch Normalization,BN)[16]、层归一化(Layer Normalization,LN)[17]、实例归一化(Instance Normalization,IN)[18]、组归一化(Group Normalization,GN)[19]等,如图 3-12 所示。

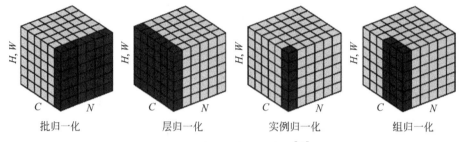

| 批归一化 | 层归一化 | 实例归一化 | 组归一化 |

图 3-12　常见的归一化方法[19]

批归一化(BN)使得训练较深的神经网络成为可能,并且使网络可以更好更迅速地收敛[16]。批归一化操作一般在卷积层之后、激活函数之前,将输入的一个批次特征图中的每个通道求解均值和方差,即对每个通道在这一批样本中做归一化操作。这样会使得整个神经网络在不同层的数值都相对稳定,也可以减少训练时梯度爆炸等情况的发生。

值得注意的一点是,在使用批归一化训练时,往往希望批大小尽可能大一些,这样可以让一个批次内的均值和方差更准确;但在测试时,单个样本的输出不应该依赖某个批次的分布,这时可以使用整个训练集的均值和方差来处理测试集的每个批次,具体来说,对于测试样本归一化时的均值,可以通过直接计算训练集中所有批数据均值的平均值来求得,对于方差则使用训练集中每个批数据方差的无偏估计。

层归一化(LN)与 batch 无关,而是在特征图的通道、长与宽的维度上进行标准化,每个样本都计算独立的均值和方差[17]。层归一化不依赖批大小的特点使得其适合处理序列化的数据,例如自然语言处理中的循环神经网络,但其在卷积神经网络中的表现不如批归一化等方法。

实例归一化(IN)将统计范围进一步缩小至单个通道的特征图,在特征图的每一通道上计算均值和方差,而与批大小和特征图的通道数都无关[18]。

组归一化(GN)的统计方式介于层归一化与实例归一化之间,将某一特征图的不同通道分为多个组,然后对每个组进行归一化[19]。其也可以避免批大小对训练的影响,在计算机视觉任务中有着不错的表现。

总之,BN、LN、IN、GN 这四种归一化方式只是区分在统计数据维度选择上的不同,而它们的计算过程基本一致,主要分为计算数据均值、计算数据方差、去均值方差处理将数据归一化到 0 均值 1 方差分布上、变化重构出网络所需要学到的分布。

3.5.2　丢弃法

深度学习网络模型在训练过程中容易出现过拟合问题,当模型参数较多、训练样本较少时,训练得到的模型往往会过度拟合数据,从而导致在训练集和验证集上的预测准确率很高,但在测试集上表现却很差。丢弃法(dropout)是深度学习网络中一种常用的抑制过拟合方法,其做法是在模型训练过程中,随机选择一些隐藏层神经元并暂时丢弃,每次前向传播和梯度反传时只有输入层、输出层以及其余部分隐藏层神经元被激活。在整个迭代优化过程中选择的丢弃神经元都是随机的,即每个隐藏层神经元权重都有一定的概率不进行更新。

图 3-13 是 dropout 的示意图,由于 dropout 在每次迭代优化时按照一定概率选择部分神经元进行激活,将另一部分神经元从网络中暂时丢弃,所以能有效降低网络模型的计算量,并且有效缓解网络模型的过拟合,达到一定的正则化效果。

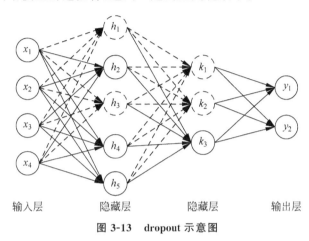

图 3-13　dropout 示意图

3.5.3　权重衰减

在训练网络的过程中,一般通过观察误差函数来判断模型训练是否成功。有时误差函数已经降到很低,但用这个训练好的网络测试其他数据却得到较差的表现,产生过拟合现象。为了在反向传播过程中减小模型过拟合现象,权重衰减是深度学习网络模型训练中一种常用的方法,又称为 L_2 范数正则化。

在优化模型参数时,往往通过最小化目标函数或者损失函数来实现,即 $\min\limits_{w} L(w;X,y)$,其中 w 为待优化的参数,X、y 分别为训练样本与对应的标签。为了让模型能够适应不同的数据集,避免过拟合,往往会希望权重尽可能小,于是考虑加入正则项 $\Omega(w)=\dfrac{1}{2}\parallel w\parallel_2^2$ 作为参数范数惩罚减小权重。添加正则项后的目标函数变为

$$L_{\text{new}}(w;X,y)=L(w;X,y)+\alpha\Omega(w) \tag{3-9}$$

其中 α 是调节惩罚项权重的参数,该超参数通常是一个大于零的常数,值越大表示在损失函数中所占比重越大,则模型学到的权重参数会越接近 0。如式(3-9)所示,在原来损失函数的基础上增加正则项作为惩罚项,从而对模型的权重参数进行约束。该惩罚项是由预先设定的一个超参数作为权重衰减项的系数,使得梯度多了一个 w 的一次项,于是在更新参数时都会有一个常数衰减 $w\leftarrow(1-\eta\alpha)w-\eta\nabla_w L_{\text{new}}(w;X,y)$,其中 η 为学习率,$\nabla_w L_{\text{new}}(\cdot)$ 为加了正则化约束的目标函数对参数 w 的梯度。由此可见,在计算完损失进行梯度反传时,正则项会使得权重参数先乘以一个小于 1 的数,然后减去不包含正则项的梯度。所以,模型的权重参数能够在迭代优化中不断衰减,有效地降低模型过拟合的可能性。

3.5.4　参数初始化

参数初始化是深度学习网络模型在开始训练之前需要完成的一个关键过程,直接影响网络模型能否高效且精准地收敛。为了便于理解,假设模型所有的隐藏层都采用相同的激活函数,并且对模型所有参数进行全零初始化,那么在反向传播的时候,每个隐藏层神经元的参数会计算得到相同的梯度,在参数迭代更新之后每个神经元的参数依旧是相同的,相当于每个隐藏层只有一个神经元起作用,这显然不合理。

因此,通常采用高斯分布或者均匀分布等方式对模型参数进行随机初始化,使每个神经元具有不同的初始参数,以保证在反向传播时获得不同的梯度,从而使网络模型参数快速准确地收敛到全局最优值。

3.6　本章小结

深度学习作为具有多级表示的表征学习方法,与传统机器学习方法相比,深度学习更加复杂,能够学习到更加抽象的模式和特征,也因此在计算机视觉领域得到了广泛的应用。本章从机器学习开始,依次介绍了人工神经网络和卷积神经网络的基础算法和原理、深度学习模型的优化计算技巧等内容。随着更多精度更高、速度更快、性能更强大的深度学习网络的出现,深度学习算法与模型的设计和优化必将在计算机视觉领域发挥更加重要的作用。

参考文献

[1]　CZUM J M. Dive into deep learning[J]. Journal of the American College of Radiology,2020,17(5).

[2]　周志华. 机器学习[M]. 北京:清华大学出版社. 2016.

[3]　Szegedy C,Zaremba W,Sutskever I,et al. Intriguing properties of neural networks[J]. arXiv preprint arXiv:1312.6199,2013.

[4]　邱锡鹏. 神经网络与深度学习[M]. 北京:机械工业出版社. 2020.

[5]　Simonyan K,Zisserman A. Very deep convolutional networks for large-scale image recognition[J]. arXiv preprint arXiv:1409.1556,2014.

[6]　Szegedy C,Liu W,Jia Y,et al. Going deeper with convolutions[C]//Proceedings of the IEEE conference on computer vision and pattern recognition. 2015:1-9.

[7]　Huang G,Liu Z,Van Der Maaten L,et al. Densely connected convolutional networks[C]//Proceedings of the IEEE conference on computer vision and pattern recognition. 2017:4700-4708.

[8]　LeCun Y,Bottou L,Bengio Y,et al. Gradient-based learning applied to document recognition[J]. Proceedings of the IEEE,1998,86(11):2278-2324.

[9]　Hu J,Shen L,Sun G. Squeeze-and-excitation networks[C]//Proceedings of the IEEE conference on computer vision and pattern recognition. 2018:7132-7141.

[10]　He K,Zhang X,Ren S,et al. Deep residual learning for image recognition[C]//Proceedings of the IEEE conference on computer vision and pattern recognition. 2016:770-778.

[11]　Kingma D P,Ba J. ADAM:A method for stochastic optimization[J]. arXiv preprint arXiv:1412.6980,2014.

[12]　Duchi J,Hazan E,Singer Y. Adaptive subgradient methods for online learning and stochastic

optimization[J]. Journal of machine learning research,2011,12(7)：2121-2159.

[13]　Qian N. On the momentum term in gradient descent learning algorithms[J]. Neural networks,1999,12(1)：145-151.

[14]　Howard A G,Zhu M,Chen B,et al. Mobilenets：Efficient convolutional neural networks for mobile vision applications[J]. arXiv preprint arXiv:1704. 04861,2017.

[15]　Tan M,Le Q. Efficientnet：Rethinking model scaling for convolutional neural networks［C］// International conference on machine learning. PMLR,2019：6105-6114.

[16]　Ioffe S,Szegedy C. Batch normalization：Accelerating deep network training by reducing internal covariate shift[C]//International conference on machine learning. PMLR,2015：448-456.

[17]　Ba J L,Kiros J R,Hinton G E. Layer normalization[J]. arXiv preprint arXiv:1607. 06450,2016.

[18]　Ulyanov D,Vedaldi A,Lempitsky V. Instance normalization：The missing ingredient for fast stylization[J]. arXiv preprint arXiv:1607. 08022,2016.

[19]　Wu Y,He K. Group normalization[C]//Proceedings of the European conference on computer vision (ECCV). 2018：3-19.

第4章

深度学习网络模型

在深度学习开发框架的支持下,深度学习网络模型不断更新迭代,模型架构从经典的卷积神经网络(Convolutional Neural Network,CNN)、循环神经网络(Recurrent Neural Network,RNN,也称为递归神经网络)发展到如今的 Transformer、多层感知机(Multi-Layer Perceptron,MLP),而它们可以统一视为通过网络部件、激活函数设定、优化策略等系列操作来搭建深度学习网络模型,并且采用非线性复杂映射将原始数据转变为更高层次、更抽象的表达。

4.1　深度学习网络架构

深度学习网络模型的整体架构主要包含三部分,分别为数据集、模型组网以及学习优化过程,如图 4-1 所示。

(1)数据集:在通常情况下,整个数据集被划分为训练集、验证集和测试集三部分,一般采用 7∶1∶2 的比例。其中,训练集用于训练优化神经网络模型,验证集用于评估当前模型结果,测试集用于最终模型的预测。

(2)模型组网:网络模型一般由卷积、池化、全连接等隐藏单元组成。在模型组网时,根据所需要处理的数据和实际任务来设计和调整模型的结构及隐藏层的数量(图 4-1 中的 n 和 m)。通过调整网络模型的深度或宽度,采用跳跃连接或密集连接等操作,实现对模型结构的调整。

(3)学习优化过程:深度学习网络模型的训练过程即为优化过程,模型优化最直接的目的是通过多次迭代更新来寻找使得损失函数尽可能小的最优模型参数。

通常神经网络的优化过程可以分为两个阶段:第一个阶段是通过正向传播得到模型的预测值,并将预测值与真值标签进行比对,计算两者之间的差异作为损失值;第二个阶段是通过反向传播来计算损失函数对每个参数的梯度,根据预设的学习率和动量来更新每个参数的值。

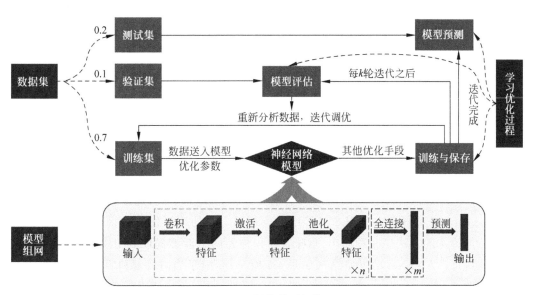

图 4-1 网络模型架构

在学习优化过程中,首先将训练集送入搭建好的网络模型中,由网络模型对输入数据进行多次线性映射与非线性映射,从而将原始数据变换至高维抽象特征空间中,并且与真值进行对比计算损失。通过梯度反传进行迭代调优,使得网络模型能够正确分析和拟合数据的特性规律,每 k 次迭代之后,由验证集对当前模型性能进行评估,进而辅助模型调参。最后,当迭代优化完成之后,将训练好的模型在测试集上进行预测。

总之,一个"好"的网络模型通常具有以下特点:①模型易于训练,即训练步骤简单,且容易收敛;②模型精度高,即能够很好地把握数据的内在本质,可以提取到有用的关键特征;③模型泛化能力强,即模型不仅在已知数据上表现良好,而且还能够在与已知数据分布一致的未知数据集上表现其鲁棒性。

4.2 代表性的网络模型

随着深度学习的蓬勃发展,网络模型也逐渐由简单、浅层神经网络结构向着复杂、深度神经网络的方向发展。目前,深度学习网络模型中最为典型的是 CNN 和 RNN。近年来,Transformer 和 MLP 也逐渐席卷各大计算机视觉任务,成为继 CNN 和 RNN 之后比较前沿的深度学习网络模型。

4.2.1 卷积神经网络模型

卷积神经网络之父 LeCun 发表于 1998 年的 LeNet[1] 可以看作 CNN 结构的开山之作,它第一次定义了卷积神经网络中的卷积层、池化层、全连接层等基本结构,其与当前常用的 CNN 结构十分类似,不同点在于卷积核的尺寸以及池化与激活函数两层顺序,其网络结构如图 4-2 所示。

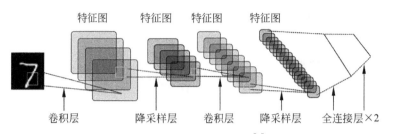

图 4-2　LeNet 的网络结构[1]

直到 2012 年,AlexNet[2] 模型的提出,将卷积神经网络带入一个飞速发展的阶段,也成为卷积神经网络迈向深度卷积网络的一个重要标志。AlexNet 将网络层数加深到了 8 层,并在 ImageNet 分类任务大赛 ILSVRC 中以远超第二名的绝对优势夺得冠军,在当时以手工设计特征为主的方法中脱颖而出,意味着卷积神经网络能够提取到更多相比于手工方法更有效的特征。AlexNet 的网络结构如图 4-3 所示,受限于当时计算机算力,AlexNet 将网络设计为两组(two-group)可以采用双 GPU 训练的结构,这也是其能容纳更大参数量,网络更深的前提。此外,AlexNet 还针对神经网络中梯度消失和过拟合的问题,选择采用 ReLU 激活函数以及通过 dropout 代替正则化等优化策略。

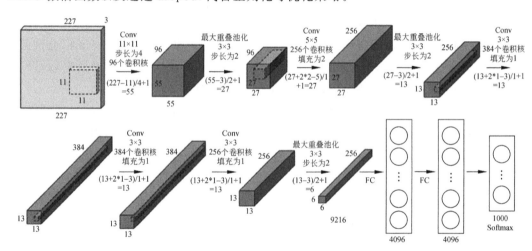

图 4-3　AlexNet 的网络结构[2]

2014 年出现的 VGGNet[3] 模型采用更小的卷积核和更深的网络结构,改良了卷积神经网络。VGGNet 的结构十分简洁,全部采用了 3×3 的卷积核,替代了 7×7 或者 5×5 的卷积核,这样可以在保证相同感受野的前提下,增加了网络的深度,用更少的参数量学习更加复杂的模式。常用的 VGGNet 一般有两种深度,分别为 VGG16 与 VGG19。其中,VGG16 包含了 13 个卷积层和 3 个全连接层,中间还穿插有激活函数、最大池化层,类似这样由一系列卷积层和最大池化层组成的结构称为一个 VGG 块,最后得到的特征图再经过三个全连接层得到最后的分类结果。VGG16 的网络结构如图 4-4 所示。

在 VGGNet 分析网络深度与性能之间的关系之后,人们也逐渐达成了网络深度对于模型性能至关重要的共识——深层的网络可以更好地拟合更加复杂的特征模式,有着更加优

VGG网络结构参数配置					
A	A-LRN	B	C	D	E
11 weight layers	11 weight layers	13 weight layers	16 weight layers	16 weight layers	19 weight layers
输入(224×224 RGB图像)					
Conv3-64	Conv3-64 **LRN**	Conv3-64 **Conv3-64**	Conv3-64 Conv3-64	Conv3-64 Conv3-64	Conv3-64 Conv3-64
最大池化					
Conv3-128	Conv3-128	Conv3-128 **Conv3-128**	Conv3-128 Conv3-128	Conv3-128 Conv3-128	Conv3-128 Conv3-128
最大池化					
Conv3-256 Conv3-256	Conv3-256 Conv3-256	Conv3-256 Conv3-256	Conv3-256 Conv3-256 **Conv1-256**	Conv3-256 Conv3-256 **Conv3-256**	Conv3-256 Conv3-256 Conv3-256 **Conv3-256**
最大池化					
Conv3-512 Conv3-512	Conv3-512 Conv3-512	Conv3-512 Conv3-512	Conv3-512 Conv3-512 **Conv1-512**	Conv3-512 Conv3-512 **Conv3-512**	Conv3-512 Conv3-512 Conv3-512 **Conv3-512**
最大池化					
Conv3-512 Conv3-512	Conv3-512 Conv3-512	Conv3-512 Conv3-512	Conv3-512 Conv3-512 **Conv1-512**	Conv3-512 Conv3-512 **Conv3-512**	Conv3-512 Conv3-512 Conv3-512 **Conv3-512**
最大池化					
FC-4096					
FC-4096					
FC-1000					
Softmax					

图 4-4 VGG16 的网络结构[3]

良的表现。但是随着网络层数的越来越深,又出现了另外的问题——梯度消失现象。重复地堆叠卷积层来增加网络深度,使得梯度在反向传播时越来越小,因此导致性能饱和,甚至开始迅速下降。

2015 年何恺明等提出的残差网络 ResNet[4] 及其后续发展的稠密连接网络 DenseNet[5],通过引入残差连接的机制,较好地解决了这个问题。

随着深度学习网络模型深度越来越深,复杂度越来越高,过于庞大的模型给部署带来了困扰,例如显存不足、实时性不够等。为了解决这些问题,谷歌公司在 2017 年提出了 MobileNet[6],即一种轻量化的、专注于移动端和嵌入式设备的卷积神经网络。MobileNet 的基本结构是深度可分离卷积(depthwise separable convolution),其将标准卷积分解为深度卷积(depthwise convolution)和逐点卷积(pointwise convolution)两个更小的操作。这样的设计虽然在整体效果上与标准卷积相差不多,但是能够有效降低模型参数量和计算复杂度。此外,在后续的研究工作中也不断地对 MobileNet 进行改进,例如 MobileNetV2[7] 和 MobileNetV3[8],使其模型精度与计算速度有了大幅提升。

4.2.2 循环神经网络模型

从前述的网络结构可以看出,卷积神经网络主要是通过卷积、池化、归一化等一系列操作组成的隐藏神经元,实现对特征的抽象表达,并且随着层数的增加逐渐扩大其感受野来获取全局信息,因此可以看作在空间维度的状态计算。然而,在处理某些实际任务时,前一时刻的输出往往对当前状态有着关键影响,所以需要综合考虑时间上下文信息来进行预测。为此,研究者们提出了一种能够用于描述在时间维度上连续状态输出的循环神经网络(Recurrent Neural Networks,RNN)。

RNN 是一种具有记忆功能的神经网络,通过引入状态变量来存储历史信息,并且结合当前时刻的输入来共同决定这一时刻的输出。因此,RNN 能够通过对序列数据进行有效建模,充分挖掘和利用时间上下文信息,常用于语言翻译、视频解说和图像生成等任务。RNN 的网络结构如图 4-5 所示。

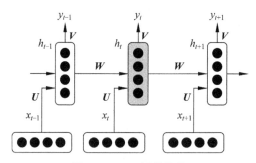

图 4-5　RNN 网络结构

为了在时间维度上对序列数据进行有效建模,RNN 将隐藏层中每个隐藏单元的输出都保存到存储器(memory)中,在处理下一时刻 $t+1$ 的输入数据时,会结合下一时刻 $t+1$ 的输入信息与历史存储信息进行综合计算。具体来说,假设输入为随时间变化的序列向量 $\boldsymbol{X} = \{x_1, \cdots, x_{t-1}, x_t, x_{t+1}, \cdots, x_T\}$,对于 t 时刻的隐态 h_t 和输出 y_t 可分别表示为

$$h_t = f(\boldsymbol{U}x_t + \boldsymbol{W}h_{t-1} + b) \tag{4-1}$$

$$y_t = \text{Softmax}(\boldsymbol{V}h_t + c) \tag{4-2}$$

其中,h_t 表示 t 时刻的隐态,x_t 表示 t 时刻的输入,y_t 表示 t 时刻的输出,$\boldsymbol{U}$ 表示输入 x 的权重矩阵,$\boldsymbol{W}$ 表示隐态的权重矩阵,$\boldsymbol{V}$ 表示输出层的权重矩阵,b 和 c 表示偏置。

目前,随着 RNN 的不断发展,也逐渐出现了很多变体网络结构,例如多输入单输出的 RNN、单输入多输出的 RNN、多层 RNN、双向 RNN 等。值得注意的是,由于 CNN 与 RNN 各自具有不同特点,因此也可以通过组合 CNN+RNN 的方式来充分发挥不同神经网络的性能优势。

4.2.3 Transformer 网络模型

近几年基于 Transformer 的模型开始引领新的深度学习网络模型发展趋势。早在 2017 年,由谷歌公司提出的 Transformer[9] 模型在自然语言处理任务中取得了新的突破,极大地彰显了其强大的特征表示能力。受此启发,研究者将 Transformer 扩展到计算机视觉领域,令人惊讶的是其在多个视觉任务中表现出极大的优势与潜力。目前,基于 Transformer 的模型正如雨后春笋般不断涌现并改善了各个视觉任务的性能。

Transformer 的核心机制为自注意力(self-attention)。在注意力机制中,输入包括三部分,分别是查询(Querics,Q)、键(Keys,K)和值(Values,V),其中,键和值配对出现。注意力机制通过查询与键的运算获取注意力图(attention map),并将其用于值的加权计算,从而得到最终的输出。自注意力采用相同的查询、键和值输入,而 Transformer 通过如图 4-6 所示的多头注意力(multi-head attention)模块来计算自注意力的输出。多头注意力模块将输入映射为 h 组不同的子空间表示,并分别计算注意力输出,最后合并结果。

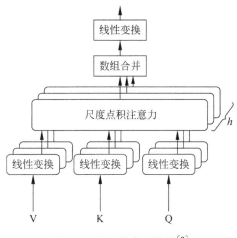

图 4-6 多头注意力模块[9]

在结构上,Transformer 采用了堆叠编解码器(encoder and decoder stacks)架构,如图图 4-7 所示。每个编码器都包含两个子层,分别为多头注意力层和前馈连接层(feed forward),并采用了残差连接。除第一个编码器外,每个编码器的输入都源自上一个编码器的输出。解码器的结构与编码器类似,在编码器的两个子层中间又插入了一个多头注意力层,该多头注意力层以最后一个编码器的输出作为键和值的输入,计算编码器、解码器之间的多头注意力。在自然语言处理任务中,通常需要逐个对词元进行处理,而 Transformer 采用了并行计算,因此需要进行位置编码(positional encoding)与掩膜处理(masked multi-head attention)以使用输入序列的顺序信息。

Transformer 的主要技术优势包含两方面:一是采用自注意力的方式来捕获全局上下文信息,从而建模目标的长距离依赖关系,能够提取出更为鲁棒的特征;二是通过并行化的处理方式,能够在同一时刻分析和处理不同空间位置与时间上下文的特征之间的相互关系,有效平衡了模型的性能与复杂度。在处理视觉任务时,研究者们通常采用 Transformer 的堆叠编码器作为骨干网络,并在其末端串联其他网络以执行不同的下游任务。

4.2.4 复杂 MLP 网络模型

多层感知机(Multi-Layer Perceptron,MLP)是一种能够与 CNN、Transformer 相比肩

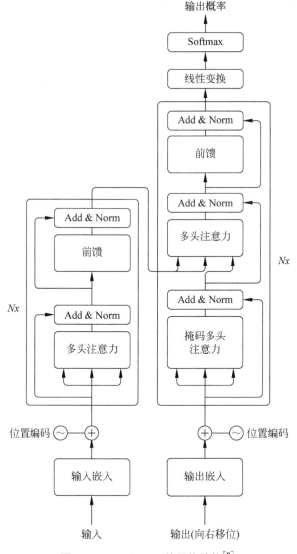

图 4-7　Transformer 的网络结构[9]

的神经网络模型,也被人们称为人工神经网络(Artificial Neural Network,ANN)。如第 3 章所述,最简单的 MLP 模型可以仅包含三个层,分别为输入层、隐藏层和输出层,输入层用来接收外界的输入信号,隐藏层用来对输入信号进行加工变换,输出层用来输出处理后的结果。当隐藏层的数量多于两层时,也被称为深度神经网络(Deep Neural Network,DNN)。

2021 年谷歌公司和清华大学等研究团队对多层感知机进行了重新思考与定位,不仅打破了 Transformer 一直以来对注意力模块的依赖,而且也充分验证了 MLP 的潜能。同时,谷歌公司提出了一种能够不依赖卷积和自注意力的 MLP 视觉网络模型 MLP-Mix[10],该模型完全基于空间位置或特征通道重复利用的多层感知机,在仅仅使用基础矩阵乘法运算、数据排布变换和非线性映射等非常简单的操作条件下,实现了能够与 CNN 和 Transformer 相媲美且颇具竞争力的优越性能。同时,由清华大学提出的 RepMLP[11] 是一个 MLP 模式的图像识别神经网络构造块,可作为卷积网络的一种通用组件,与 CNN 进行新的结合尝试,来实现更好的性能提升,给多项视觉任务带来了一些全新的启发。

上述工作从各自的角度让研究者们看到了 MLP 在计算机视觉任务中的卓越能力,也看到了 MLP 方向进行新一轮视觉任务网络结构探索的趋势,例如设计完全 MLP 的新型网络结构、强调 MLP 本身的强表征力、嵌入和网络结构合理设计对性能的重要性、MLP 在多类型视觉任务的发展。MLP 架构是否具有普适性以及能否成为计算机视觉新范式等问题,引起了学术界的广泛思考。

从计算机视觉任务模型架构的发展历程来看,MLP 的回归也充分说明了其具有强大的研究潜力。此外,在模型参数量与计算效率方面,MLP 模型均优于同时期的 CNN 与Transformer,而且三者的性能基本持平。因此,MLP 在今后的工业化部署中也存在不小的开发潜力。其实不妨大胆展望,在未来的视觉研究中,相比于在 CNN、Transformer、MLP等架构中现有的网络模型,可能还会出现更合理与更高效的网络结构,以及在模型的部署应用方面其实都有着非常多的有价值的研究工作有待研究者们探索和实现。

4.3 网络搭建案例

近年来,深度神经网络模型一直层出不穷,在各计算机视觉任务中呈现百花齐放的态势。为了让开发者更清楚地了解网络模型的搭建过程以及为后续各项视觉子任务奠定基础,本节将在 PaddlePaddle 深度学习框架下构建一个 LeNet 网络模型,用于 MNIST 手写数字识别任务,并从环境准备、数据准备、模型构建、模型训练与验证、模型可视化等方面进行详细说明。

4.3.1 环境准备

本节主要介绍如何搭建模型所需的包括 PaddlePaddle 深度学习框架在内的实验环境。此外,实战篇各个视觉子任务案例也同样在此环境下进行搭建,后续章节将不再赘述。

本实验支持在实训平台或本地环境操作,建议使用实训平台。

(1)实训平台:如果选择在实训平台上操作,无须安装实验环境。实训平台集成了实验必需的相关环境,代码可在线运行,同时还提供了免费算力,即使实践复杂模型也无算力之忧。

(2)本地环境:如果选择在本地环境上操作,需要安装实验必需的环境。

具体环境如下:

(1)安装 PaddlePaddle 2.0 或以上版本,如果当前运行环境中的 PaddlePaddle 版本低于此版本,请根据安装文档中的说明进行版本更新。

可运行下面的命令,通过 pip 安装指定版本的 PaddlePaddle:

```
# 对于 CPU 用户
python - m pip install paddlepaddle == 2.2.2 - i https://mirror.baidu.com/pypi/simple

# 对于 GPU 用户
python - m pip install paddlepaddle - gpu == 2.0.2 - i https://mirror.baidu.com/pypi/simple
```

更详细的安装方法请查阅 https://www.paddlepaddle.org.cn。

（2）其他环境依赖包括 Python≥3.6、CUDA≥10.1、CUDNN≥7.6.4、pandas、h5py 等。

需要注意的是，CUDA 和 Nvidia 显卡驱动需要版本匹配。当 CUDA 版本为 10.1 时，显卡驱动版本≥418.39；当 CUDA 版本为 10.2 时，显卡驱动版本≥440.33；其他 CUDA 版本与要求的显卡驱动版本可以参看各项目链接。

上述环境搭建完成之后，导入所需要的库：

```
import paddle
import paddle.nn.function as F
from paddle.vision.transforms import Compose, Normalize
```

4.3.2　数据准备

手写数字识别数据集来自 MNIST 数据集，可以公开免费获取。该数据集中的训练集样本数量为 60 000 个，测试集样本数量为 10 000 个。每个样本均由 28 像素×28 像素组成的矩阵，每个像素点的值是标量，取值范围为 0～255，该数据集为单通道图像。在 PaddlePaddle 中已经将 MNIST 数据集封装入库，可直接调用，加载 MNIST 数据集代码如下：

```
transform = Compose([Normalize(mean = [127.5], std = [127.5],
                               data_format = 'CHW')])
# 导入 MNIST 数据
train_dataset = paddle.vision.datasets.MNIST(mode = "train", transform = transform)
val_dataset = paddle.vision.datasets.MNIST(mode = "test", transform = transform)
```

4.3.3　模型构建

LeNet 是第一个将卷积神经网络推上计算机视觉舞台的算法模型，在早期应用于手写数字图像识别任务。它通过卷积、池化、全连接等操作，并且采用梯度下降法来训练和优化网络，最终达到当时最为先进的手写数字识别性能。LeNet 的网络结构大体可以分为两部分，包括卷积块和全连接块。如图 4-2 所示，卷积块中共包含两个卷积层，在每个卷积层后添加相应的激活函数，用于增加模型的非线性映射能力；并且添加一个最大池化层，用于扩大感受野以及降低卷积层对图像位置的敏感性。全连接块中共包含三个全连接层，用于将数据变换映射至标签维度。其中，在卷积块和全连接块之间，通过 flatten 将每个小批中的样本拉直变平。在最后一个全连接层后采用 Softmax，用于对样本进行分类。三个全连接层的输出个数分别为 120、84、10，其中 10 表示输出的类别个数。

飞桨建议通过创建 Python 类的方式定义搭建 LeNet 网络模型，具体代码如下：

```
# 定义 LeNet 模型
class LeNetModel(paddle.nn.Layer):
    def __init__(self):
```

```
    super(LeNetModel, self).__init__()
    # 创建卷积和池化层块,每个卷积层后面接着 2×2 的池化层
    # 卷积层 L1
    self.conv1 = paddle.nn.Conv2D(in_channels = 1,
                                  out_channels = 6,
                                  kernel_size = 5,
                                  stride = 1)
    # 池化层 L2
    self.pool1 = paddle.nn.MaxPool2D(kernel_size = 2,
                                     stride = 2)
    # 卷积层 L3
    self.conv2 = paddle.nn.Conv2D(in_channels = 6,
                                  out_channels = 16,
                                  kernel_size = 5,
                                  stride = 1)
    # 池化层 L4
    self.pool2 = paddle.nn.MaxPool2D(kernel_size = 2,
                                     stride = 2)
    # 线性层 L5
    self.fc1 = paddle.nn.Linear(256,120)
    # 线性层 L6
    self.fc2 = paddle.nn.Linear(120,84)
    # 线性层 L7
    self.fc3 = paddle.nn.Linear(84,10)

# 正向传播过程
def forward(self, x):
    x = self.conv1(x)
    x = F.sigmoid(x)
    x = self.pool1(x)
    x = self.conv2(x)
    x = F.sigmoid(x)
    x = self.pool2(x)
    x = paddle.flatten(x, start_axis = 1, stop_axis = -1)
    x = self.fc1(x)
    x = F.sigmoid(x)
    x = self.fc2(x)
    x = F.sigmoid(x)
    out = self.fc3(x)
    return out
```

4.3.4 模型训练与验证

在飞桨中进行模型训练时,首先需要确定模型、定义优化器以及设置超参数;然后,在训练数据集的支持下,通过执行模型正向计算和反向传播梯度两个过程,进行模型实例训练;最后对训练得到的模型通过验证数据进行测试验证。

（1）对模型进行训练与验证：

```
# 调用上面定义好的 LeNet 模型
model = paddle.Model(LeNetModel())

# 定义优化器、损失函数以及评价指标
# 采用 Adam 优化器,二值交叉熵损失,使用精度作为评价指标
model.prepare(paddle.optimizer.Adam(parameters = model.parameters()),
                paddle.nn.CrossEntropyLoss(),
                paddle.metric.Accuracy())

# 设定超参数,开始训练
# 训练轮次为 5,批大小为 64
model.fit(train_dataset,
            epochs = 5,
            batch_size = 64,
            verbose = 1)

# 在验证集进行验证
model.evaluate(val_dataset, verbose = 1)
```

（2）训练过程与评估结果：

```
The loss value printed in the log is the current step, and the metric is the average value of
previous step.
Epoch 1/5
step 938/938 [ ========================= ] - loss: 0.0085 - acc: 0.9816 - 17ms/step
Epoch 2/5
step 938/938 [ ========================= ] - loss: 0.0130 - acc: 0.9843 - 17ms/step
Epoch 3/5
step 938/938 [ ========================= ] - loss: 0.0177 - acc: 0.9857 - 17ms/step
Epoch 4/5
step 938/938 [ ========================= ] - loss: 0.0019 - acc: 0.9872 - 18ms/step
Epoch 5/5
step 938/938 [ ========================= ] - loss: 0.0359 - acc: 0.9887 - 18ms/step
Eval begin...
The loss value printed in the log is the current batch, and the metric is the average value of
previous step.
step 10000/10000 [ ================== ] - loss: 1.9439e - 04 - acc: 0.9835 - 2ms/step
Eval samples: 10000
{'loss': [0.00019438963], 'acc': 0.9835}
```

可以看出,经过 5 轮迭代训练后,LeNet 模型在 MNIST 手写数字识别任务上的准确率已经达到 98.35%。

4.3.5 模型可视化

对模型结构进行可视化,如图 4-8 所示。

```
# 模型可视化
model.summary((1, 1, 28, 28))
```

```
Layer (type)        Input Shape         Output Shape        Param #
================================================================
ConvZD-1            [[1, 1, 28, 28]]    [1, 6, 24, 24]      156
MaxPoolZD-1         [[1, 6, 24, 24]]    [1, 6, 12, 12]      0
ConvZD-2            [[1, 6, 12, 12]]    [1, 16, 8, 8]       2,416
MaxPoolZD-2         [[1, 16, 8, 8]]     [1, 16, 4, 4]       0
Linear-1            [[1, 256]]          [1, 120]            30,840
Linear-2            [[1, 170]]          [1, 84]             10,164
Linear-3            [[1, 84]]           [1, 10]             850
----------------------------------------------------------------
Total params: 44,426
Trainable params: 44,426
Non-trainable params: 0
----------------------------------------------------------------
Input size (MB): 0.00
Forward/backward pass size (MB): 0.04
Params size (MB): 0.17
Estimated Total Size (MB): 0.22
----------------------------------------------------------------

{'total_params': 44426, 'trainable_params': 44426}
```

图 4-8　模型结构和参数可视化输出结果

4.4　本章小结

深度学习网络模型的整体架构主要包括数据集、模型组网以及学习优化过程三部分,本章主要围绕深度学习网络模型的算法架构和常见模型展开详细介绍,涵盖以 CNN 和 RNN 为代表的经典深度学习网络模型、为了解决显存不足和实时性不够等问题所设计的轻量化网络,以及近年来席卷各大计算机视觉任务的前沿网络模型 Transformer 和 MLP。为了进一步剖析深度学习网络模型的搭建过程,最后以 LeNet 模型算法为例,在飞桨深度学习框架下进行了网络搭建案例展示。

参考文献

[1]　LeCun Y,Bottou L,Bengio Y,et al. Gradient-based learning applied to document recognition[J]. Proceedings of the IEEE,1998,86(11): 2278-2324.

[2]　Krizhevsky A,Sutskever I,Hinton G E. Imagenet classification with deep convolutional neural networks[J]. Advances in neural information processing systems,2012,25: 1097-1105.

[3]　Simonyan K,Zisserman A. Very deep convolutional networks for large-scale image recognition[J]. arXiv preprint arXiv:1409.1556,2014.

[4]　He K,Zhang X,Ren S,et al. Deep residual learning for image recognition[C]//Proceedings of the IEEE conference on computer vision and pattern recognition. 2016: 770-778.

[5]　Huang G,Liu Z,Van Der Maaten L,et al. Densely connected convolutional networks[C]//Proceedings of the IEEE conference on computer vision and pattern recognition. 2017: 4700-4708.

[6]　Howard A G,Zhu M,Chen B,et al. Mobilenets: Efficient convolutional neural networks for mobile vision applications[J]. arXiv preprint arXiv:1704.04861,2017.

[7]　Sandler M,Howard A,Zhu M,et al. MobileNetV2: Inverted residuals and linear bottlenecks[J]. IEEE/CVF conference on computer vision and pattern recognition. 2018: 4510-4520.

[8]　Howard A,Sandler M,Chu G,et al. Searching for mobilenetv3[C]//Proceedings of the IEEE/CVF international conference on computer vision. 2019: 1314-1324.

［9］　Vaswani A，Shazeer N，Parmar N，et al. Attention is all you need［C］//Advances in neural information processing systems. 2017：5998-6008.

［10］　Tolstikhin I，Houlsby N，Kolesnikov A，et al. Mlp-mixer：An all-mlp architecture for vision［J］. arXiv preprint arXiv：2105. 01601，2021.

［11］　Ding X，Xia C，Zhang X，et al. Repmlp：Re-parameterizing convolutions into fully-connected layers for image recognition［J］. arXiv preprint arXiv：2105. 01883，2021.

实 战 篇

第5章

 图像分类算法原理与实战

图像分类任务是最早使用深度学习方法的计算机视觉任务,很多经典的网络架构都是首先应用到图像分类任务上。因此,图像分类中的深度学习网络模型可以看作其他计算机视觉任务的基石。

5.1 图像分类任务的基本介绍

图像分类任务是对一个给定的图像赋予一个分类结果,用户向系统输入一幅图像,计算机系统通过计算输出该图像所对应的分类标签。例如,CIFAR-10 是图像分类经典数据集,共包含 10 个类别。图 5-1 展示的是 CIFAR-10 的部分数据,它们根据图像中的主体内容的不同,被归入不同的类别。

5.1.1 图像分类技术的发展

早期的图像分类方法主要通过手工提取特征对整个图像进行描述,然后使用分类器判别图像类别。因此,图像分类的核心在于对特征进行分类,而如何提取图像的特征至关重要。传统方法使用较多的是基于词袋模型的图像特征表示方法,词袋法是从自然语言处理领域引入视觉领域的。在自然语言领域中,一句话可以用一个装了词的袋子表示其特征,袋子中的词为句子中的单词、短语。在图像领域,词袋模型框架可以视作特征表达的过程。

常用的局部特征包括尺度不变特征变换(Scale-invariant Feature Transform,SIFT)[1]、方向梯度直方图(Histogram of Oriented Gradient,HOG)[2]、局部二值模式(Local Binary Patterns,LBP)[3]等。一般也同时采用多种特征描述,防止丢失过多的有用信息。底层特征通常从图像中按照固定步长、尺度提取大量局部特征描述。底层特征中包含了大量冗余与噪声,为了提高特征表达的鲁棒性,需要使用一种特征变换算法对底层特征进行编码,称作特征编码。常用的特征编码方法包括向量量化编码、稀疏编码、局部线性约束编码、

飞机 汽车 鸟 猫 鹿 狗 青蛙 马 船 卡车

图 5-1　图像分类数据集 CIFAR-10 示例

Fisher 向量编码等。特征编码之后一般会经过空间特征约束,也称作特征汇聚,具体指在一个空间范围内,对每一维特征取最大值或者平均值,可以获得一定特征不变性的特征表达。金字塔特征匹配是一种常用的特征汇聚方法,它将图像均匀分块,在每个块内做特征汇聚。

图像经过底层特征提取、特征编码、特征汇聚后,可以表示为一个固定维度的向量描述,将该特征向量经过分类器分类便可实现对图像的分类。通常使用的分类器包括支持向量机(SVM)、随机森林等,其中,基于核方法的 SVM 是传统方法中使用最广泛的分类器,在传统图像分类任务上性能很好。传统的图像分类方法对于一些简单且具有明显特征的图像分类场景是有效的,但由于实际情况非常复杂,在面对复杂场景时传统的分类方法就无法达到满意的分类效果。这是因为传统分类方法使用的手工提取特征方法无法全面准确地描述图像特征,并且手工提取的特征无法应对多视角、多尺度、不同光照、遮挡、同物多形态等问题。

图像分类任务是深度学习在计算机视觉应用方面最先取得良好效果的任务,在前馈神经网络思想形成后,就有学者尝试将图像送入网络完成图像分类,图像维度通常比较高,用前馈网络实现图像分类需要有数以万计的神经元,导致神经网络面临着巨大的计算量以及"维数灾难"等问题。为了解决这些问题,卷积神经网络通过卷积和池化操作来降低维度,同时通过权值共享来降低计算量,从而使图像分类任务得到了可喜的效果。从此之后卷积神经网络就在图像分类任务中占据了"舞台中心"。

随后,基于注意力机制的 Transformer 网络在图像分类中表现出色,其中 Vision Transformer 得到了广泛的应用。卷积操作聚焦于提取图像的局部信息,而 Transformer 能够通过构造 patch embeddings 提取到图像的全局表示,从 CNN 转变到 Transformer 类似从着眼于局部转变到着眼于全局,更加符合人类的视觉特点(人类擅长快速捕获全局中的特征)。CNN 擅长提取局部小而精的信息但存在提取能力不足的缺点;Transformer 依赖全局长距离的建模,不关注局部信息,也就丧失了 CNN 平移不变、翻转不变等特性,会产生捕捉信息冗余和对数据需求量更大的缺点。

近年来除了 Transformer 之外，基于 MLP 结构的网络也表现突出。2021 年谷歌人工智能研究院在 CVPR 提出的 MLP-Mixer[4] 包含两种类型的 MLP 层：一种是独立应用于图像 patches 的 MLP，即"混合"每个位置特征；另一种是跨 patches 应用的 MLP，即"混合"空间信息。当在大数据集上训练或使用正则化训练方案时，MLP-Mixer 在图像分类基准上获得了有竞争力的分数，并且预训练和推理成本与最先进的模型相当。

综合来看，深度学习方法在图像分类问题上，经历了朴素 MLP、CNN、Transformer、复杂 MLP 等模型发展的过程。这些模型都具有各自的特点，卷积仅包含局部连接，因此计算高效；自注意力采用了动态权值，因此模型容量更大，它同时还具有全局感受野；MLP 同样具有全局感受野，但没有使用动态权值。可以看出，卷积与自注意力具有互补特性，卷积具有最好的泛化能力，而 Transformer 在三种架构中具有最大的模型容量。卷积是设计轻量级模型的最佳选择，但设计大型模型应考虑 Transformer。因此，可以考虑使用卷积的局部建模帮助提升 Transformer 与 MLP 的性能。考虑到上述结构特性，稀疏连接有助于提升泛化性能，而动态权值与全局感受野有助于提升模型容量。因此，在图像分类任务上，不断有革新性的方法出现，为计算机视觉提供了更广泛的应用空间。

5.1.2 图像分类的评价指标

对于图像分类任务而言，结果评测通常发生在模型训练结束后，让分类器来预测它未曾见过的图像，并以此来评价分类器的质量。分类器预测的分类标签和图像真正的分类标签如果一致则为正确，正确的情况越多越好。通过把分类器预测的标签和图像真正的分类标签对比，就可以计算出分类正确的图像数量，进而得到图像分类正确率等指标。

下面以单标签分类为例，对图像分类评价指标进行介绍。首先明确一些概念，假反例（False Negative，FN），即被误判为负样本的正样本；假正例（False Positive，FP），即被误判为正样本的负样本；真反例（True Negative，TN），即被判定为负样本，事实上也是负样本；真正例（True Positive，TP），即被判定为正样本，事实上也是正样本，具体变量定义如表 5-1 所示。

表 5-1 分类结果统计表

真实标签情况	预测分类结果	
	正例	反例
正例	TP（真正例）	FN（假反例）
反例	FP（假正例）	TN（真反例）

其次，准确率（Accuracy，A）表示预测正确的样本数占总样本数量的比例。查准率（Precision，P），即在分类结果中真正正确的正样本个数占整个预测为正例的结果的比例。召回率（Recall，R），即在分类结果中真正正确的正样本个数占整个数据集中所有正样本个数（包含分类正确和分类错误的样本）的比例。

在表 5-1 所示变量的定义下，准确率 A、查准率 P 和召回率 R 分别定义为

$$A = \frac{TP + TN}{TP + FP + TN + FN} \tag{5-1}$$

$$P = \frac{\mathrm{TP}}{\mathrm{TP} + \mathrm{FP}} \tag{5-2}$$

$$R = \frac{\mathrm{TP}}{\mathrm{TP} + \mathrm{FN}} \tag{5-3}$$

$F1$ 度量是查准率 P 和召回率 R 的调和平均：

$$F1 = \frac{2 \times P \times R}{P + R} = \frac{2 \times \mathrm{TP}}{2 \times \mathrm{TP} + \mathrm{FP} + \mathrm{FN}} \tag{5-4}$$

查准率 P 和召回率 R 共同组成的曲线是 P-R 曲线,一般情况下,将 R 设置为横坐标, P 设置为纵坐标来表示查准率 P 和召回率 R 的关系。在 P-R 曲线图中,可以根据 P-R 曲线与坐标轴包围的面积来对图像分类效果进行定量评估。

5.2   基于残差的网络

在图像分类深度网络模型中,网络的深度对于分类任务的性能至关重要,深层的网络可以更好地拟合更加复杂的特征模式,有着更加优良的分类表现;但是随着网络层数的增加,却又造成了梯度消失现象与网络退化两个严重问题。为了解决这些问题,研究者提出了基于直接映射来连接网络不同层之间的思想,残差网络(Residual Networks,ResNet)应运而生。

5.2.1   ResNet 模型

残差网络通过在网络中引入残差连接的机制实现网络层数增加与网络性能的优化。其中,2015 年由何恺明等提出的 ResNet[5] 是基于残差网络的重要设计,在深度学习的历史上有着里程碑式的地位,其最大的意义就是将神经网络的层数增加至几百甚至上千层,使得网络提取更高级的语义信息成为了可能。

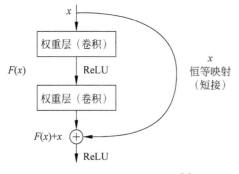

ResNet 单元结构块中引入的残差连接机制如图 5-2 所示。通过增加一个恒等映射(identity mapping),将原始所需要学习的函数 $F(x)$ 转换成 $F(x)+x$。该操作不会给网络带来额外的参数和计算量,但却可以提高模型的训练速度并提升训练结果。事实上,在此前的 Highway Network 与长短期记忆网络 LSTM 上也都有类似的映射机制。

在 ResNet 的基础上,其变体架构也在不断发展。ResNeXt[6] 是 ResNet 的变种,其修

图 5-2   ResNet 单元结构块[5]

改了 ResNet 的内部单元结构块 Block,由一条残差路径变成了多条残差路径。如图 5-3 所示,对比了两个网络的 Block 结构,可以看出,图 5-3(b)是将一条路径分成了 32 条(即 32paths),对这些路径进行卷积操作,最后相加在一起,两者的通道数不变。

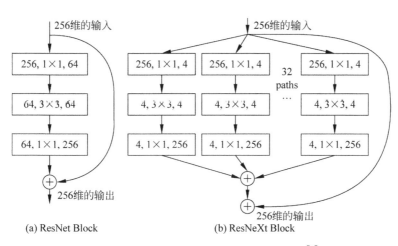

图 5-3 ResNet Block 与 ResNeXt Block 对比[6]

5.2.2 DenseNet 模型

ResNet 的跨层连接设计启发了许多科研人员,也因此出现了很多在此基础上的后续工作,稠密连接网络(Dense Convolutional Network,DenseNet)[7]就是其中之一。

正如其名称所描述的那样,DenseNet 相比于 ResNet 一个改进之处就是每个 Block 内建立了前面所有层与后面层的稠密连接。ResNet Block 是将当前层与前面的某一层逐元素相加进行连接,而 DenseNet Block 是将当前层与前面所有层进行通道方向的连接(这个操作称为 concatenate)来作为下一层的输入,如图 5-4 所示。想要实现这个操作,就得保证

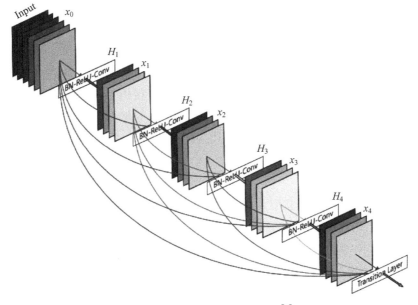

图 5-4 DenseNet Block 示意图[7]

每一层的特征图大小相同,因此,DenseNet 的结构由许多的 Dense Block 单元组成,每个 Block 中的特征图尺寸都相同,Block 之间进行降低特征图维度的操作,称为过渡(transition),包括 1×1 的卷积和平均池化等操作。

DenseNet 的密集连接只在单个密集单元块内部,密集单元块之间没有密集连接,相邻的密集单元块之间通过卷积和池化进行操作,其结构如图 5-5 所示。DenseNet 效果有一定的提升,但并不是说就已经全方位地超越了 ResNet。稠密连接一个不可忽视的问题便是显存占用较高,因此对于 DenseNet 和 ResNet,二者孰优孰劣,还应当具体问题具体分析,选择最合适的网络。

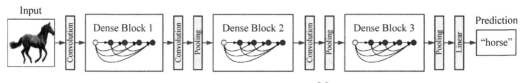

图 5-5　DenseNet 示意图[7]

5.2.3　DPN 模型

双路径网络(Dual Path Network,DPN)[8] 是一种融合了 ResNet 与 DenseNet 的简单、高效、模块化图像分类网络模型。ResNet 和 DenseNet 是短接(short-cut)系列网络经典的两个基础网络,其中 ResNet 通过单位加的方式直接将输入加到输出的卷积上,DenseNet 则是通过拼接的方式将输出与之后的每一层的输入进行拼接。DPN 对 ResNet 和 DenseNet 进行分析,证明了 ResNet 更侧重于特征的复用,而 DenseNet 则更侧重于特征的生成。结合分析两个模型的优劣,DPN 通过高阶 RNN(High Order RNN,HORNN)将 ResNet 和 DenseNet 进行了融合。所谓双路径,即一条路径是 ResNet,另一条路径是 DenseNet。

为了便于理解,图 5-6 对比分析了 ResNet、DenseNet 和 DPN 的核心结构。其中,图 5-6(a)是 ResNet 的部分残差结构,对于一个输入,通过短接直接恒等映射到经过图 5-6(a)右侧 Bottleneck(包括 1×1 卷积、3×3 卷积、1×1 卷积)的输出,将它们进行对应值相加(element-wise addition)作为下一个相同模块的输入,具体如图 5-6(a)左侧的矩形框所示。图 5-6(b)表示 DenseNet 的核心结构,输入与经过多层卷积后的结果进行通道合并(concat),得到的输出再作为下一个模块输入,这样的结构不断累加,以此类推。图 5-6(c)展示了 DPN 的主要设计思想,其中左侧的竖矩形框和多边形框表示了 ResNet 和 DenseNet 的合体含义。右侧表示对输入进行 1×1 卷积、3×3 卷积、1×1 卷积操作,获得的结果与输入分布都进行通道分裂,包含两部分,一部分直接相加,类似 ResNet;另一部分进行合并,类似 DenseNet。值得一提的是,DPN 中的 3×3 卷积采用的是 Group 操作,类似 ResNeXt。由此,形成了一个 DPN Block,其输出作为下一个阶段的输入,如此构成 DPN 中一个 stage 中的一个 sub-stage。

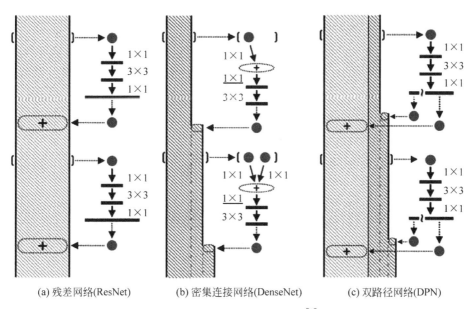

(a) 残差网络(ResNet)　　　(b) 密集连接网络(DenseNet)　　　(c) 双路径网络(DPN)

图 5-6　DPN 网络设计示意图[8]

5.3　基于 Transformer 的网络

近年来,在自然语言处理领域应用非常广泛的 Transformer 模型也被迁移到了计算机视觉领域,并且取得了非常好的效果,这使得图像分类任务有了一条新的技术路线。

5.3.1　ViT 模型

2020 年 10 月提出的 Vision Transformer (ViT)[9],是使用了 Transformer 结构的图像分类网络,具有开创性意义。ViT 的总体想法是基于 Transformer 结构来做图像分类任务,相关研究证明在大规模数据集上做完预训练后的 ViT 模型,迁移到中小规模数据集的分类任务上,能够取得比深度卷积神经网络更好的性能。

ViT 原始架构如图 5-7 所示,首先将输入图像分为很多大小相同的图像块(patches),将每个图像块拉伸成向量输入一个线性变换的嵌入层(embedding),得到一个向量(通常就称作 token)。此外,还需要对每个图像块的位置信息进行编码,加到 token 前面,然后输入图 5-7 右边对应的 Transformer 编码器中,将编码器模块重复堆叠 L 次。最后将编码器的输出,输入到 MLP 分类头(MLP Head)进行预测分类输出。

对于位置编码,使用 2D 以及相对位置编码其实和 1D 差不多,即位置编码的差异其实不是特别重要。因为 1D 位置编码简单、参数少且效果好,所以默认使用 1D 的位置编码,从而训练得到位置编码与其他位置编码之间的余弦相似度。在第一层的图像块划分中,设定将图像划分成 32×32 的小块,对于大小为 224×224 的图像,每行图像块的个数为 224/32=7,即图像块的位置为 7×7。图 5-8(a)显示了学习的嵌入滤波器前 28 个主组件,它们类似每个图像块内精细结构的低维表示。投影后,将模型学习出来的位置嵌入添加到该表示中。

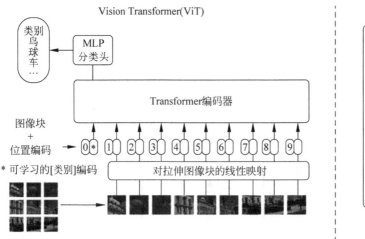

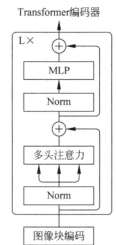

图 5-7　ViT 架构示意图[9]

在每个 token 上叠加一个位置编码,因此图 5-8(b)中的位置嵌入有 49 个小图,每个小图也是 7×7。图 5-8(b)第一行第一列图像块的位置编码与其本身的位置编码是一样的,余弦相似度是 1;然后与其他位置编码进行计算,就得到了左上角的小图,其他的也都是类似的规律。图 5-8(b)显示了模型学习将图像中的距离编码为位置嵌入的相似性,即越接近的图像块往往具有更相似的位置嵌入。自注意力使 ViT 能够整合图像的全局信息,图 5-8(c)从图像空间中信息所经过的平均距离出发,基于注意力权重,展示了网络对图像全局信息的整合程度。从图 5-8(c)中可以看出,一些注意头会注意到已经位于最底层的大部分图像,这表明该模型确实具有全局整合信息能力。其他一些注意头,始终保持较小的注意距离,这种高度局部化的注意力在 Transformer 之前的应用 ResNet 模型中不太明显,这在一定程度上与 CNN 中的早期卷积层具有类似的功能。

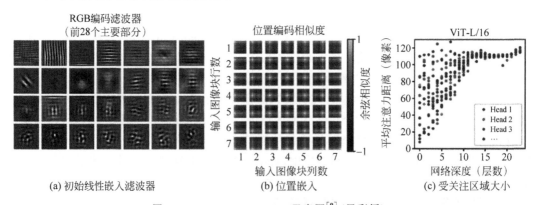

图 5-8　Position Embedding 示意图[9](见彩插)

Transformer 编码层就是将图 5-7 右边的编码模块重复堆叠 L 次。以单个编码模块进行分析,首先输入一个归一化层,这里的归一化采用的是层归一化。经过层归一化后进行多头注意力处理,然后残差之后再经过归一化层、MLP 模块、dropout/DropPath 之后残差即可完成一次 Transformer 编码。

MLP 模块的构成顺序如下：全连接层、高斯误差线性单元（Gaussian Error Linerar Units，GELU）激活函数、dropout、全连接层、dropout。其中，第一个全连接层的节点个数是输入向量长度的 4 倍，第二个全连接层会还原回原来向量的长度。MLP Head 层在训练时是由 Linear+Tanh 激活函数+Linear 构成的，但是做迁移学习时，只需要一个 Linear 就足够了。最后，为了获得类别概率需要一个 Softmax 结构。

5.3.2 Swin-Transformer 模型

ViT 将 Transformer 从自然语言处理领域直接迁移到计算机视觉领域的工作取得了一定的成果，但是仍然遇到一些困难。首先，两个领域涉及的尺度不同，自然语言处理的尺度是标准固定的，而计算机视觉的尺度变化范围非常大。其次，图像中的像素与文本中的单词相比分辨率高，而且计算机视觉中使用 Transformer 的计算复杂度是图像尺度的平方，这会导致基于全局自注意力的计算量过于庞大。为此，Swin Transformer[10] 通过合并图像块来构建层次化的 Transformer，使得模型具有与输入图像大小呈线性的计算量，从而降低计算复杂度。Swin Transformer 是当前取得里程碑意义的 Transformer 类型网络模型，可以作为通用的视觉骨干网络，应用于图像分类、目标检测和语义分割等任务。

相比同样使用 Transformer 结构的 ViT，Swin Transformer 做了两点改进。首先，引入 CNN 中常用的层次化构建方式，构建层次化 Transformer；其次，引入局部思想，对无重合的窗口区域内进行自注意力计算。Swin Transformer 构建的层次化 Transformer 如图 5-9 所示，通过从小尺寸的图像块开始，逐渐合并成更深层次的图像块，从而构造不同粒度的层次。与 ViT 划分图像块的方式类似，Swin Transformer 也是先确定每个图像块的大小，然后计算确定图像块数量。不同的是，随着网络加深 ViT 的图像块数量不会变化，而 Swin Transformer 的图像块数量随着网络加深会逐渐减少并且每个图像块的感知范围会扩大，这个设计是为了方便 Swin Transformer 的层级构建，并且能够适应视觉任务的多尺度。

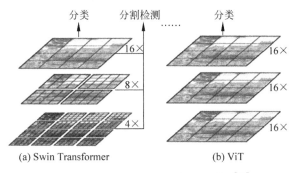

图 5-9 Swin Transformer 与 ViT 对比[10]

整个 Swin Transformer 架构如图 5-10 所示，整体看起来和 CNN 架构非常相似，构建了 4 个阶段，每个阶段中都是类似的重复单元。首先需要对输入的图像做切分，与 ViT 的切分方法相同，假设输入图像的大小为 $H \times W \times 3$，通过切分模块将图像分成不重叠的图像块。每个图像块被视为一个 token，其特征被设置为原始像素 RGB 值的串联，输入到 Swin Transformer 的第一阶段。

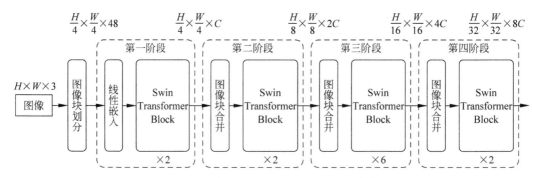

图 5-10　Swin Transformer 架构示意图[10]

在第一阶段中,使用了 4×4 的图像块大小,因此每个图像块的特征维数为 4×4×3=48。在这个特征上应用一个线性嵌入层,将其投影到任意维(记作 C)。变化过的 Swin Transformer Blocks 被应用到这些图像块 token 上。Swin Transformer Block 保留了 token 的个数 $\left(\dfrac{H}{4}\times\dfrac{W}{4}\right)$ 并且使用了线性嵌入层。

在第二阶段中,为了生成一个层次化的表示,当网络变得更深,token 的数量会通过图像块的合并层而减少。第一块拼接层连接了每组 2×2 相邻的图像块的特征,并在 4C 维级联特征上应用线性层。这将 token 的数量减少了 2×2=4 的倍数(分辨率的 2×降采样),并且输出维度设置为 2C。之后应用 Swin Transformer Block 进行特征变换,分辨率保持在 $\left(\dfrac{H}{8}\times\dfrac{W}{8}\right)$。

第三、四阶段操作相同,先通过一个图像块合并,将输入按照 2×2 的相邻图像块合并,这样图像块的数量就变成了 $\left(\dfrac{H}{16}\times\dfrac{W}{16}\right)$ 和 $\left(\dfrac{H}{32}\times\dfrac{W}{32}\right)$,特征维度就变成了 4C 和 8C。

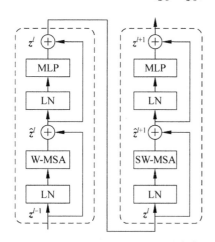

图 5-11　Swin Transformer Block[10]

在 Swin Transformer 架构中,存在若干 Swin Transformer Block 串联的情况。图 5-11 展示了两个连续 Block 的串联,这两个连续的 Block 结构基本一样,差别在于前一个 Block 使用的是标准的基于窗口的多头自注意力(Multi-head Self-Attention,MSA)模块,而后一个 Block 使用的是基于移位窗口的 MSA 模块。在每个 MSA 模块和每个 MLP 之前使用 LayerNorm(LN)层,并在每个 MSA 和 MLP 之后使用残差连接。

标准 Transformer 体系结构需要进行全局自注意力计算,获得每个 token 和其他所有 token 之间的关系。全局计算导致了 token 数量的二次复杂度,这使得它不适用于需要大量 token 进行密集预测或表示高分辨率图像的视觉问题。

Swin Transformer 和普通 Transformer 的区别就在于 W-MSA 模块,而它就是降低复杂度计算的主要方法。假设存在一个输入,其宽和高分别为 9 和 9(如图 5-12(a)所示)。

MSA 的复杂度是图像大小的平方,根据 MSA 的复杂度,可以得出一个图像块的复杂度是 $(9\times9)^2$,最后复杂度是 $81^2=6561$。Swin Transformer 是在每个 local windows(如图 5-12(b)的小窗口)计算自注意力,根据 MSA 的复杂度可以得出每个小窗口的复杂度是 $(3\times3)^2$,小窗口复杂度是 $9^2=81$。然后将 9 个小窗口的复杂度加和,最后图 5-12(b)整体的复杂度为 729,这个计算量远远小于大窗口。由于窗口的图像块数量远小于图像的图像块数量,因此 W-MSA 的计算复杂度和图像尺寸呈线性关系。

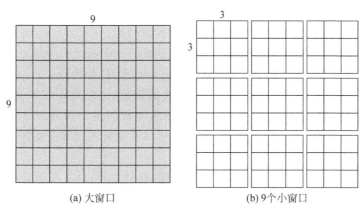

(a) 大窗口   (b) 9 个小窗口

图 5-12 局部窗口自注意力机制[10]

W-MSA 虽然降低了计算复杂度,但是不重合的窗口之间缺乏信息交流。为了解决不同窗口的信息交互问题,于是引入移位窗口分区(shifted window partition)。在两个连续的 Swin Transformer Block 中交替使用 W-MSA 和 SW-MSA,如图 5-13 所示。前一层 Swin Transformer Block 的 8×8 尺寸特征图划分成 2×2 个图像块,每个图像块的尺寸为 4×4。然后将下一层 Swin Transformer Block 的窗口位置进行移动,得到 3×3 个不重合的图像块。移动窗口的划分方式使上一层相邻的不重合窗口之间引入连接,大大增加了感受野。移位窗口分区方法引入了前一层相邻非重叠窗口之间的连接,在图像分类、目标检测和语义分割上都非常有效。

Swin-Transformer 在各种视觉问题上表现出强大的性能,将促进视觉和语言信号的统一建模。

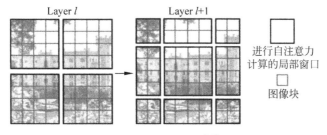

进行自注意力
计算的局部窗口

图像块

图 5-13 移动窗口[10]

5.4 轻量化的网络

深度学习在很多任务上的效果和表现超过了传统算法,但使用深度神经网络的最终意义还是落地于实际应用。随着网络模型深度越来越大,复杂度越来越高,过于庞大的模型给部署带来了困扰,例如显存不足、实时性不够等。因此,轻量化图像分类模型也成为一个研究热点。

5.4.1 MobileNet 模型

基于端侧算力和存储资源受限的考量,谷歌公司在 2017 年提出的 MobileNet[11]是一种轻量化的、专注于移动端和嵌入式设备的卷积神经网络。

MobileNet 的基本结构单元是深度可分离卷积(depthwise separable convolution),其将传统的标准卷积分解为逐深度卷积(depthwise)和逐点卷积(pointwise)两个步骤。MobileNet 整个网络实际上也是深度可分离模块的堆叠,这样设计的好处是可以大幅度降低参数量和计算量,但也会损失一定的准确率。在同样的模型参数和计算资源下,轻量的 MobileNet 准确率要超过同规模的其他网络,在移动端和嵌入式等应用场景下,使用同样的计算资源 MobileNet 能有更好的表现。

深度可分离卷积与标准卷积的实现过程不同,具体如图 5-14 所示。在图 5-14(a)的标准卷积过程中,卷积核要作用于特征图的所有通道。但是对于深度可分离卷积,其由图 5-14(b)的逐深度卷积和图 5-14(c)的逐点卷积组合而成。首先,逐深度卷积将卷积核拆分成为单通道形式,在不改变输入特征图像的深度的情况下,对每个通道分别进行卷积操作,输出和输入特征图通道数一样的特征图。然而采用 1×1 卷积核的逐点卷积将逐深度卷积输出特征图进行升维和降维。通过采用这种两步式的操作,能够实现与标准卷积相近的性能,而且会极大地降低计算开销与模型的参数量。

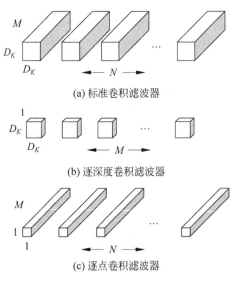

(a) 标准卷积滤波器

(b) 逐深度卷积滤波器

(c) 逐点卷积滤波器

图 5-14   MobileNet 基本结构单元(深度可分离卷积)示意图[11]

为了直观地比较深度可分离卷积与标准卷积在计算量上的差异,假定用 W 表示特征图的宽度,H 表示特征图的高度,C 表示特征通道数,输入特征图的大小可表示为 $W_{in} \times H_{in} \times C_{in}$,经过卷积核大小为 $D \times D$ 的卷积操作后,输出特征图的大小为 $W_{out} \times H_{out} \times C_{out}$。采用标

准卷积的总计算量可以表示为

$$Q_1 = W_{out} \times H_{out} \times C_{out} \times D \times D \times C_{in} \tag{5-5}$$

当采用深度可分离卷积时,总计算量为逐深度卷积与逐点卷积的计算量之和,可以表示为

$$Q_2 = W_{out} \times H_{out} \times D \times D \times C_{in} + W_{out} \times H_{out} \times C_{out} \times C_{in} \tag{5-6}$$

标准卷积与深度可分离卷积的总计算量比值为

$$\frac{Q_2}{Q_1} = \frac{W_{out} \times H_{out} \times D \times D \times C_{in} + W_{out} \times H_{out} \times C_{out} \times C_{in}}{W_{out} \times H_{out} \times C_{out} \times D \times D \times C_{in}} = \frac{1}{C_{out}} + \frac{1}{D^2} \tag{5-7}$$

从式(5-7)可以看出,由于 C_{out} 和 D^2 均大于或等于1,所以深度可分离卷积的总计算量小于标准卷积。

后续也有一系列工作对 MobileNet 的不足进行了改进,例如 MobileNet V2[12]引入了反残差模块(inverted residuals)解决了深度方向卷积时卷积核浪费的问题,并针对激活函数进行了调整,使得准确率和计算速度相比 MobileNet 都有较大的提升;MobileNet V3[13]改进了计算资源耗费较多的网络输入层和输出层,并引入了通道注意力机制 SE 模块与神经结构搜索(NAS)来搜索最佳的网络配置与参数,其相比于 MobileNet V2 在准确率与计算速度上又有了进一步的提升。

5.4.2　PP-LCNet 模型

虽然已有不少轻量型网络可以在 ARM 端具有非常快的推理速度,但很少有网络可以在 CPU 端取得快速的推理速度,尤其当启动 MKLDNN 加速时。2021 年百度团队针对 Intel-CPU 端加速设计了一种基于 MKLDNN 加速的高推理速度和高性能的模型 PP-LCNet[14]。PP-LCNet 在图像分类任务上取得了比 ShuffleNetV2[15]、MobileNetV2、MobileNetV3以及 GhostNet[16]更优的延迟-精度均衡(如图 5-15 所示)。在其他下游任务(如目标检测、语义分割等),也同样表现优异。

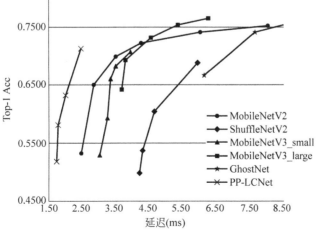

图 5-15　不同模型的延迟-精度对比[14]

PP-LCNet 以 MobileNetV1 中的 DepthSepConv 作为基础模块,通过堆叠模块构建了一个类似 MobileNetV1 的基础网络,将基础网络与一些现有技术进行组合,从而构建了一种更强力的网络,其网络结构示意图如图 5-16 所示。

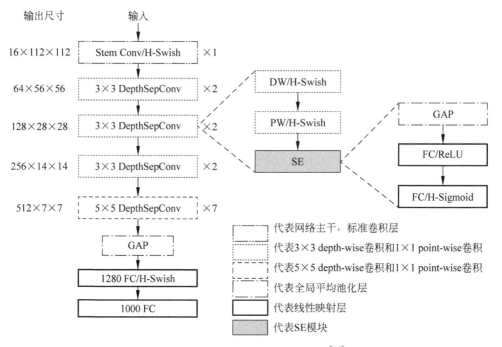

图 5-16　PP-LCNet 网络结构示意图[14]

PP-LCNet 主要使用了以下几种可以提升模型性能又几乎不会造成推理延迟的方法。

(1) 使用 H-Swish 作为激活函数,使用 H-Swish 替换掉了 MobileNet 中的 ReLU 激活函数。该激活函数可以在推理速度不变的情况下大幅提升模型性能。

(2) 在模型尾部使用 SE 模块。SE 模块自提出以来,被广泛应用到不同的网络架构中,例如 MobileNetV3。然而,在 CPU 端 SE 模块会加大模型的推理耗时,所以,PP-LCNet 没有在整个网络中广泛使用它,而是将其添加到网络尾部的模块中,这种处理方式具有更好的精度-速度平衡。

(3) 使用大卷积核。卷积核的尺寸通常会影响模型最终的性能,PP-LCNet 仅使用一个尺寸的卷积,并在低延迟和高精度情形下使用大尺度卷积核。通过实验发现,类似 SE 模块的位置,在网络的尾部采用 5×5 卷积核可以取得全部替换相近的效果。因此,PP-LCNet 仅在网络的尾部采用 5×5 的卷积 。

(4) 在全局平均池化(Global Average Pooling,GAP)层之后使用了 1×1 卷积层。GAP 后的输出维度比较小,直接添加分类层会有相对低的性能。为提升模型的强拟合能力,PP-LCNet 在 GAP 后添加了一个 1280 维的 1×1 卷积,它仅需很小的推理延迟即可取得更强的性能。

5.5　飞桨实现图像分类案例

飞桨提供了视觉领域的高层 API,这些高层 API 包含内置数据集相关的 API、数据预处理相关的 API、内置模型相关的 API 等。本节以 ResNet18 分类模型为例，详细介绍如何使用飞桨高层 API 进行图像分类。

5.5.1　环境安装与配置

本实验建议使用飞桨官方提供的 Docker 运行飞桨。如果未使用 Docker，可以直接通过 pip 安装 PaddlePaddle，详细安装方式见 4.3.1 节。其他环境依赖的版本要求如下：CUDA≥10.1（如果使用 paddlepaddle-gpu）；CUDNN≥7.6.4（如果使用 paddlepaddle-gpu）；nccl≥2.1.2（如果使用分布式训练/评估）；gcc≥8.2；python 3.x。

5.5.2　数据准备

本实验使用的是 4 个类别的桃子分拣数据集，如图 5-17 所示，该数据集来自真实农业应用案例。桃农在桃子成熟后，需要将桃子按照品相分为不同类别，各类别有不同的售价。为了提升分拣效率，有厂商制作了桃子分拣机，该机器的核心部分是使用图像分类技术对传送带上的桃子进行分类；在识别出桃子所属类别后，由机器的机械部分将桃子送入对应的收集框。

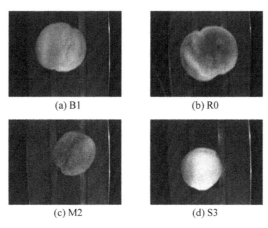

(a) B1　　　　　　(b) R0

(c) M2　　　　　　(d) S3

图 5-17　桃子分拣示例图像

桃子图像数据被分别存储在 4 个文件夹中，每个文件夹的名字对应着一类桃子，分别为 B1、R0、M2、S3。每个类别下有两个文件夹，分别为训练集和测试集。训练集文件夹下：train_B1 有 1601 张图像、train_R0 有 1601 张图像、train_M2 有 1800 张图像、train_S3 有 1635 张图像。测试集文件夹下：test_B1 有 16 张图像、test_R0 有 18 张图像、test_M2 有 18 张图像、test_S3 有 15 张图像。训练和测试数据集存储在 AI Studio 网站的 data/enhancement_data/对应的 4 个子文件夹下。

5.5.3　模型构建

飞桨高层 API 可以很方便地使用内置模型，真正的一行代码实现深度学习模型调用。

飞桨视觉领域的内置模型在 paddle. vision. models 目录下，具体包含如下模型：['ResNet', 'resnet18', 'resnet34', 'resnet50', 'resnet101', 'resnet152', 'VGG', 'vgg11', 'vgg13', 'vgg16', 'vgg19', 'MobileNetV1', 'mobilenet_v1', 'MobileNetV2', 'mobilenet_v2', 'LeNet']。

因此，本实验直接调用飞桨内置的 ResNet 模型，具体模型的搭建过程可以参看项目链接，查看飞桨模型库中各模型的底层文件。

```
# 使用内置的模型，可以根据需要选择多种不同网络，这里选了 resnet18 网络
# pretrained (bool, 可选) - 是否加载在 imagenet 数据集上的预训练权重
model = paddle.vision.models.resnet18(pretrained = True, num_classes = 4)

# 尝试不同的网络结构：MobileNetV2
# MobileNetV2 参考文档：https://www.paddlepaddle.org.cn/documentation/docs/zh/api/paddle/
vision/models/MobileNetV2_cn.html
# model = paddle.vision.models.mobilenet_v2(pretrained = True, num_classes = 4)

# 使用 paddle.Model 完成模型的封装，将网络结构组合成一个可快速使用高层 API 进行训练和预测
# 的类
model = paddle.Model(model)
```

使用 model. summary 可视化网络模型结构。

```
# 使用 summary 可视化网络模型信息
model.summary(input_size = (1, 3, 224, 224), dtype = 'float32')
```

开发者也可以按照自己的想法搭建 CNN 网络模型或者其他网络模型，但是这对开发者的技术水平要求很高，更多时候开发者可以使用已经成熟的、经典的网络模型，例如 VGG、ResNet 等。

5.5.4 模型训练

用 paddle. Model 完成模型的封装后，在训练前，需要对模型进行配置，通过 model. prepare 接口来对训练进行提前的配置准备工作，包括设置模型优化器、Loss 计算方法、精度计算方法等。

```
# 学习率衰减策略
scheduler_StepDecay = paddle.optimizer.lr.StepDecay(learning_rate = 0.1, step_size = 50,
gamma = 0.9, verbose = False)
# 尝试使用学习率衰减的 SGD 方法
sgd = paddle.optimizer.SGD(
                    learning_rate = scheduler_StepDecay,
                    parameters = model.parameters())
尝试使用固定学习率的 SGD 方法
sgd = paddle.optimizer.SGD(
                    learning_rate = 0.01,
                    parameters = model.parameters())
# 模型配置
model.prepare(optimizer = sgd, # sgd
                    loss = paddle.nn.CrossEntropyLoss(),
```

```
metrics = paddle.metric.Accuracy())
```

做好模型训练的前期准备工作后,开发者正式调用 fit() 接口来启动训练过程,需要指定以下至少 3 个关键参数:训练数据集(data)、训练轮次(epoch)和单次训练数据批次大小(batch size)。

```
# 启动模型训练,指定训练数据集,设置训练轮次,设置每次数据集计算批次大小,设置日志格式
# epochs:总共训练的轮数
# batch_size:一个批次的样本数量
# 如果提示内存不足,可以尝试将 batch_size 调低
# verbose:日志显示,0 为不在标准输出流输出日志信息,1 为输出进度条记录,2 为每个 epoch 输出
# 一行记录
model.fit(train_dataset,
          val_dataset,
          epochs = 1,
          batch_size = 2,
          callbacks = callback,
          verbose = 1)
```

训练过程比较费时,在 CPU 上运行 10 个 epoch,大约需要 1.5h;在 GPU 上运行 10 个 epoch,大约需要 30min。

5.5.5 模型预测

模型训练结束后得到了一个训练好的模型,下面需要做模型评估。将预留的测试数据放到所得到的模型中进行实际的预测,并基于标签进行校验,来看模型在测试集上的表现。

本节直接使用飞桨高层 API 进行模型评估,对训练好的模型进行评估操作可以使用 model.evaluate 接口,调用结束后会根据 prepare 接口配置的 loss 和 metric 来进行相关指标计算返回。

本次实验采用的评价指标是准确率(Accuracy,A)。在该实验中如果开发者进行了合理的数据增强,准确率可以达到 90%。

```
# 模型评估
# 对于训练好的模型进行评估操作可以使用 model.evaluate 接口;操作结束后会根据 prepare 接
# 口配置的 loss 和 metric 来进行相关指标计算返回
model.evaluate(test_dataset,verbose = 1)
# 模型保存
model.save('./saved_model/saved_model')
```

在模型被评估为效果可以接受后,就可以开始模型预测。飞桨高层 API 中提供了 model.predict 接口来方便用户对训练好的模型进行预测,开发者只需要将"预测数据+保存的模型"放到该接口进行计算即可,接口会把模型计算得到的预测结果返回。

```
# 预测模型
results = model.predict(test_dataset)
```

5.6 本章小结

图像分类在计算机视觉中属于基础任务,是其他任务的基础。本章首先介绍了多年来使用深度卷积神经网络做图像分类的主流技术路线,以 ResNet 模型、DenseNet 模型、DPN 模型为基于残差的网络代表。随着近年来基于注意力机制的 Transformer 路线和多层感知机(MLP)的发展,基于它们开发的图像分类模型 ViT 和 Swin-Transformer 都取得了不错的效果。在考虑到模型云侧和端侧具体运行环境时,还对轻量级模型 MobileNet 和 PP-LCNet 进行了分析介绍。最后,本章使用飞桨端到端工具 PaddleClas 中的代码,以实际生活中桃子图像数据分类任务为例,完成了 ResNet18 模型下的图像分类案例分析。

参考文献

[1] Ng P C,Henikoff S. SIFT:Predicting amino acid changes that affect protein function[J]. Nucleic acids research,2003,31(13):3812-3814.

[2] Dalal N,Triggs B. Histograms of oriented gradients for human detection[C]//2005 IEEE computer society conference on computer vision and pattern recognition (CVPR'05). IEEE,2005,1:886-893.

[3] Ahonen T,Hadid A,Pietikäinen M. Face recognition with local binary patterns[C]//European conference on computer vision. Springer,Berlin,Heidelberg,2004:469-481.

[4] Tolstikhin I,Houlsby N,Kolesnikov A,et al. Mlp-mixer:An all-mlp architecture for vision[J]. arXiv preprint arXiv:2105.01601,2021.

[5] He K,Zhang X,Ren S,et al. Deep residual learning for image recognition[C]//Proceedings of the IEEE conference on computer vision and pattern recognition. 2016:770-778.

[6] Xie S,Girshick R,Dollár P,et al. Aggregated residual transformations for deep neural networks[C]//Proceedings of the IEEE conference on computer vision and pattern recognition. 2017:1492-1500.

[7] Huang G,Liu Z,Van Der Maaten L,et al. Densely connected convolutional networks[C]//Proceedings of the IEEE conference on computer vision and pattern recognition. 2017:4700-4708.

[8] Chen Y,Li J,Xiao H,et al. Dual path networks[J]. arXiv preprint arXiv:1707.01629,2017.

[9] Dosovitskiy A,Beyer L,Kolesnikov A,et al. An image is worth 16x16 words:Transformers for image recognition at scale[J]. arXiv preprint arXiv:2010.11929,2020.

[10] Liu Z,Lin Y,Cao Y,et al. Swin transformer:Hierarchical vision transformer using shifted windows [J]. arXiv preprint arXiv:2103.14030,2021.

[11] Howard A G,Zhu M,Chen B,et al. Mobilenets:Efficient convolutional neural networks for mobile vision applications[J]. arXiv preprint arXiv:1704.04861,2017.

[12] Sandler M,Howard A,Zhu M,et al. Mobilenetv2:Inverted residuals and linear bottlenecks[C]//Proceedings of the IEEE conference on computer vision and pattern recognition. 2018:4510-4520.

[13] Howard A,Sandler M,Chu G,et al. Searching for mobilenetv3[C]//Proceedings of the IEEE/CVF International Conference on Computer Vision. 2019:1314-1324.

[14] Cui C,Gao T,Wei S,et al. PP-LCNet:A Lightweight CPU convolutional neural network[J]. arXiv preprint arXiv:2109.15099,2021.

[15] Ma N,Zhang X,Zheng H T,et al. Shufflenet v2:Practical guidelines for efficient cnn architecture design[C]//Proceedings of the European conference on computer vision (ECCV). 2018:116-131.

[16] Han K,Wang Y,Tian Q,et al. Ghostnet:More features from cheap operations[C]//Proceedings of the IEEE/CVF conference on computer vision and pattern recognition. 2020:1580-1589.

第6章

目标检测算法原理与实战

目标检测任务是计算机视觉众多技术中非常基础而重要的环节,相比于分类整体化理解图像的模式,检测更关注图像中特定的物体目标,要求对它们进行识别和定位。通常而言,图像分割、人体关键点检测在一定程度上都依赖目标检测。

6.1 目标检测任务基本介绍

目标检测任务最大的特点是需要给出感兴趣目标在哪里,因此它需要同时输出目标的类别信息和对应的位置信息。在目标检测任务上,一般要求输出一个能描述目标的类别与位置的 5 维向量,包括物体类别标签、物体位置信息$[x_{min}$、y_{min}、x_{max}、$y_{max}]$,如图 6-1 所示。

输出向量={'bird', [489.0, 182.0, 1223.0, 818.0]}

图 6-1 目标检测任务实例(鸟)

6.1.1 目标检测技术的发展

与图像分类任务相似,传统的目标检测算法大多是基于手工特征所设计的。早期由于缺乏有效的图像特征表示,研究者往往通过设计多元的检测算法来弥补图像手工特征表达上的缺陷。其中,比较有代表性的传统手工特征目标检测算法有 Viola-Jones(VJ)检测器[1]、方向梯度直方图(Histograms of Oriented Gradients,HOG)行人检测器[2]以及可变形部件模型(Deformable Part based Model,DPM)[3],这三种算法在一定程度上影响着目标检测领域传统方法的发展。

VJ 检测器在人脸检测应用上具有划时代的意义,在当时计算资源非常有限的情况下实现了实时人脸检测,推动了人脸检测商业应用。VJ 检测器采用传统的滑动窗口检测手段,通过滑动窗口遍历图像中每个像素位置来进行人脸目标判断。在简单的遍历思路中要避免巨大的计算代价,VJ 检测器在特征提取、特征选择和判断处理三方面都采用了一定的策略。使用积分图对特征提取进行加速实现多尺度 Harr 特征快速计算;通过 Adaboost 算法从过完备的随机 Haar 特征池中选择特征;在多级 Adaboost 决策器组成的检测处理方面,提出了级联决策结构,每一级决策器由若干弱分类决策桩(decision stump)组成,若某一级决策器将当前窗口判定为背景,则不用后续决策,直接开始下一个窗口的目标判断,可在背景窗口耗费较少的计算资源,而将较多的计算资源保留在目标窗口。

HOG 特征主要用来解决行人检测问题,引领了所有基于梯度特征的目标检测器的发展。HOG 检测器仍然沿用最原始的多尺度金字塔与滑窗检测的思路,将检测器的窗口大小进行固定,通过缩放图像构建多尺度金字塔来检测不同尺度的目标。为了兼顾特征提取的不变性与区分性两个特点,HOG 特征将图像划分为不同的细胞单元(cell),并在每个单元内统计梯度方向直方图信息。此外,为了增强特征的光照不变性以及非线性表达能力,HOG 特征还首次引入了块(block)的操作,将相邻的细胞单元合并为一个块,并在块内进行特征局部归一化处理。

DPM 是基于经典手工特征的传统检测算法发展顶峰,连续三年(2007—2009)获得 PASCAL Visual Object Classes(PASCAL VOC)的检测冠军,深深影响着目标检测领域的发展。DPM 将传统目标检测算法中对目标整体的检测拆分为对目标模型各个部件的检测,然后通过聚合各个部件的检测结果得到最终的目标检测结果。DPM 检测器结构是在 HOG 检测器结构上进行的拓展,由基滤波器(root-filter)和一系列部件滤波器(part-filter)构成。同时,其借鉴了 VJ 检测器,通过级联决策桩分类器对模型进行加速。

随着深度学习逐渐展现出鲁棒的特征表达能力,目标检测流程也不断引入深度学习模型。2012 年,AlexNet 深度网络在 ImageNet 分类任务中大获成功后,基于深度网络的目标检测算法也开始蓬勃发展。基于深度网络的目标检测算法主要分为两类:"两阶段"和"一阶段"算法。"两阶段"算法最早被提出,将目标检测任务分为候选框生成和目标定位分类两个阶段处理。例如,R. Girshick 等率先提出的 R-CNN(Regions with CNN features)网络模型[4],开启了目标检测任务的深度学习革命篇章。之后,SPPNet[5]、Fast R-CNN[6]、Faster R-CNN[7]以及 Feature Pyramid Networks[8]等"两阶段"检测算法相继提出,推动了整个目标检测任务的发展。

虽然"两阶段"目标检测算法相比于传统方法在精度和速度上都有一定的提升,但是在速度上难以满足现实应用的需求。因此,无须生成候选框直接将目标定位问题转化为回归问题的"一阶段"目标检测算法,相继被提出以提升深度检测网络的检测速度。最早的"一阶段"算法的代表是 YOLO[9](you only look once),由于其具有速度上的优势,目前被广泛用于实时性要求高的应用场景。随后,涌现出了精度和速度兼容的 SSD[10](single shot multibox detector)、RetinaNet[11] 以及 YOLO 改进的算法。进一步,为了去除锚点(Anchor)所带来的复杂性的影响,一系列高效的 Anchor-Free 目标检测算法近年来也得以发展,例如 FCOS[12] 和 DETR[13]。

6.1.2 目标检测的评价指标

一般来说,深度学习模型的基本要求是速度快、内存小、精度高。聚焦到目标检测任务,通用的评价指标如下:一是精度指标,即平均准确值精度 mAP(mean Average Precision);二是速度指标,即每秒处理的图像数量或者处理每张图像所需的时间。

在 5.1.2 节中,已经明确了 FN、FP、TN、TP、Precision、Recall 等变量定义和相关计算,在此基础上目标检测会更多考虑查准率与召回率的关系曲线——$P\text{-}R$(Precision-Recall)曲线。

在目标检测任务中,mAP 就是各类别的精度的平均,而 AP 需要根据 $P\text{-}R$ 曲线计算获得。因此,需要首先绘制出这一类别的 $P\text{-}R$ 曲线,所以用式(5-2)、式(5-3)计算数据集中每张图像中这一类别的 Precision 和 Recall。

接下来,将各类别的精度进行平均即可得到 mAP,可以作为精度指标。但是 AP 的计算方式有如下三种:

(1) 在 VOC 2010 以前,只需要选取当 Recall ≥ 0,0.1,0.2,…,1 共 11 个点时的 Precision 最大值,然后 AP 就是这 11 个 Precision 的平均值。

(2) 在 VOC 2010 及以后,需要针对每一个不同的 Recall 值(包括 0 和 1),选取其大于或等于这些 Recall 值时的 Precision 最大值,然后计算 $P\text{-}R$ 曲线下面积作为 AP 值。

(3) COCO 数据集,设定多个交并比(Intersection over Union,IoU)阈值(0.5~0.95,步长为 0.05),在每一个 IoU 阈值下都有某一类别的 AP 值,然后求不同 IoU 阈值下的 AP 平均,就是所求的最终的某类别的 AP 值。

此外,目标检测技术的很多实际应用在准确度和速度上都有很高的要求,如果不计速度性能指标,只注重准确度表现的突破,其代价是更高的计算复杂度和更多内存需求,对于全面行业部署而言,可扩展性仍是一个悬而未决的问题。一般来说,目标检测中的速度评价指标如下:一是帧率 FPS,即检测器每秒能处理图像的张数;二是检测器处理每张图像所需要的时间。

6.2 Faster R-CNN 基本解析

"两阶段"目标检测算法是早期深度学习目标检测的代表,而深度学习"两阶段"目标检测算法的鼻祖当属 R-CNN 系列算法[4],即 R-CNN、Fast R-CNN[6]、Faster R-CNN[7]。它们是逐步优化的经典算法,都是基于 Anchor-based 思想而设计的,该系列算法改变了目标检测领域的研究思路。后来的 YOLO、SSD 以及 Anchor-Free 的 CornerNet 等后继目标检测系列算法也都或多或少地从该算法思想中获得灵感,在速度和性能上取得了关键性进展。

本节旨在介绍 Faster R-CNN 算法相关内容,从而系统全面地认识"两阶段"目标检测算法的思想。

6.2.1 R-CNN 系列

R-CNN 系列算法的开山之作 R-CNN 算法在 PASCAL VOC 2010 的数据集上让目标检测算法跃上了新台阶,也是第一个真正可以工业级应用的解决方案[4]。该算法的技术思路和传统算法很相似,即先提取一系列候选区域,再对区域进行分类。具体思路如下:

(1) 生成候选区域:采用 Selective Search 的方法提取将近 2000 个候选框,对每个候选区域的图像进行后处理,输出固定大小的候选框图像。

(2) 提取卷积特征:将固定大小的图像输入到 CNN 网络中提取出固定维度的特征。

(3) 训练分类器:训练一个 SVM,对 CNN 提取的特征进行分类。

(4) 边界框回归:训练线性回归器,对特征进行边框精修得到更为精确的目标区域。

R-CNN 通过将深度学习模型引入目标检测任务提升检测精度,但是存在以下三大缺点:

(1) 训练烦琐,不是端到端的训练,且训练速度慢。

(2) 空间特征失真,为了保证统一的全连接层输入尺寸,对每个候选框的图像进行了裁切和拉伸到同样大小(227×227)后提取特征,导致原始图像扭曲。

(3) CNN 特征提取独立,特征提取过程未与 SVM 分类器和边界框回归器联动学习更新。

R-CNN 不同候选框图像大小不一的问题,在空间金字塔池化(Spatial Pyramid Pooling,SPP)上得到了很好的解决[5]。SPP 按不同尺寸(例如 4×4、2×2、1×1)把每层特征图划分成多个网格,对每个网格做最大池化(max pooling),然后每层特征图就形成了 16、4、1 维的特征,把它们连起来就形成了一个长度固定为 16+4+1 的特征向量,将这个向量输入到后面的全连接层就解决了 R-CNN 输入数据固定大小的问题。

在 SPP 检测网络的基础上,端到端算法 Fast R-CNN 于 2015 年被提出,主要的改进有三点:

(1) 共享卷积:将整幅图像送到 CNN 后进行区域生成,而不是像 R-CNN 那样将很多小候选框对应的小图像送到 CNN 中进行特征提取。

(2) 感兴趣区域(Region of Interest,RoI)池化:把 SPP 换成了 RoI pooling,无须每个候选框都进行一次 CNN 前向特征提取,可以根据不同尺寸的候选区域特征图统一池化到固定尺寸 7×7 再输入到全连接层。

(3) 多任务训练:RoI 提取特征后,把目标框的回归和分类任务的损失函数融合一起训练,相当于端到端的多任务(multi-task)训练,训练效率更高效。

端到端的 Fast R-CNN 虽然大幅提高了检测速度,但是依然受限于选择性搜索(selective search)算法,这为后来的 R-CNN 算法提供了改进的方向[6]。Faster R-CNN 通过设计候选框提取网络(Region Proposal Network,RPN),不仅共享了前面几个卷积层的特征获得 RoI 候选框和较快的运行速度,还在目标检测准确度上获得了较大的性能提升,真正实现了端到端的训练,将目标检测速度提升到 17 FPS,且在 VOC 2012 测试集上实现了 70.4% 的检测精度,成为当时目标检测的里程碑[7]。

6.2.2 Faster R-CNN 整体架构

Faster R-CNN 的整体架构如图 6-2 所示,属于典型的两阶段检测算法,两个阶段都计算损失,不过第一阶段候选框生成部分更关注感兴趣区域提取[7]。Faster R-CNN 算法的主要思路是提取感兴趣的区域,把生成的感兴趣区域分类,并对目标的边框进行预测,以端到端的方式完成目标检测。

网络模型主要包含 4 部分:特征提取网络、用于感兴趣区域候选生成的 RPN 模块、RoI 池化模块以及分类和回归模块。

特征提取主干网络通过一组基础的卷积神经网络来提取输入原始图像的特征图,用于后续的 RPN 模块。

区域候选生成 RPN 模块,该模块替代了 R-CNN 网络中的 Selective Search,用于生成质量较好的候选框,通过 Anchor 机制得到感兴趣区域。计算过程包括 4 步:①Anchor 生成。RPN 在特征图的每一个点上都预设了 9 个 Anchors,这 9 个 Anchors 大小宽高不同,保证能覆盖到所有的物体。在众多的 Anchors 中,需要筛选出更好的区域,稍作调整得到最终的感兴趣区域;②RPN 卷积网

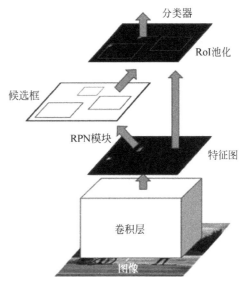

图 6-2 Faster R-CNN 示意图[7]

络。利用 1×1 的卷积在特征图上得到每一个 Anchor 的预测偏移值;③计算 RPN loss。在训练中,将匹配程度最佳的 Anchors 赋予正样本,较差的赋予负样本,得到分类与偏移值的真值,与预测的分类概率和偏移值进行 loss 计算;④根据每一个 Anchor 的得分和偏移量,进一步获得一组更好的提议区域,从而筛选出固定数目的区域作为最终的感兴趣区域,默认数量是 300 个。

RoI 池化模块的目标是使最终输出的特征向量维度固定,因此设计出新型采样策略将每一个感兴趣区域的特征都池化到固定的维度,方便输入到后续的全连接网络中。

分类和回归模块将 RoI 池化得到的特征送入全连接网络,预测每一个 RoI 的分类,并预测偏移量精修边框位置,计算所有损失,并最终输出候选区域所属的类和在图像中的精确位置。

6.2.3 Faster R-CNN 主要特点

Faster R-CNN 主要的部分如下。

1. 产生 Anchors

RPN 的第一部分是要理解 Anchors 的生成,生成一些 Anchors 的主要目的是减轻直接回归出边框的压力。特征图每一个像素对应的 Anchors 是由预设的 9 种矩形框组成的,即

缩放倍数（scale）为$\{8, 16, 32\}$，高宽比（ratio）为$\{0.5, 1, 2\}$。将这些框按照下采样率映射到原图，即可得到不同的原始的 Proposal，按照对于尺寸 50×50 的特征图，一共会有 $50 \times 50 \times 9 = 22500$ 个 Anchors。之后通过后续网络得到每个框的前景概率和偏移量。

2. RPN 卷积网络

RPN 网络的提出是 Faster R-CNN 最主要的贡献。为了实现对于前景和边框的预测，RPN 利用卷积网络将输入的特征图转换为前景的概率和边框的偏移预测。具体的实现方法是利用 3×3 的卷积核进行特征的进一步提取，接着利用两条支路的 1×1 卷积分别实现前景概率值的预测和边框偏移值的回归。

3. Anchor 真值的提取

为了计算损失，首先需要知道每个框对应的分类和偏移的真值。在得到特征图的 Anchors 后，需要将其与标签进行匹配。匹配的具体步骤如下：①对于任何一个 Anchor，与其对应的所有标签的最大 IoU 小于 0.3，则视为负样本；②对于任何一个标签，最大的 IoU 的 Anchor 视为正样本；③对于任何一个 Anchor，所有标签的最大 IoU 大于 0.7，则视为正样本。

4. 回归的偏移真值求解

给予 Anchor 正样本或者负样本的标签属于分类预测的真值，而回归部分的真值则需要比较 Anchor 和对应的标签进行计算得到。对应的公式如下：

$$t_x = \frac{x - x_a}{w_a} \tag{6-1}$$

$$t_y = \frac{y - y_a}{h_a} \tag{6-2}$$

$$t_w = \log\left(\frac{w}{w_a}\right) \tag{6-3}$$

$$t_h = \log\left(\frac{h}{h_a}\right) \tag{6-4}$$

Anchor 对应的中心点坐标为 x_a 和 y_a，宽和高分别为 w_a 和 h_a，而标签对应的中心坐标为 x 和 y，宽和高分别为 w 和 h。

5. 损失函数设计

在得到真值和预测值之后，就可以计算 RPN 的损失了，包括分类损失和回归损失两部分，公式如下：

$$L(\{p_i\}, \{t_i\}) = \frac{1}{N_{cls}} \sum_i L_{cls}(p_i, p_i^*) + \lambda \frac{1}{N_{reg}} \sum_i p_i^* L_{reg}(t_i, t_i^*) \tag{6-5}$$

其中，$L_{cls}(p_i, p_i^*)$ 代表了 256 个筛选出的 Anchors 的分类损失，p_i 代表每一个 Anchor 的类别真值，p_i^* 表示每一个 Anchor 的预测类别，采用的是交叉熵损失。$\sum_i p_i^* L_{reg}(t_i, t_i^*)$ 表示回归损失。回归损失使用的是 smooth_{L1} 函数，具体的公式如下：

$$L_{reg}(t_i, t_i^*) = \sum_{i \in x, y, w, h} \text{smooth}_{L1}(t_i - t_i^*) \tag{6-6}$$

$$\text{smooth}_{\text{L1}}(x) = \begin{cases} 0.5x^2, & |x| < 1 \\ |x| - 0.5, & \text{其他} \end{cases} \tag{6-7}$$

6. NMS 与候选框生成

完成了损失计算后,RPN 的另一个任务是好的区域生成,获得较好的候选框,便于后续进行进一步分类和回归。NMS(Non Maximum Suppression)是非极大值抑制的算法,主要思想是将网络中得到的回归偏移值作用到 Anchor 上,得到初始的建议区域,这里排除掉超出图像的区域。接着,按照分类得分排序,找到排名靠前的 12 000 个,此时用 NMS 算法去除掉同一物体重复的框,最后再经过得分排序,选取前 2000 个作为候选框。

7. 筛选候选框得到 RoI

根据与标签的重合程度计算出 RoI,根据重合程度筛选出 256 个含有正负样本的 RoI。实现方法与上述的 Anchor 筛选类似,先计算所有的候选框与所有物体标签的 IoU 矩阵,然后根据如下的原则进行筛选:①对于任何一个候选框,其与所有标签的最大 IoU 如果大于或等于 0.5,则视为正样本;②对于任何一个候选框,其与所有标签的最大 IoU 如果大于或等于 0 且小于 0.5,则视为负样本。

为了保证正负样本均衡,控制其比例为 1:3。因此,正样本的数量不能超过 64,超过 64 就得随机抽取其中的 64 个;负样本的数目为 256 去除掉正样本后的数量。

8. RoI 池化

RoI 池化的目的是将大小不一的 RoI 在进行卷积特征提取时能固定到统一维度。假设原始的 RoI 的区域大小是 332×332,首先根据下采样率为 16,即可得到 20.75×20.75,这里直接下取整为 20×20。另外,为了获得 7×7 大小的特征图,需要 20/7≈2.857 再次取整为 2。最终在 2×2 小格子中进行池化得到 7×7 的特征图输出。

9. R-CNN 模块设计

在得到最终固定大小的特征图后,接下来将进行最终分类预测和位置回归,因此设计 R-CNN 全连接网络实现分类和回归。R-CNN 的全连接网络分为两个支路,都接受固定大小的特征图展开后形成的一维特征向量作为输入。最后,损失函数与 RPN 的损失类似,只不过这次的分类是固定类别的预测问题。

Faster R-CNN 检测性能优越,容易进行迁移,但是其可以改进的空间仍然很大,例如卷积提取的特征都是单层的,对于多尺度、小目标的问题,采用多层融合的策略或者增大特征图分辨率都是可以优化的方向。采用 NMS 进行后处理对于遮挡目标的效果不是很好,容易造成漏检,因此改进 NMS 的模式也是值得研究的方向。原始的 Faster R-CNN 最后使用全连接层进行预测,占用很多的计算量,未来轻量化网络的应用是研究的重点之一。

6.3 SSD 基本解析

相较于两阶段的目标检测方法,一阶段方法的整个过程只进行了一次框的分类预测和位置回归的损失计算。以 SSD 和 YOLO 为例,它们都是均匀地在图像的不同位置进行不同的长宽比和尺度的密集采样,然后对提取的卷积特征进行分类和回归。

6.3.1　SSD 基本架构

SSD 的主要网络结构如图 6-3 所示,主体分为三部分。

(1) 多尺度特征提取:在采用原始 VGGNet 特征提取的主干网络的基础上,进一步提取 4 个多尺度特征图,其中最深层的特征图大小仅有 1×1,不同尺度的特征图负责检测不同大小的物体。

(2) 先验框设置:在 6 个不同尺度的特征图上设置预选框,在比较浅层的特征图上设置小框用于检测小物体,在深层特征图上设置大框用于检测大物体。

(3) 正负样本均衡和损失计算:利用 3×3 的卷积分别在 6 个特征图上进一步提取特征,再进行分类预测和位置回归,随后将预选框和真实框进行匹配获取正样本和负样本,最终将预测值和真值进行损失计算。

6.3.2　SSD 主要特点

SSD 在主干网络 VGG16 所提取的卷积特征的基础上,再经过 3×3 的空洞卷积 Conv6(空洞数为 6,填充数也为 6,步长为 1)和 1×1 的卷积 Conv7 得到两层特征图。此外,为了提取更高层的特征,SSD 还增加了 4 个深度卷积层。Conv8 的通道数为 512,Conv9～Conv11 的通道数都为 256,因此 Conv7～Conv11 得到的特征图大小依次为 19×19、10×10、5×5、3×3 和 1×1。

SSD 选取了第 4、7、8、9、10 和 11 卷积层得到的 6 个特征图,每个对应的预选框分别为 4、6、6、6、4、4 个预选框,进一步用 3×3 的卷积得到预选框对应的类别预测和位置回归。其中,4 个预设框的宽和高分别为 $\{S_k, S_k\}$、$\left\{\dfrac{S_k}{\sqrt{2}}, \sqrt{2}S_k\right\}$、$\left\{\sqrt{2}S_k, \dfrac{S_k}{\sqrt{2}}\right\}$、$\{\sqrt{S_k S_{k+1}}, \sqrt{S_k S_{k+1}}\}$,而对于 6 个预选框,需要加上 $\left\{\dfrac{S_k}{\sqrt{3}}, \sqrt{3}S_k\right\}$、$\left\{\sqrt{3}S_k, \dfrac{S_k}{\sqrt{3}}\right\}$。每个特征图对应的预选框的尺度计算公式如下:

$$S_k = S_{min} + \frac{S_{max} - S_{min}}{5}(k-1), \quad k \in [1,6] \tag{6-8}$$

其中 $S_{min} = 0.2$、$S_{max} = 0.9$ 分别表示最低层和最高层的尺度,所有中间层都按照式(6-8)进行规则间隔。

在得到 8732 个预选框之后,需要根据一些设定的原则进行匹配,筛选出正样本框和负样本框,给它们打上标签。其中,主要遵循的原则如下:① 当预选框与所有标签的最大 IoU 小于 0.5 时,则认定为负样本;② 将最大 IoU 的标签框与预选框的偏移值作为真值。

在完成匹配后,每个正负样本都可以进行位置损失的计算,计算方式与 Faster R-CNN 的方式一致,类别损失也采用了交叉熵损失计算。

SSD 在一些特定场景下的精度超过 Faster R-CNN,但需要人工设置默认框(default boxes)的初始尺度和长宽比的值。同时,SSD 对小尺寸的目标识别仍比较差,还达不到 Faster R-CNN 的效果。

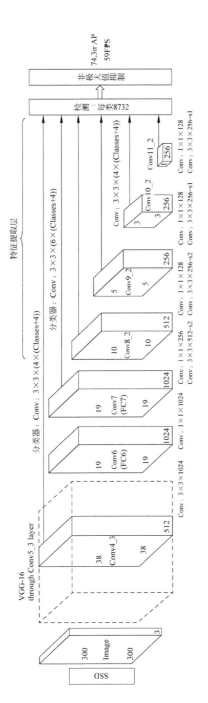

图 6-3　SSD 主要网络结构[10]

6.4 YOLOv3 基本解析

YOLO 是 You Only Look Once 的缩写,意思是神经网络只需要看一次图像,就能输出结果,将检测问题当作回归问题,用一个网络一次性输出类别预测和位置回归[9]。

6.4.1 YOLO 系列

YOLOv1 是 2015 年 YOLO 系列诞生的第一个算法,基于整幅图像做预测,间接编码和提取了目标外观及其上下文信息。同时,也能够学习到目标的通用表示,有不错的泛化能力。但是,它也存在一些缺陷:①每个单元格只能检测两个框和一个类别,该限制会导致模型对于小目标和密集目标的检测效果不好;②输出层是全连接层,在检测时只支持与训练图像具有相同分辨率的图像,很难推广到新的或者不同寻常等高比例的物体;③由于网络损失函数不太具体,大目标和小目标的损失权重一样,因此易造成目标定位不准确。

针对上述的问题,YOLOv2[14]进行了一些改进,借鉴了预选框的策略,使得模型不需要直接预测目标的尺度和坐标,只需要预测先验框与标签的偏移,降低了检测的难度。在 YOLOv2 中,每个卷积层后都添加了批归一化层,并且不再使用丢弃法。使用批归一化后,YOLOv2 的 mAP 提升了 2.4%。采用高分辨率的微调策略,将分辨率从原始的 224×224 提升到 448×448,YOLOv2 的 mAP 提升了约 4%,此策略使得 YOLOv2 的召回率大大提升,由原来的 81% 升至 88%。虽然 YOLOv2 已经取得了不错的检测效果,但是依然存在以下不足:①用单层特征图做预测,细粒度不够,检测小物体的精度不高;②整体模型偏工程化调参,不利于后续的扩展和应用。

YOLOv3[15]借鉴了当前优秀的目标检测算法的思想,设计了 DarkNet-53 的网络结构,如图 6-4 所示,融合了残差网络和特征融合的思路,可以有效提升小物体的检测能力。

DarkNet-53 主要由残差卷积模块、BN 以及 Leaky ReLU 基本单元构成,残差模块可以使得网络在设计很深的情况下也能保证梯度不消失,使得网络训练更容易收敛。其次该网络没有下采样层,使用步长为 2 的卷积进行代替,进一步防止有效信息的丢失。

6.4.2 YOLOv3 主要特点

YOLOv3 在训练阶段采用了不同尺寸的图像作为输入,使得模型能够适应不同大小的图像。此外,其输出了 3 个大小不同的特征图,从上到下分别对应深层、中层和浅层的特征。深层的特征图尺寸小、感受野大,有利于检测大尺度目标,而浅层的特征图恰好相反,可以用来检测小目标。YOLOv3 依然采用了 Anchor 设计机制,在先验框匹配阶段,使用聚类的方法得到 9 个宽高大小不同的先验框。

YOLOv3 将之前的单标签分类改进为多标签分类,在网络结构上体现为将用于单标签多分类的 Softmax 层换成用于多标签多分类的逻辑回归层。一般假设一张图像或一个目标只属于一个类别,因此分类网络中采用 Softmax 层。但针对一些复杂场景,一个目标可能属于多个类,那么检测结果中的类别标签就同时有多个类,需要用逻辑回归层来对每个类

类型	滤波器数	卷积核大小	输出
卷积	32	3×3	256×256
卷积	64	3×3/2	128×128

	类型	滤波器数	卷积核大小	输出
1×	卷积	32	1×1	
	卷积	64	3×3	
	残差			128×128
	卷积	128	3×3/2	64×64
2×	卷积	64	1×1	
	卷积	128	3×3	
	残差			64×64
	卷积	256	3×3/2	32×32
8×	卷积	128	1×1	
	卷积	256	3×3	
	残差			32×32
	卷积	512	3×3/2	16×16
8×	卷积	256	1×1	
	卷积	512	3×3	
	残差			16×16
	卷积	1024	3×3/2	8×8
4×	卷积	512	1×1	
	卷积	1024	3×3	
	残差			8×8
平均池化		全局	
连接		1000	
Softmax			

图 6-4　DarkNet-53 结构[9]

别做二分类。

YOLOv3 检测快速，流程简单，背景的误检率低，通用性强。但是相对于 Faster R-CNN 系列的检测算法，YOLOv3 识别物体位置的精准性差，召回率低。

6.5　FCOS 基本解析

一般而言，有锚框的目标检测器性能受锚点数量及尺寸影响较大，需要通过超参来设定；而锚框在设定之后，对变化较大的目标特别是小目标的检测比较困难，需要重新设定锚尺寸。进一步，为了在目标检测时保证高的召回率，常密集设置许多框，一方面加剧了正负样本不均的问题，另一方面也在计算 IoU 时占用了大量的计算资源。无锚框的算法设置锚框参数，算法模式更简单，也减少了计算量和内存，所以模型扩展到其他视觉任务也较容易。

6.5.1　FCOS 基本架构

全卷积的单阶段目标检测（Fully Convolutional One-Stage Object Detection，FCOS）方法是一个经典的基于全卷积无锚框的目标检测算法[12]，其核心步骤是基于全卷积的单阶段检测、基于 FPN 的多层次预测和中心度(Center-ness)的设计,如图 6-5 所示。

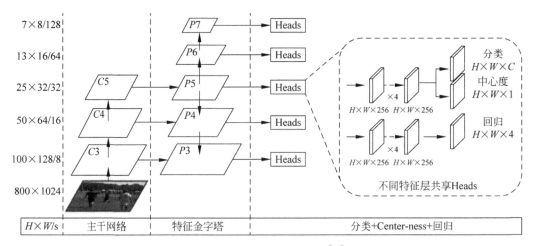

图 6-5　FCOS 的网络框架图[12]

对主干架构获得的特征图每一点都进行边框的回归,将每一个像素点都当作样本进行处理。若某一点落到目标真实边框中,则视为正样本,其标签类别为真实边框的类别,回归的边框值为距离真实边框四条边的值;若一个位置落入多个真实边框中,则视为模糊样本,后续再进行多级预测。

6.5.2　FCOS 主要特点

FCOS 在不同层次的特征图上进行不同尺度目标的检测,利用五层特征图 $\{P_3,P_4,P_5,P_6,P_7\}$,其中 P_3、P_4、P_5 是由主干网络的 C_3、C_4、C_5 后接上 1×1 卷积得到的,P_6、P_7 是由 P_5、P_6 经过步长为 2 的一层卷积操作得到的。它们的步长分别为 8、16、32、64、128。与基于锚框的检测器不同卷积层检测不同尺寸目标的做法不同,FCOS 直接限制边框回归的范围。首先,假定边框回归的真值为 (l^*,t^*,r^*,b^*)。若 $\max(l^*,t^*,r^*,b^*)>m_i$ 或者 $\max(l^*,t^*,r^*,b^*)<m_{i-1}$,则认定此样本为负样本,不再需要回归边框。其中,$m_i$ 代表特征层 i 需要回归的最大距离,m_2、m_3、m_4、m_5、m_6、m_7 分别为 0、64、128、256、512、∞。因为不同大小的目标会被分配到不同层级的特征图中,大多数重叠发生在不同大小物体之间。如果有一个点仍然有多于一个标签,将选择最小面积的物体框作为它的目标框。此外,为了区分不同层回归距离的范围,FCOS 采用exp$(s_i x)$,用可训练的标量 s_i 自动调整特征级 P_i 的指数函数,从而提升检测性能。

为了抑制低质量框的干扰,FCOS 设计了 Center-ness 分支对目标点进行加权。Center-ness 描述到物体中心点的归一化距离,对于在边框回归的真值(l^*,t^*,r^*,b^*),Center-ness 的真值定义为

$$\text{centerness}^* = \sqrt{\frac{\min(l^*,r^*)}{\max(l^*,r^*)} \times \frac{\min(t^*,b^*)}{\max(t^*,b^*)}} \tag{6-9}$$

Center-ness 可以降低远离对象中心的边界框的分数,从而抑制远离物体中心点的低质量边框。

6.5.3 损失函数的设计

Center-ness 的学习利用的是两类交叉熵损失,另外,训练损失还需要加入类似基于锚框检测方法的位置回归损失和类别预测损失。假定 $c_{x,y}^*$、$p_{x,y}$、$t_{x,y}^*$、$t_{x,y}$ 分别表示对于位置 (x,y) 的真值框的分类标签、预测分类分数、真值位置坐标、回归预测值,FCOS 的损失函数定义如下:

$$L(\{p_{x,y}\},\{t_{x,y}\}) = \frac{1}{N_{pos}} \sum_{x,y} L_{cls}(p_{x,y}, c_{x,y}^*) +$$

$$\frac{\lambda_1}{N_{pos}} \sum_{x,y} \mathbb{1}_{\{c_{x,y}^* > 0\}} L_{reg}(t_{x,y}, t_{x,y}^*) +$$

$$\frac{\lambda_2}{N_{pos}} \sum_{x,y} \mathbb{1}_{\{c_{x,y}^* > 0\}} L_{Center\text{-}ness}(centerness_{x,y}, centerness_{x,y}^*) \quad (6\text{-}10)$$

其中表示分类的损失函数 L_{cls} 采用焦点损失函数(focal loss),表示回归的损失函数 L_{reg} 采用 IoU 损失函数,表示中心度的损失函数 $L_{Center\text{-}ness}$ 采用二进制交叉熵(Binary Cross Entropy,BCE)损失函数。N_{pos} 是所有的正样本数目的总和。指示函数 $\mathbb{1}_{\{c_i^* > 0\}}$ 表示除了背景之外权重为 1,背景权重为 0。

6.5.4 FCOS 的优缺点

FCOS 作为无锚框(Anchor-Free)的经典算法,检测中避免了复杂的 IoU 计算以及锚框与真实框的匹配过程,减少了计算时间和内存占用。此外,经过少量的修改,FCOS 可以扩展到其他的视觉任务如关键点检测和实例分割,但是 FCOS 本身对重叠目标的检测效果不是很好,语义模糊性的问题还有待解决。

6.6 DETR 基本解析

对于上述的目标检测方法,其本质还是用候选框与分类的思想来完成检测任务,通过密集的先验框覆盖目标可能在图像中出现的区域,根据对该区域的目标类别的预测再调整框。随着 Transformer 模型的广泛应用,Meta AI 的研究人员第一次将 Transformer 整合到目标检测任务中,推出 Detection Transformer(DETR)目标检测框架,颠覆了两阶段、一阶段、无锚框设置等主流的目标检测模型[13]。

6.6.1 DETR 基本结构

DETR 结构借助标准的 Transformer 架构,将目标检测任务视为目标边框集合的预测问题。如图 6-6 所示,整个 DETR 架构包含三个主要组件,CNN 主干网络进行特征提取,Transformer 的编码-解码架构一次性生成预测框,预测头部分设计了二分匹配损失函数,根据预测框与标签框进行匹配计算损失函数,确保预测框的位置和类别更接近于标签。

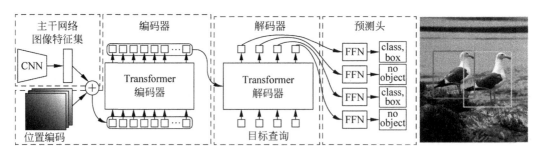

图 6-6　DETR 的网络结构图[13]

6.6.2　DETR 主要特点

DETR 的编码器与 Transformer 的编码器很相似,将主干网络输出的特征与位置编码进行相加,输入包含多头注意力等结构的编码器中进行处理。唯一不同的是,图像特征是否需要进行序列化处理,DETR 网络用 1×1 的卷积进行卷积,将新的特征图进行扁平化处理。

DETR 解码器的输入包含图像的编码,即特征编码和位置编码之和以及目标的查询(object queries)。相比于 Transformer,DETR 解码器的特殊之处在于输出目标的 queries,数目是 N 个预测框和这些框的类别。具体来说,目标的 queries 首先被随机初始化为可学习的编码,在训练过程中,目标的 queries 会被迫变得不同来反映位置信息。

在损失函数计算中,由于输出的物体顺序不一定与标签的序列相同,利用二元匹配进行预测框和标签框的匹配。其匹配的策略如下:

$$\hat{\sigma} = \underset{\sigma \in \mathfrak{S}_N}{\arg\min} \sum_{i}^{N} \mathcal{L}_{\text{match}}(y_i, \hat{y}_{\sigma(i)}) \tag{6-11}$$

其中 y_i 是标签中的目标,$\hat{y}_{\sigma(i)}$ 是预测中的目标。对于匹配的对,对损失函数的定义类似于常见目标检测器,用于类预测和框损失计算。设 b_i、$\hat{b}_{\sigma(i)}$ 分别为第 i 个图像目标的框以及第 $\sigma(i)$ 个预测框的位置,利用匈牙利算法即可得到二分图最优匹配。

$$\mathcal{L}_{\text{Hungarian}}(y, \hat{y}) = \sum_{i=1}^{N} \left[-\log \hat{p}_{\sigma(i)}(c_i) + \mathbb{1}_{\{c_i \neq \varnothing\}} \mathcal{L}_{\text{box}}(b_i, \hat{b}_{\sigma(i)}) \right] \tag{6-12}$$

其中,$\mathbb{1}_{\{c_i \neq \varnothing\}}$ 是一个标示函数,当 $c_i \neq \varnothing$ 时为 1,否则为 0;$\hat{p}_{\sigma(i)}(c_i)$ 表示 Transformer 预测的第 $\sigma(i)$ 个预测框为 c_i 的概率。

$\mathcal{L}_{\text{box}}(b_i, \hat{b}_{\sigma(i)})$ 计算真实框和预测框之间的差距,其计算公式如下:

$$\mathcal{L}_{\text{box}}(b_i, \hat{b}_{\sigma(i)}) = \lambda_{\text{iou}} \mathcal{L}_{\text{iou}}(b_i, \hat{b}_{\sigma(i)}) + \lambda_{L1} \| b_i - \hat{b}_{\sigma(i)} \|_1 \tag{6-13}$$

其中 $\| b_i - \hat{b}_{\sigma(i)} \|_1$ 是两个框中心坐标的 L1 距离,计算每对预测框和物体配对时的损失。

DETR 作为一种新型的目标检测方式,无须烦琐的 NMS 操作和预设的锚框,真正实现端到端的目标检测任务。但是,该模型对于小目标的检测效果不尽如人意,这也是未来 DETR 需要改进的地方。

6.7　飞桨实现目标检测案例

目标检测算法主要分为两类:"两阶段"和"一阶段"检测方法。两阶段检测方法首先生成候选区域,然后遍历候选区域并进行分类,从而检测到目标,该方法准确率较高但实时性较差;而一阶段检测方法直接进行分类和回归,一次性判断目标所属类别同时确定位置框,实时性较好。

YOLOv3 是基于 YOLO 和 YOLOv2 调整的网络结构;利用多尺度特征进行目标检测;在目标分类方面使用 Logistic 取代了 Softmax,从而大幅提高了网络的实时性和准确率。本节将以交通灯检测问题为应用案例,以飞桨平台为操作平台,搭建和训练 YOLOv3 网络模型。

6.7.1　环境准备

本案例所需 PaddlePaddle 深度学习环境请参见 4.3.1 节。

6.7.2　数据读取与增强

1. 数据集介绍

在本项目中,为了能够方便地运行目标检测算法,特别是对于较大图像中的小目标,我们将使用 BOSCH 开源的交通信号灯检测数据集,如图 6-7 所示。BOSCH 小型交通信号灯数据集大小约为 6GB,数据集申请地址为 https://hci.iwr.uni-heidelberg.de/node/6132。数据集总共有 5093 张图像,将它们划分为训练集、验证集和测试集,其中训练集 2832 张,验证集 1684 张,测试集 577 张,分别存放在 train、var、test 文件目录下,训练集和验证集图像对应的 xml 文件也存放于与图像相同的文件目录下。每个 xml 文件是对一张图像的说明,包括图像尺寸、包含的交通信号灯类型、在图像上出现的位置等信息。

图 6-7　BOSCH 小型交通信号灯数据集示例

图像来源于海德堡大学图像处理实验室(HCI)。

2. 数据读取

可以从数据集中读取 xml 文件，将图像的信息读取出来，程序如下。

```python
# 导入数据读取所需要的库
import os
import numpy as np
import xml.etree.ElementTree as ET

def get_annotations(cname2cid, datadir):
    filenames = os.listdir(os.path.join(datadir, 'annotations', 'xmls'))
    records = []
    ct = 0
    for fname in filenames:
        fid = fname.split('.')[0]
        fpath = os.path.join(datadir, 'annotations', 'xmls', fname)
        img_file = os.path.join(datadir, 'images', fid + '.png')
        tree = ET.parse(fpath)
        if tree.find('id') is None:
            im_id = np.array([ct])
        else:
            im_id = np.array([int(tree.find('id').text)])

        objs = tree.findall('object')
        im_w = float(tree.find('size').find('width').text)
        im_h = float(tree.find('size').find('height').text)
        gt_bbox = np.zeros((len(objs), 4), dtype=np.float32)
        gt_class = np.zeros((len(objs), ), dtype=np.int32)
        is_crowd = np.zeros((len(objs), ), dtype=np.int32)
        difficult = np.zeros((len(objs), ), dtype=np.int32)
        for i, obj in enumerate(objs):
            cname = obj.find('name').text
            if cname not in INSECT_NAMES:
                continue
            gt_class[i] = cname2cid[cname]
            _difficult = int(obj.find('difficult').text)
            x1 = float(obj.find('bndbox').find('xmin').text)
            y1 = float(obj.find('bndbox').find('ymin').text)
            x2 = float(obj.find('bndbox').find('xmax').text)
            y2 = float(obj.find('bndbox').find('ymax').text)
            x1 = max(0, x1)
            y1 = max(0, y1)
            x2 = min(im_w - 1, x2)
            y2 = min(im_h - 1, y2)
            # 这里使用 xywh 格式来表示目标物体真实框
            gt_bbox[i] = [(x1 + x2)/2.0, (y1 + y2)/2.0, x2 - x1 + 1., y2 - y1 + 1.]
            is_crowd[i] = 0
            difficult[i] = _difficult
        voc_rec = {
            'im_file': img_file,
            'im_id': im_id,
```

```
                    'h': im_h,
                    'w': im_w,
                    'is_crowd': is_crowd,
                    'gt_class': gt_class,
                    'gt_bbox': gt_bbox,
                    'gt_poly': [],
                    'difficult': difficult
                    }
            if len(objs) != 0:
                records.append(voc_rec)
        ct += 1
    return records
```

以上程序将数据集的标注数据全部读取出来，并存放在 records 列表下，其中每一个元素是一张图片的标注数据，包含了图片存放地址、图片 id、图片高度和宽度、图片中所包含的目标物体的种类和位置。

下面的程序将根据 records 中的描述读取图像及标注。

```
# 数据读取
import cv2
def get_bbox(gt_bbox, gt_class):
    # 对于一般的检测任务来说，一张图像上往往会有多个目标物体
    # 设置参数 MAX_NUM = 50，即一张图像最多取 50 个真实框；如果真实框的数目少于 50 个
    # 则将不足部分的 gt_bbox、gt_class 和 gt_score 的各项数值全设置为 0
    MAX_NUM = 50
    gt_bbox2 = np.zeros((MAX_NUM, 4))
    gt_class2 = np.zeros((MAX_NUM,))
    for i in range(len(gt_bbox)):
        gt_bbox2[i, :] = gt_bbox[i, :]
        gt_class2[i] = gt_class[i]
        if i >= MAX_NUM:
            break
    return gt_bbox2, gt_class2


# 返回图片数据的数据，包括图像 img、真实框坐标 gt_boxes、真实框包含的物体类别 gt_labels
def get_img_data_from_file(record):
    im_file = record['im_file']
    h = record['h']
    w = record['w']
    is_crowd = record['is_crowd']
    gt_class = record['gt_class']
    gt_bbox = record['gt_bbox']
    difficult = record['difficult']

    img = cv2.imread(im_file)
    img = cv2.cvtColor(img, cv2.COLOR_BGR2RGB)

    # 确认参数 h 和 w 能与 img 中的 h 和 w 对应
    assert img.shape[0] == int(h), \
            "image height of {} inconsistent in record({}) and img file({})".format(
```

```
                im_file, h, img.shape[0])

    assert img.shape[1] == int(w), \
            "image width of {} inconsistent in record({}) and img file({})".format(
                im_file, w, img.shape[1])

    gt_boxes, gt_labels = get_bbox(gt_bbox, gt_class)

    # gt_bbox 用相对值
    gt_boxes[:, 0] = gt_boxes[:, 0] / float(w)
    gt_boxes[:, 1] = gt_boxes[:, 1] / float(h)
    gt_boxes[:, 2] = gt_boxes[:, 2] / float(w)
    gt_boxes[:, 3] = gt_boxes[:, 3] / float(h)

    return img, gt_boxes, gt_labels, (h, w)
```

3. 数据增强

在计算机视觉中,通常会对图像做一些随机的变化,产生相似但又不完全相同的样本。主要作用是扩大训练数据集,抑制过拟合,提升模型的泛化能力,常用随机改变亮暗、对比度和颜色、随机填充、随机裁剪、随机缩放、随机翻转、随机打乱真实框排列顺序等几种方法。

下面使用 NumPy 实现以随机填充为例的数据增强方法。

```
# 随机填充
import numpy as np
import cv2
from PIL import Image, ImageEnhance
import random
def random_expand(img, gtboxes, max_ratio = 4., fill = None, keep_ratio = True, thresh = 0.5):
    if random.random() > thresh:
        return img, gtboxes

    if max_ratio < 1.0:
        return img, gtboxes

    h, w, c = img.shape
    ratio_x = random.uniform(1, max_ratio)
    if keep_ratio:
        ratio_y = ratio_x
    else:
        ratio_y = random.uniform(1, max_ratio)
    oh = int(h * ratio_y)
    ow = int(w * ratio_x)
    off_x = random.randint(0, ow - w)
    off_y = random.randint(0, oh - h)
    # 产生大小为(oh, ow, c)的新图片,先将其数值全部填充为 fill 指定的数值
    out_img = np.zeros((oh, ow, c))
    if fill and len(fill) == c:
        for i in range(c):
            out_img[:, :, i] = fill[i] * 255.0
```

```
    # 将原图赋值到新图片对应区域
    out_img[off_y:off_y + h, off_x:off_x + w, :] = img
    # 将原图赋值到新图片对应区域
    gtboxes[:, 0] = ((gtboxes[:, 0] * w) + off_x) / float(ow)
    gtboxes[:, 1] = ((gtboxes[:, 1] * h) + off_y) / float(oh)
    gtboxes[:, 2] = gtboxes[:, 2] / ratio_x
    gtboxes[:, 3] = gtboxes[:, 3] / ratio_y

    return out_img.astype('uint8'), gtboxes
```

其他数据增强方法参见相应的 AI Studio。

（4）批量数据读取

上面的程序展示了如何读取一张图像的数据，下面的代码实现了批量数据读取。

```
# 获取一个批次内样本随机缩放的尺寸
def get_img_size(mode):
    if (mode == 'train') or (mode == 'valid'):
        inds = np.array([0,1,2,3,4,5,6,7,8,9])
        ii = np.random.choice(inds)
        img_size = 320 + ii * 32
    else:
        img_size = 608
    return img_size


    # 将 list 形式的 batch 数据转化成多个 array 构成的 tuple
    def make_array(batch_data):
        img_array = np.array([item[0] for item in batch_data], dtype = 'float32')
        gt_box_array = np.array([item[1] for item in batch_data], dtype = 'float32')
        gt_labels_array = np.array([item[2] for item in batch_data], dtype = 'int32')
        img_scale = np.array([item[3] for item in batch_data], dtype = 'int32')
            return img_array, gt_box_array, gt_labels_array, img_scale
```

由于数据预处理耗时较长，可能会成为网络训练速度的瓶颈，所以需要对预处理部分进行优化。通过使用飞桨提供的 paddle.io.DataLoader API 中的 num_workers 参数设置进程数量，实现多进程读取数据，具体实现代码如下。

```
import paddle
# 定义数据读取类，继承 paddle.io.Dataset
class TrainDataset(paddle.io.Dataset):
    def __init__(self, datadir, mode = 'train'):
        self.datadir = datadir
        cname2cid = get_names()
        self.records = get_annotations(cname2cid, datadir)
        self.img_size = 640 # get_img_size(mode)

    def __getitem__(self, idx):
        record = self.records[idx]
        # print("print: ", record)
        img, gt_bbox, gt_labels, im_shape = get_img_data(record, size = self.img_size)
```

```
            return img, gt_bbox, gt_labels, np.array(im_shape)

    def __len__(self):
        return len(self.records)
```

\# 创建数据读取类
```
train_dataset = TrainDataset(TRAINDIR, mode = 'train')
```

\# 使用 paddle.io.DataLoader 创建数据读取器,并设置 batchsize、进程数量 num_workers 等参数
```
    train_loader = paddle.io.DataLoader(train_dataset, batch_size = 2, shuffle = True, num_
workers = 2, drop_last = True)
```

```
import os
# 将 list 形式的 batch 数据转化成多个 array 构成的 tuple
def make_test_array(batch_data):
    img_name_array = np.array([item[0] for item in batch_data])
    img_data_array = np.array([item[1] for item in batch_data], dtype = 'float32')
    img_scale_array = np.array([item[2] for item in batch_data], dtype = 'int32')
    return img_name_array, img_data_array, img_scale_array
```

\# 测试数据读取
```
def test_data_loader(datadir, batch_size = 10, test_image_size = 608, mode = 'test'):
    """
    # 加载测试用的图像,测试数据没有 groundtruth 标签
    """
    image_names = os.listdir(datadir)
    def reader():
        batch_data = []
        img_size = test_image_size
        for image_name in image_names:
            file_path = os.path.join(datadir, image_name)
            img = cv2.imread(file_path)
            img = cv2.cvtColor(img, cv2.COLOR_BGR2RGB)
            H = img.shape[0]
            W = img.shape[1]
            img = cv2.resize(img, (img_size, img_size))

            mean = [0.485, 0.456, 0.406]
            std = [0.229, 0.224, 0.225]
            mean = np.array(mean).reshape((1, 1, -1))
            std = np.array(std).reshape((1, 1, -1))
            out_img = (img / 255.0 - mean) / std
            out_img = out_img.astype('float32').transpose((2, 0, 1))
            img = out_img # np.transpose(out_img, (2,0,1))
            im_shape = [H, W]

            batch_data.append((image_name.split('.')[0], img, im_shape))
            if len(batch_data) == batch_size:
                yield make_test_array(batch_data)
                batch_data = []
        if len(batch_data) > 0:
```

```
        yield make_test_array(batch_data)
    return reader
```

6.7.3　模型构建

YOLOv3 属于一阶段检测模型,使用单个网络结构,在产生目标候选区域的同时也预测出物体类别和位置。飞桨通过创建 Python 类的方式定义与搭建 YOLOv3 网络模型,具体代码如下。

```python
# 定义 YOLOv3 模型
class YOLOv3(paddle.nn.Layer):
    def __init__(self, num_classes = 7):
        super(YOLOv3, self).__init__()

        self.num_classes = num_classes
        # 提取图像特征的主干代码
        self.block = DarkNet53_conv_body()
        self.block_outputs = []
        self.yolo_blocks = []
        self.route_blocks_2 = []
        # 生成 3 个层级的特征图 P0、P1、P2
        for i in range(3):
            # 添加从 ci 生成 ri 和 ti 的模块
            yolo_block = self.add_sublayer(
                "yolo_detecton_block_%d" % (i),
                YoloDetectionBlock(
                                ch_in = 512//(2 ** i) * 2 if i == 0 else 512//(2 ** i) * 2 +
512//(2 ** i),
                                ch_out = 512//(2 ** i)))
            self.yolo_blocks.append(yolo_block)

            num_filters = 3 * (self.num_classes + 5)

            # 添加从 ti 生成 pi 的模块,这是一个 Conv2D 操作,输出通道数为 3 * (num_classes + 5)
            block_out = self.add_sublayer(
                "block_out_%d" % (i),
                paddle.nn.Conv2D(in_channels = 512//(2 ** i) * 2,
                        out_channels = num_filters,
                        kernel_size = 1,
                        stride = 1,
                        padding = 0,
                        weight_attr = paddle.ParamAttr(
                            initializer = paddle.nn.initializer.Normal(0., 0.02)),
                        bias_attr = paddle.ParamAttr(
                            initializer = paddle.nn.initializer.Constant(0.0),
                            regularizer = paddle.regularizer.L2Decay(0.))))
            self.block_outputs.append(block_out)
            if i < 2:
                # 对 ri 进行卷积
```

```
                    route = self.add_sublayer("route2_%d" % i,
                                               ConvBNLayer(ch_in = 512//(2 ** i),
                                                           ch_out = 256//(2 ** i),
                                                           kernel_size = 1,
                                                           stride = 1,
                                                           padding = 0))
                    self.route_blocks_2.append(route)
                    # 将 ri 放大以便跟 c_{i + 1} 保持同样的尺寸
                    self.upsample = Upsample()
        def forward(self, inputs):
            outputs = []
            blocks = self.block(inputs)
            for i, block in enumerate(blocks):
                if i > 0:
                    # 将 r_{i - 1} 经过卷积和上采样之后得到特征图，与这一级的 ci 进行拼接
                    block = paddle.concat([route, block], axis = 1)
                # 从 ci 生成 ti 和 ri
                route, tip = self.yolo_blocks[i](block)
                # 从 ti 生成 pi
                block_out = self.block_outputs[i](tip)
                # 将 pi 放入列表
                outputs.append(block_out)

                if i < 2:
                    # 对 ri 进行卷积，调整通道数
                    route = self.route_blocks_2[i](route)
                    # 对 ri 进行放大，使其尺寸和 c_{i + 1} 保持一致
                    route = self.upsample(route)


            return outputs
        def get_loss(self, outputs, gtbox, gtlabel, gtscore = None,
                     anchors = [10, 13, 16, 30, 33, 23, 30, 61, 62, 45, 59, 119, 116, 90,
156, 198, 373, 326],
                     anchor_masks = [[6, 7, 8], [3, 4, 5], [0, 1, 2]],
                     ignore_thresh = 0.7,
                     use_label_smooth = False):
            """
            # 使用 paddle.vision.ops.yolo_loss 直接计算损失函数，过程更简洁，速度也更快
            """
            self.losses = []
            downsample = 32
            for i, out in enumerate(outputs):                # 对三个层级分别求损失函数
                anchor_mask_i = anchor_masks[i]
                loss = paddle.vision.ops.yolo_loss(
                        x = out,  # out 是 P0、P1、P2 中的一个
                        gt_box = gtbox,               # 真实框坐标
                        gt_label = gtlabel,           # 真实框类别
                        gt_score = gtscore,           # 真实框得分，使用 mixup 训练技巧时
                                                      # 需要，不使用该技巧时直接设置为 1，
                                                      # 形状与 gtlabel 相同
                        anchors = anchors,            # 锚框尺寸，包含[w0, h0, w1, h1, ...,
```

```
                                              # w8, h8]共 9 个锚框的尺寸
              anchor_mask = anchor_mask_i,    # 筛选锚框的 mask,例如 anchor_mask_
                                              # i = [3, 4, 5],将 anchors 中第 3、4、5
                                              # 个锚框挑选出来给该层级使用
              class_num = self.num_classes,   # 分类类别数
              ignore_thresh = ignore_thresh,  # 当预测框与真实框 IoU > ignore_thresh,
                                              # 标注 objectness = −1
              downsample_ratio = downsample,  # 特征图相对于原图缩小的倍数,例如
                                              # P0 是 32, P1 是 16,P2 是 8
              use_label_smooth = False)       # 使用 label_smooth 训练技巧时会用到,
                                              # 这里没用此技巧,直接设置为 False
         self.losses.append(paddle.mean(loss))  # mean 对每张图像求和
         downsample = downsample //2          # 下一级特征图的缩放倍数会减半
      return sum(self.losses)                 # 对每个层级求和
```

6.7.4　模型训练

本节展示的代码为模型训练的核心代码,包括数据集的读取、模型参数的设置、模型的构建、在每个 epoch 上进行参数更新和验证。

```python
import time
import os
import paddle

ANCHORS = [10, 13, 16, 30, 33, 23, 30, 61, 62, 45, 59, 119, 116, 90, 156, 198, 373, 326]

ANCHOR_MASKS = [[6, 7, 8], [3, 4, 5], [0, 1, 2]]

IGNORE_THRESH = .7
NUM_CLASSES = 7
def get_lr(base_lr = 0.0001, lr_decay = 0.1):
    #get_lr 函数用于获取学习率 learning_rate
    bd = [10000, 20000]
    lr = [base_lr, base_lr * lr_decay, base_lr * lr_decay * lr_decay]
    learning_rate = paddle.optimizer.lr.PiecewiseDecay(boundaries = bd, values = lr)
    return learning_rate


if __name__ == '__main__':
    #读取数据地址
    TRAINDIR = '/home/aistudio/work/traffic_light/train'
    TESTDIR = '/home/aistudio/work/traffic_light/test'
    VALIDDIR = '/home/aistudio/work/traffic_light/var'
    paddle.set_device("gpu:0")
    # 创建数据读取类
    train_dataset = TrainDataset(TRAINDIR, mode = 'train')
    valid_dataset = TrainDataset(VALIDDIR, mode = 'valid')
    test_dataset = TrainDataset(VALIDDIR, mode = 'valid')
    # 使用 paddle.io.DataLoader 创建数据读取器,并设置 batchsize、进程数量 num_workers 等参数
    train_loader = paddle.io.DataLoader(train_dataset, batch_size = 10, shuffle = True, num_
```

```
workers = 0, drop_last = True, use_shared_memory = False)
    valid_loader = paddle.io.DataLoader(valid_dataset, batch_size = 10, shuffle = False, num_
workers = 0, drop_last = False, use_shared_memory = False)
    # 用 YOLOv3 类,创建模型
    model = YOLOv3(num_classes = NUM_CLASSES)
        # 定义学习率参数
        learning_rate = get_lr()
        # 创建优化器 opt,设置优化器的参数
    opt = paddle.optimizer.Momentum(
                    learning_rate = learning_rate,
                    momentum = 0.9,
                    weight_decay = paddle.regularizer.L2Decay(0.0005),
                    parameters = model.parameters())
                    # 创建优化器 opt,设置优化器的参数

    # 将模型调整为训练状态,启用 batch normalization 和 dropout
    model.train()
    MAX_EPOCH = 1
    # 模型训练
    for epoch in range(MAX_EPOCH):
        for i, data in enumerate(train_loader()):
            img, gt_boxes, gt_labels, img_scale = data
            gt_scores = np.ones(gt_labels.shape).astype('float32')
            gt_scores = paddle.to_tensor(gt_scores)
            img = paddle.to_tensor(img)
            gt_boxes = paddle.to_tensor(gt_boxes)
            gt_labels = paddle.to_tensor(gt_labels)
            # 前向传播,输出[P0, P1, P2]
                outputs = model(img)
            # 计算损失函数 loss
            loss = model.get_loss(outputs, gt_boxes, gt_labels, gtscore = gt_scores,
                                anchors = ANCHORS,
                                anchor_masks = ANCHOR_MASKS,
                                ignore_thresh = IGNORE_THRESH,
                                use_label_smooth = False)

            # 反向传播计算梯度
                loss.backward()
            # 更新参数
                opt.step()
            opt.clear_grad()
            if i % 10 == 0:
                timestring = time.strftime("%Y-%m-%d %H:%M:%S",time.localtime
(time.time()))
                print('{}[TRAIN]epoch {}, iter {}, output loss: {}'.format(timestring,
epoch, i, loss.numpy()))
        # save params of model
        if (epoch % 5 == 0) or (epoch == MAX_EPOCH - 1):
            paddle.save(model.state_dict(), 'yolo_epoch{}'.format(epoch))

    # 每个 epoch 结束之后在验证集上进行测试
```

```
# 将模型调整为测试状态
model.eval()
for i, data in enumerate(valid_loader()):
    img, gt_boxes, gt_labels, img_scale = data
    gt_scores = np.ones(gt_labels.shape).astype('float32')
    gt_scores = paddle.to_tensor(gt_scores)
    img = paddle.to_tensor(img)
    gt_boxes = paddle.to_tensor(gt_boxes)
    gt_labels = paddle.to_tensor(gt_labels)
    # 前向传播,输出[P0, P1, P2]
    outputs = model(img)

    loss = model.get_loss(outputs, gt_boxes, gt_labels, gtscore = gt_scores,
                          anchors = ANCHORS,
                          anchor_masks = ANCHOR_MASKS,
                          ignore_thresh = IGNORE_THRESH,
                          use_label_smooth = False)
    if i % 1 == 0:
        timestring = time.strftime("% Y - % m - % d  % H:% M:% S",time.localtime
(time.time()))
        print('{}[VALID]epoch {}, iter {}, output loss: {}'.format(timestring,
epoch, i, loss.numpy()))
    model.train()
```

6.7.5　模型测试与可视化

本节展示的代码为模型测试部分代码。

```
# 定义 get_pred 函数用于获取预测结果
def get_pred(self,
        outputs,
        im_shape = None,
        anchors = [10, 13, 16, 30, 33, 23, 30, 61, 62, 45, 59, 119, 116, 90, 156, 198,
373, 326],
        anchor_masks = [[6, 7, 8], [3, 4, 5], [0, 1, 2]],
        valid_thresh = 0.01):
    downsample = 32
    total_boxes = []
    total_scores = []
    for i, out in enumerate(outputs):
        anchor_mask = anchor_masks[i]
        anchors_this_level = []
        for m in anchor_mask:
            anchors_this_level.append(anchors[2 * m])
            anchors_this_level.append(anchors[2 * m + 1])

        # 计算预测框和得分
        boxes, scores = paddle.vision.ops.yolo_box(
                x = out,
                img_size = im_shape,
```

```
                    anchors = anchors_this_level,
                    class_num = self.num_classes,
                    conf_thresh = valid_thresh,
                    downsample_ratio = downsample,
                    name = "yolo_box" + str(i))
        total_boxes.append(boxes)
        total_scores.append(
                    paddle.transpose(
                    scores, perm = [0, 2, 1]))
        downsample = downsample //2
    # 汇总所有预测结果
    yolo_boxes = paddle.concat(total_boxes, axis = 1)
    yolo_scores = paddle.concat(total_scores, axis = 2)
        return yolo_boxes, yolo_scores
# 读取单张测试图像
def single_image_data_loader(filename, test_image_size = 608, mode = 'test'):
    """
# 加载测试用的图片,测试数据没有 groundtruth 标签
    """
    batch_size = 1
        def reader():
    batch_data = []
    img_size = test_image_size
    file_path = os.path.join(filename)
    img = cv2.imread(file_path)
    img = cv2.cvtColor(img, cv2.COLOR_BGR2RGB)
    H = img.shape[0]
    W = img.shape[1]
    img = cv2.resize(img, (img_size, img_size))

    mean = [0.485, 0.456, 0.406]
    std = [0.229, 0.224, 0.225]
    mean = np.array(mean).reshape((1, 1, -1))
    std = np.array(std).reshape((1, 1, -1))
    out_img = (img / 255.0 - mean) / std
    out_img = out_img.astype('float32').transpose((2, 0, 1))
    img = out_img # np.transpose(out_img, (2,0,1))
    im_shape = [H, W]

    batch_data.append((image_name.split('.')[0], img, im_shape))
    if len(batch_data) == batch_size:
        yield make_test_array(batch_data)
        batch_data = []

    return reader

# 定义画图函数
INSECT_NAMES = ['RedLeft', 'Red', 'RedRight',
                'GreenLeft', 'Green', 'GreenRight', 'Yellow', 'off']

# 定义画矩形框的函数
```

```
    def draw_rectangle(currentAxis, bbox, edgecolor = 'k', facecolor = 'y', fill = False,
linestyle = '-'):
        # currentAxis 表示坐标轴,通过 plt.gca()获取
        # bbox 表示边界框,包含四个数值的 list,[x1, y1, x2, y2]
        # edgecolor 表示边框线条颜色
        # facecolor 表示填充颜色
        # fill 表示是否填充
        # linestype 表示边框线型
        # patches.Rectangle 需要传入左上角坐标、矩形区域的宽度、高度等参数
        rect = patches.Rectangle((bbox[0], bbox[1]), bbox[2] - bbox[0] + 1, bbox[3] - bbox[1] + 1,
linewidth = 1,
                                 edgecolor = edgecolor, facecolor = facecolor, fill = fill,
linestyle = linestyle)
        currentAxis.add_patch(rect)


# 定义绘制预测结果的函数
def draw_results(result, filename, draw_thresh = 0.5):
    plt.figure(figsize = (10, 10))
    im = imread(filename)
    plt.imshow(im)
    currentAxis = plt.gca()
    colors = ['r', 'g', 'b', 'k', 'y', 'c', 'purple']
    for item in result:
        box = item[2:6]
        label = int(item[0])
        name = INSECT_NAMES[label]
        if item[1] > draw_thresh:
            draw_rectangle(currentAxis, box, edgecolor = colors[label])
                plt.text(box[0], box[1], name, fontsize = 12, color = colors[label])
# 可视化结果
import json
import matplotlib.pyplot as plt
import paddle
import matplotlib.image as mpimg


ANCHORS = [10, 13, 16, 30, 33, 23, 30, 61, 62, 45, 59, 119, 116, 90, 156, 198, 373, 326]
ANCHOR_MASKS = [[6, 7, 8], [3, 4, 5], [0, 1, 2]]
VALID_THRESH = 0.01
NMS_TOPK = 400
NMS_POSK = 100
NMS_THRESH = 0.45


NUM_CLASSES = 7
if __name__ == '__main__':
    image_name = 'work/traffic_light/test/images/669886.png'
    # image_name = 'work/traffic_light/test/images/704646.png'
    # image_name = 'work/traffic_light/test/images/672516.png'
    # image_name = 'work/traffic_light/test/images/702714.png'
    # image_name = 'work/traffic_light/test/images/678960.png'
    params_file_path = 'yolo_epoch49'
    #定义网络,将读取图片输入网络并计算出预测框和得分
```

```
model = YOLOv3(num_classes = NUM_CLASSES)
model_state_dict = paddle.load(params_file_path)
model.load_dict(model_state_dict)
model.eval()

total_results = []
test_loader = single_image_data_loader(image_name, mode = 'test')
for i, data in enumerate(test_loader()):
    img_name, img_data, img_scale_data = data
    img = paddle.to_tensor(img_data)
    img_scale = paddle.to_tensor(img_scale_data)

    outputs = model.forward(img)
    bboxes, scores = model.get_pred(outputs,
                            im_shape = img_scale,
                            anchors = ANCHORS,
                            anchor_masks = ANCHOR_MASKS,
                            valid_thresh = VALID_THRESH)

    bboxes_data = bboxes.numpy()
    scores_data = scores.numpy()
    results1 = multiclass_nms(bboxes_data, scores_data,
                    score_thresh = VALID_THRESH,
                    nms_thresh = NMS_THRESH,
                    pre_nms_topk = NMS_TOPK,
                    pos_nms_topk = NMS_POSK)

result1 = results1[0]
lena1 = mpimg.imread(image_name)
plt.imshow(lena1)
    draw_results(result1, image_name, draw_thresh = 0.5)
```

6.8 本章小结

基于深度学习的目标检测算法框架主要分为两阶段和一阶段两种模式,本章对两阶段的 Faster R-CNN 和一阶段的 SSD、YOLO 系列,以及目前流行的 Anchor-Free 代表算法 FCOS、DETR 算法进行了详细介绍。每个模型的提出都对应目标检测任务的一些针对性问题,都值得仔细分析,结合它们的优缺点,可以为该任务以后的模型改进指明方向。最后给出目标检测任务的飞桨实战示例,以加深对目标检测任务深度学习网络模型的了解。

参考文献

[1] Jones P, Viola P, Jones M. Rapid object detection using a boosted cascade of simple features[C]// University of Rochester. Charles Rich. 2001.

[2] Dalal N, Triggs B. Histograms of oriented gradients for human detection [C]. IEEE computer society conference on computer vision & pattern recognition. IEEE Computer Society, 2005: 886-893.

［3］ Felzenszwalb P，Mcallester D，Ramanan D. A discriminatively trained，multiscale，deformable part model［C］. IEEE computer society conference on computer vision & pattern recognition. 2008，8：1-8.

［4］ Girshick R，Donahue J，Darrell T，et al. Rich feature hierarchies for accurate object detection and semantic segmentation［C］. Computer vision and pattern recognition. IEEE，2013：580-587.

［5］ He K，Zhang X，Ren S，et al. Spatial pyramid pooling in deep convolutional networksfor visual recognition［J］. IEEE transactions on pattern analysis and machine Intelligence，2015，37(9)：1904-16.

［6］ Girshick R. Fast R-Cnn［C］//Proceedings of the IEEE international conference on computer vision. 2015：1440-1448.

［7］ Ren S，He K，Girshick R，et al. Faster R-CNN：towards real-time object detection with region proposal networks［J］. IEEE transactions on pattern analysis and machine intelligence，2016，39(6)：1137-1149.

［8］ Lin T Y，Dollar P，Girshick R，et al. Feature pyramid networks for object detection［OL］. arXiv：1612. 03144，2016.

［9］ Redmon J，Divvala S，Girshick R，et al. You only look once：Unified，real-time object detection［C］// Proceedings of the IEEE conference on computer vision and pattern recognition. 2016：779-788.

［10］ Liu W，Anguelov D，Erhan D，et al. Ssd：Single shot multibox detector［C］//European conference on computer vision. Springer，Cham，2016：21-37.

［11］ Lin T Y，Goyal P，Girshick R，et al. Focal loss for dense object detection［OL］. arXiv：1708. 02002，2017.

［12］ Tian Z，Shen C，Chen H，et al. Fcos：Fully convolutional one-stage object detection［C］//Proceedings of the IEEE/CVF international conference on computer vision. 2019：9627-9636.

［13］ Carion N，Massa F，Synnaeve G，et al. End-to-end object detection with transformers［C］//European conference on computer vision. Springer，Cham，2020：213-229.

［14］ Redmon J，Farhadi A. YOLO9000：better，faster，stronger［C］//Proceedings of the IEEE conference on computer vision and pattern recognition. 2017：7263-7271.

［15］ Redmon J，Farhadi A. YOLOv3：An incremental improvement［J］. arXiv preprint，arXiv：1804. 02767，2018.

第7章

语义分割算法原理与实战

图像分割与前面两章的图像分类、目标检测并驾齐驱,它们被视为计算机视觉处理的三大主要任务。图像分割是一个像素级的描述任务,最终目标是输出图像中每个像素具体属于哪一类别[1]。常见的图像分割包括语义分割和实例分割,前者分割出具有不同语义的图像区域,而后者要求刻画出目标的轮廓,是对目标检测任务的一种扩展。本章主要对图像语义分割任务进行介绍。

7.1 语义分割任务的基本介绍

早期的图像分割只标识图像中具有区域划分特性的边缘,例如线条、曲线等元素,很少按照人类感知的方式提供像素级别的图像理解。而图像语义分割的目标是对图像中每个像素进行语义信息标注,并识别出每个区域的类别,最终获得一幅具有像素语义标注的图像[2],如图 7-1 所示,其属于图像像素级别的密集分类问题,扩展了图像分割应用领域。语义分割将属于同一目标的图像像素聚集在一起,这意味着语义分割任务不仅需要区分不同类别的物体,并且还要在复杂多变的背景中正确标记出语义信息。

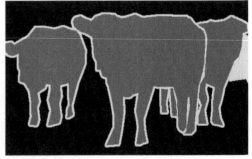

图 7-1 语义分割任务示意图
图像来源于 PASCAL VOC 数据集。

7.1.1 语义分割的发展

早期图像分割任务的主要目的是将图像划分成多个互不相交的、特定的、具有某种特性的区域，主要使用纹理、颜色、边缘、关键点等手工特征进行计算，从而通过某种判定方式进行像素级分类。手工特征跟图像分类、目标检测任务中的手工特征类似。传统的图像分割方法有很多，根据特征信息判断方式大致可以分为非连续性分割和相似性分割。非连续分割是基于不连续性原理进行物体边缘点或边界检测的方法，根据亮度值突变来检测局部不连续性，然后把它们连接起来形成边界，进而把图像分成不同的区域，此类方法主要集中在点检测、边缘检测、Hough 变换等技术上[3]。同理，基于相似性原理的分割方法是基于区域的相似性分割，通常也称为基于区域相关的分割技术，将具有同一灰度级或相同组织结构的像素聚集在一起，形成图像中的不同区域，常见的相似性分割方法有区域生长、聚类分割等[4,5]。

随着许多新理论、新方法的提出，图像分割技术也与一些特定理论和方法，如图论、视觉显著性、人工神经元网络等相结合。基于图论的分割算法本质上是将图像分割问题转化为最优化问题，其基本思想是将图像映射为带权图，把像素或区域视作节点，两节点属于同一区域的可能性表示连接它们边的权值[6,7]。根据图的某种划分准则建立相应的能量函数，该能量函数的最小值对应图像的一个最佳分组[8]。该方法需要根据图像的特征信息建立合适的能量函数，然后根据能量函数建立图论中的网络图，通过对网络图采用最小割算法获得分割的结果。由于最小切割标准易于产生孤立点的小割集，因此出现了许多解决方案，这些方案在考虑类间的不相似性的同时还考虑了每个类的密度或大小，如归一化割（Normalized cut，Ncut）分割方法。

基于视觉显著性的图像分割从视觉特征角度反映人眼对图像的各个区域的重视程度。它主要是利用人眼视觉注意机制生成显著性图对图像进行分割。人类视觉系统针对图像特性或者特定的任务，采用某种计算策略来选定图像中特定的兴趣区域。依据视觉心理特性，从局部和全局角度的相似性比较出发，检测显著性区域或目标。其核心思想是，显著的区域就是与全局比较具有较少相似性的局部区域[9]。对于每个图像，根据显著性值与阈值的比较，可以将源图像分割为较感兴趣的显著区域和非感兴趣的区域。

近年来随着深度学习的普及，与深度学习在图像分类和目标检测任务上的成功应用类似，卷积神经网络在语义分割任务上也取得重大突破，人们开始集中采用深层次的结构来解决图像语义分割问题，使得图像语义分割精度大大提高。2015 年，Long 等提出全卷积网络（Fully Convolutional Network，FCN）[10]，将深度卷积图像分类网络转换为像素级别的分类网络，在不带有全连接层的情况下能够实现像素级的密集预测。在 FCN 模型的基础上，基于编码器-解码器（encoder-decoder）架构的图像语义分割迅速发展起来，SegNet 模型[11]满足自动驾驶等应用中的场景语义分割；U-Net 模型[12]通过 U 型结构实现对医学图像的语义分割。

为了解决卷积神经网络中池化操作带来的部分像素空间位置信息丢失的问题，DeepLab v1 模型[13]在 FCN 模型的基础上，使用空洞卷积（dilated/atrous convolution）扩大特征图的感受野，取得了较好的分割效果。在 DeepLab v1 模型基础上改进的 DeepLab v2

模型[14]，不仅使用了空洞卷积进行密集的特征提取，而且将空洞卷积与空间金字塔池化（Spatial Pyramid Pooling，SPP）方法[15]相结合，提出了空洞空间金字塔池化（Atrous Spatial Pyramid Pooling，ASPP），聚合多尺度特征，在不过多引入参数的情况下，增大了特征图的感受野，提高了分割精度。在此基础上，DeepLab v3 模型[16]通过级联、并行方式组合空洞卷积，有效获取了目标的多尺度信息。进一步，DeepLab v3＋模型[17]将 DeepLab v3 网络嵌入编码器-解码器架构，改善了模型性能。

为了在图像语义分割过程中更有效地捕获图像中隐含的上下文信息，基于特征融合的语义分割方法被设计来融合不同层次、不同分辨率、不同尺度的特征。RefineNet 模型[18]是一种能够进行多级并行处理的级联式网络，将不同分辨率的特征图送入与之对应的精细模块进行融合，有效地整合了不同尺度、不同层次的特征，优化了分割结果。2018 年，随着 Non-local 模型[19]的提出，自注意力（self-attention）机制下的图像语义分割引发研究热潮。PSANet 模型[20]提出了逐点空间注意力（point-wise spatial attention）机制，自适应地将特征图的每个位置与其他位置进行上下文信息关联；DANet 模型[21]融合了空间和通道两种注意力机制下的特征；OCNet 模型[22]根据像素间的特征相似性，把"对一个像素点的决策"变成"所有相似像素点一起的决策"；CCNet 模型[23]利用了交叉十字运算机制，简化了 Non-local 模型中点对点求解相似度的计算量，提升了模型运算速度，并取得了与 OCNet 模型相近的结果。

7.1.2　语义分割的评价指标

时间复杂度、内存占用率和精确度是评估语义分割技术的三个主要方面。其中，精确度评估指标主要包括像素精度（Pixel Accuracy，PA）、均像素精度（Mean Pixel Accuracy，MPA）、均交并比（Mean Intersection over Union，MIoU）和 Kappa 系数。

设数据集中共有 K 个类别（包含 1 个背景类），则预测结果会产生 $K \times K$ 的混淆矩阵，显示分类结果的精度，具体的矩阵形式如下：

$$\boldsymbol{M} = \begin{bmatrix} p_{11} & p_{12} & \cdots & p_{1K} \\ p_{21} & p_{22} & \cdots & p_{2K} \\ \vdots & \vdots & \ddots & \vdots \\ p_{K1} & p_{K2} & \cdots & p_{KK} \end{bmatrix} \tag{7-1}$$

其中，p_{ii} 表示真正类（True Positives，TP），p_{ij} 表示假正类（False Positives，FP），p_{ji} 表示假负类（False Negatives，FN）。常用的评价指标均可通过混淆矩阵进行计算。具体而言，像素精度 PA 代表分类正确的像素点数和所有的像素点数的比例，其计算公式如下：

$$\mathrm{PA} = \frac{\sum\limits_{i=1}^{K} p_{ii}}{\sum\limits_{i=1}^{K}\sum\limits_{j=1}^{K} p_{ij}} \tag{7-2}$$

均像素精度 MPA 用于计算每个类内被正确分类的像素数的比例，之后再求出所有类的平均，其计算公式如下：

$$\text{MPA} = \frac{1}{K} \sum_{i=1}^{K} \frac{p_{ii}}{\sum_{j=1}^{K} p_{ij}} \tag{7-3}$$

均交并比 MIoU 是语义分割应用最广泛的度量标准,用于计算两个集合的交集和并集,在语义分割中具体指真实值(ground truth)和观测值(predicted segmentation)这两个集合,而其中所描述的比例可变形为正确预测数 TP 与并集(TP、FP、FN)的所得之和之比。在每个类上计算 IoU,之后进行平均处理。

$$\text{MIoU} = \frac{1}{K} \sum_{i=1}^{K} \frac{p_{ii}}{\sum_{j=1}^{K} p_{ij} + \sum_{j=1}^{K} p_{ji} - p_{ii}} \tag{7-4}$$

Kappa 系数是测定分类结果图与真实标注图之间吻合度的指标,其计算公式如下:

$$\text{Kappa} = \frac{N \sum_{i=1}^{n} p_{ii} - \sum_{i=1}^{n} p_{i+} \times p_{+i}}{N^2 - \sum_{i=1}^{n} p_{i+} \times p_{+i}} \tag{7-5}$$

其中,$N = \sum_{i=1}^{K} \sum_{j=1}^{K} p_{ij}$ 为总的像素数量,$p_{i+} = \sum_{j=1}^{K} p_{ij}$ 为行元素之和,$p_{+i} = \sum_{j=1}^{K} p_{ij}$ 为列元素之和。Kappa 系数既考虑了被正确分类的像素,又考虑了漏分、错分的错误,是综合性较强的精度评价指标。

7.2 深度学习语义分割基础网络

与分类网络输出固定类别数的向量不同,语义分割需要输出与输入图像相同大小的像素类别预测图像。本节主要介绍深度学习语义分割的早期开山之作,阐述如何将分类网络转变为图像分割网络。

7.2.1 FCN 模型

语义分割全卷积网络(Fully Convolutional Networks,FCN)[10] 的核心思想是建立"全卷积"的神经网络,输入任意尺寸的图像,经过多层卷积产生相应尺寸的输出,学习像素到像素的端到端映射,其网络结构如图 7-2 所示。FCN 是语义分割深度学习模型的开山之作,确定了一种端到端训练实现基于深度卷积神经网络的图像语义分割通用框架,将基础分类网络(如 AlexNet、VGG Net)后面的全连接层换成卷积层,使得网络输出不再是类别概率而是图像分割结果;同时为了解决卷积和池化对图像尺寸的影响,使用上采样的方式恢复。

FCN 的核心在于上采样和特征图的融合过程,如图 7-3 所示,将粗略的高层信息与精细的底层信息相结合。全卷积网络的编码部分最后的输出为池化 5 产生的特征图,利用上采样放大 32 倍,得到 FCN-32s;将池化 5 产生的特征图上采样放大 2 倍,和池化 4 产生的特征图直接相加,再上采样放大 16 倍,得到 FCN-16s;将 FCN-16s 进行上采样放大 2 倍,与池化 3 产生的特征图直接相加,再放大 8 倍,得到 FCN-8s。

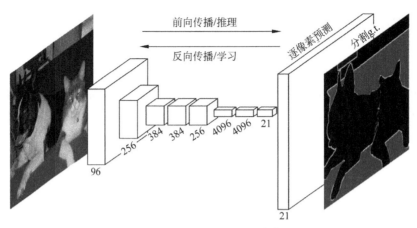

图 7-2　FCN 结构示意图[10]

FCN 的不足之处在于上采样的结果比较模糊和平滑,使得分割细节结果不够精细,且没有充分考虑像素与像素之间的关系。之后,基于 FCN 改进的语义分割模型层出不穷,分割效果也越来越好。

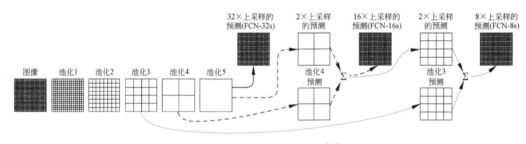

图 7-3　FCN 上采样示意图[10]

7.2.2　SegNet 模型

SegNet 模型[11]是在 FCN 模型的基础上,基于编码器-解码器架构发展起来的场景语义分割模型。如图 7-4 所示,SegNet 网络结构包括编码和解码两部分,编码部分主要由 VGG 网络的前 13 个卷积层和 5 个池化层组成,解码部分同样也由 13 个卷积层和 5 个上采样层组成,同时采用池化索引来保存图像的轮廓信息,降低了参数数量。最后一个解码器输出的高维特征被送到可训练的 Softmax 分类器中对像素进行分类。

SegNet 最核心的思想是进行池化操作时增加了位置索引保存,如图 7-5 所示,相比于 FCN 的上采样,SegNet 网络的上采样能够记录下相对池化滤波的位置,有利于细节特征的恢复。在 SegNet 中进行池化操作时,每次池化都会保存通过最大值选出的权值在 2×2 滤波器中的相对位置。因此,在上采样过程中,可以直接使用最大池化时的相对位置索引进行赋值,其他位置则用 0 填充,从而免去了学习上采样的需要,也在推理阶段节省了内存。从图 7-4 可以看出,池化与上采样通过池化索引相连,实际上是池化后的索引输出到对应的上采样。

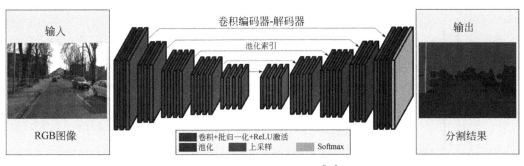

图 7-4　SegNet 网络结构图[11]

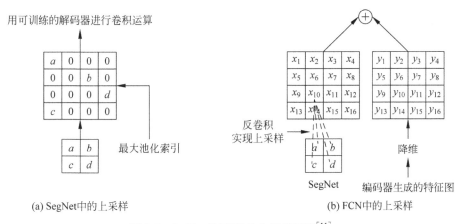

(a) SegNet中的上采样　　　　　　　　(b) FCN中的上采样

图 7-5　SegNet 与 FCN 的上采样过程[11]

7.2.3　U-Net 模型

U-Net[12]起源于医疗图像分割,具有参数少、计算快、应用性强的特点,对于一般场景适应度很高。U-Net 于 2015 年提出,在 ISBI 2015 Cell Tracking Challenge 取得了第一。经过发展,U-Net 目前有多个变形和应用。

原始 U-Net 的结构是标准的编码器—解码器结构。如图 7-6 所示,左侧可视为一个编码器,右侧可视为一个解码器。编码器由四个子模块组成,每个子模块包含两个卷积层,每个子模块之后又通过最大池化进行下采样。编码器整体体现出不断缩小的结构,利用不断降低池化层的空间维度,减少特征图的分辨率,以获取更多上下文信息。解码器的结构与编码器对称,呈现维度扩张形状,逐步增加分割对象的细节和特征图的空间维度,从而实现精准的定位。解码器同样包含四个子模块,直到与输入图像的分辨率基本一致,分辨率通过上采样操作依次增大。该网络还使用了跳跃连接,即解码器每上采样一次,就以拼接的方式将解码器和编码器中对应相同分辨率的特征图进行特征融合,帮助解码器更好地恢复目标的细节。由于网络整体结构类似大写的英文字母 U,故得名 U-Net。

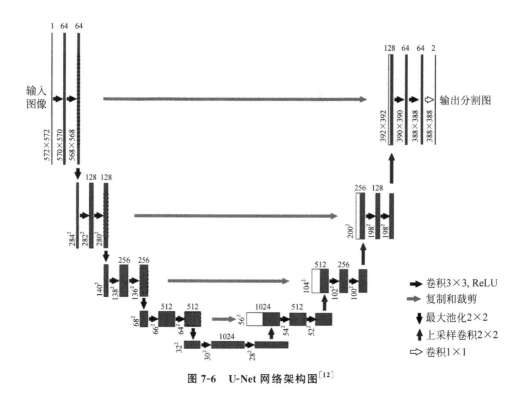

图 7-6　U-Net 网络架构图[12]

7.3　语义分割网络的系列改进

虽然全卷积神经网络(FCN)在图像分割任务上取得了不错的效果,但其所产生的分割结果存在以下两个主要问题:

(1) 由于卷积核感受野受限,导致上下文信息不足,对于存在背景遮挡的情况难以正确分割;

(2) 上采样过程中丢失了边缘信息,使得边缘分割结果较差。

本节主要介绍针对上述问题的改进算法,其中 DeepLabv3+[17]采用 ASPP 模块来获取更广阔的感受野,RefineNet[18]在卷积过程中保留了低层信息,以获取更好的分割结果,OCRNet[24]聚合了全局的特征,进一步解决了感受野大小有限的问题。

7.3.1　空洞可分离卷积: DeepLabv3+

为了解决卷积神经网络中池化操作带来的部分像素空间位置信息丢失的问题,DeepLab[13]系列模型在 FCN 模型的基础上,使用空洞卷积扩大特征图的感受野,取得了较好的分割效果。DeepLabv3+[17]是 DeepLab 系列在经历 DeepLabv1[13]、DeepLabv2[14]和 DeepLabv3[16]之后发展起来的最新模型。

DeepLabv3+整体结构如图 7-7 所示,编码器的主体是带有空洞卷积的主干网络,主干网络使用了改进的 Xception 模型,也可采用 ResNet 等常用的分类网络,紧跟其后的空洞空间金字塔池化模块(Atrous Spatial Pyramid Pooling,ASPP)则引入了多尺度信息。

ASPP 的主要作用是获得多尺度信息,而这对于分割精度至关重要。其中空洞卷积是 ASPP 关键,它可以在不改变特征图大小的同时控制感受野,这有利于提取多尺度信息。 ASPP 模块主要包含以下几部分:

(1)一个 1×1 卷积层以及三个具有不同采样率的 3×3 空洞卷积;

(2)一个全局平均池化层得到图像级特征,然后送入 1×1 卷积层并双线性插值到原始 大小;

(3)将前两部分得到的 4 个不同尺度的特征在通道维度拼接在一起,然后送入 1×1 的 卷积进行融合并得到 256 维的新特征。

ASPP 并行地采用多个采样率的空洞卷积提取特征,再将特征融合,该结果类似空间金 字塔结构,因而得名空洞空间金字塔池化。

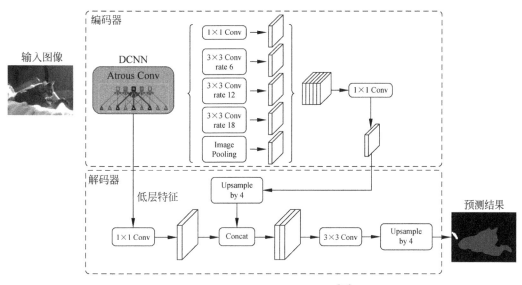

图 7-7　DeepLabv3＋网络架构图[17]

此外,DeepLabv3＋加入解码器模块,将浅层特征和深层特征进一步融合,优化分割效 果,尤其是目标边缘的效果。为增加模型的运行效率,DeepLabv3＋将深度可分离卷积 (depthwise separable convolution)应用到 ASPP 和解码器模块,提高了语义分割的健壮性 和运行速率。如 5.4.1 节所述,深度可分离卷积将标准卷积分解为逐深度卷积,然后再进行 逐点卷积(即 1×1 卷积),从而大大降低了计算复杂度。具体来说,逐深度卷积针对每个输 入通道独立执行空间卷积,而逐点卷积则用于组合深度卷积的输出。空洞可分离卷积在保 持类似性能的同时,显著降低了所提出模型的计算复杂度。

7.3.2　低层细节信息保留：RefineNet

低层细节信息在许多视觉问题(例如姿势估计和语义分割)中起着至关重要的作用。由于语义分割任务是对每个像素点进行类别预测,故对图像分辨率的要求较高。为了解决池化带来的分辨率降低问题,RefineNet[18]通过多通路的特征提纯及合并,充分利用下采样过程损失的信息,使稠密预测更为精准,如图 7-8 所示。

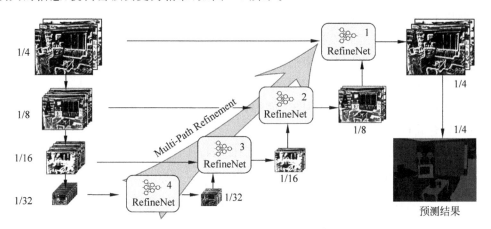

图 7-8   RefineNet 网络架构图[18]

RefineNet 的内部如图 7-9 所示,首先不同尺度的特征输入经过两个残差模块的处理,再将不同尺寸的特征进行多分辨率融合。融合时,将所有特征上采样至最大的输入尺寸,然后进行加和。最后是一个链式残差池化模块,其直连通路上的 ReLU 可以在不显著影响梯度流通的情况下提高后续池化的性能,同时降低网络训练对学习率的敏感度。值得注意的是,虽然所有的 RefineNet 模块都具有相同的内部结构,但是它们的参数无须一致,从而可以更灵活地适应各个级别的细节信息。各并行网络之间相互交换信息,实现多尺度融合与特征提取,高分辨率特征与低分辨率特征之间相互增强,从而取得更精准的分割结果。

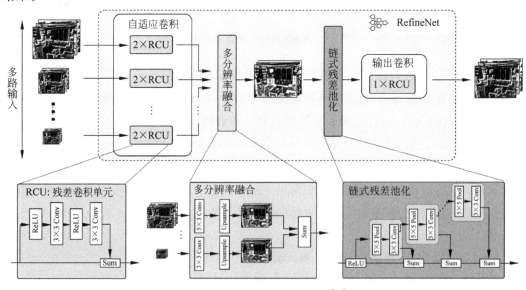

图 7-9   RefineNet 模块细节图[18]

7.3.3　全局语义特征聚合：OCRNet

语义分割是精细的像素级图像分类任务，因此每个像素的上下文信息都至关重要。之前介绍的 DeepLabv3＋模型主要在于挖掘空间的多尺度上下文信息，而 OCRNet[24] 旨在挖掘像素点之间的相关性，通过当前位置像素与目标上下文的相关关系来整合上下文信息，得到增强的特征表达，其网络架构如图 7-10 所示。

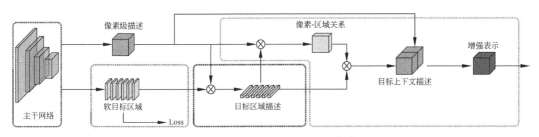

图 7-10　OCRNet 网络架构图[24]

OCRNet 方法的实现主要包括 3 个阶段。

（1）软目标区域（soft object regions）：利用网络中间层的特征表示估计一个粗分割结果作为模型的输入之一。

（2）目标区域描述（object region representations）：利用粗分割的语义结果和网络最深层的特征图谱计算 K 组向量，其中每一个语义类别特征表示对应一个向量。

（3）目标上下文特征描述（object contextual representation）：利用计算得到的网络最深层输出的像素特征表示与计算得到的目标区域特征表示之间的关联矩阵，然后根据目标区域特征表示和每个像素在关联矩阵中的数值对目标区域特征加权求和，得到目标上下文特征表示。之后把网络最深层输入的特征表示与目标上下文特征表示拼接作为上下文信息增强的特征表示。

综上，OCRNet 能够计算一组物体的区域特征表示，然后根据像素特征表示与目标区域特征表示之间的相似度，将这些目标区域特征表示传播给每一个像素。相比于其他语义分割方法，OCRNet 方法更准确、高效。因为 OCRNet 方法解决的不是像素分类问题，而是目标区域分类问题，即该方法可以显式、有效地增强目标信息。从性能和复杂度来说，OCRNet也更为优秀。2020 年，"HRNet＋OCR＋SegFix"版本[25] 在 2020ECCV Cityscapes 获得了第一名。

7.4　飞桨实现语义分割案例

本节主要以 U-Net 网络结构为例介绍如何基于 PaddlePaddle 实现图像分割算法。U-Net 网络结构包含下采样（编码器、特征提取）和上采样（解码器、分辨率还原）两个阶段，具体过程包括环境准备、数据准备与预处理、模型定义、模型训练和模型测试 5 个步骤。

7.4.1 环境准备

搭建本案例所需 PaddlePaddle 深度学习环境请参见 4.3.1 节。其中需要注意的是,由于图像分割模型计算开销大,因此推荐在 GPU 版本的 PaddlePaddle 下使用 PaddleSeg。

运行如下代码,如果能够正常输出,则表明环境安装成功。

```
import os
import io
import numpy as np
import matplotlib.pyplot as plt
from PIL import Image as PilImage
import paddle
from paddle.nn import functional as F

paddle.set_device('gpu')
paddle.__version__
```

7.4.2 数据准备与预处理

本案例使用 Oxford-IIIT Pet 数据集,该数据集共包含原图和分割图像两个压缩文件,数据集来源于牛津大学视觉几何组的官方网站。其中,原图的下载地址为 https://www.robots.ox.ac.uk/~vgg/data/pets/data/images.tar.gz,分割图像的下载地址为 https://www.robots.ox.ac.uk/~vgg/data/pets/data/annotations.tar.gz。

通过如下指令对其进行解压:

```
!tar - xf data/data50154/images.tar.gz
!tar - xf data/data50154/annotations.tar.gz
```

首先通过下载到磁盘上的文件结构,来了解所使用的数据集。解压 images.tar.gz 压缩包,后得到一个 images 目录,这个目录比较简单,用类名和序号命名好的图像文件直接存放在里面,每个图像是对应的宠物照片。

```
├── samoyed_7.jpg
├── ......
└── samoyed_81.jpg
```

annotations.tar.gz 解压后的目录中包含以下内容,其中 README 文件将每个目录和文件做了比较详细的介绍,可以通过它来查看每个目录文件的说明。

```
├── README
├── list.txt
├── test.txt
├── trainval.txt
├── trimaps
│   ├── Abyssinian_1.png
│   ├── Abyssinian_10.png
```

```
|       ├── ......
|       └── yorkshire_terrier_99.png
└── xmls
        ├── Abyssinian_1.xml
        ├── Abyssinian_10.xml
        ├── ......
        └── yorkshire_terrier_190.xml
```

本案例主要使用 images 和 annotations/trimaps 两个目录，即原图和三元图像文件，前者作为训练的输入数据，后者是对应的标签数据，如图 7-11 所示。之后对数据集进行处理，划分训练集、测试集。

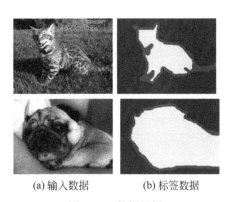

(a) 输入数据　　　　　(b) 标签数据

图 7-11　数据示例

图像来源于 Oxford-IIIT Pet 数据集。

```
def _sort_images(image_dir, image_type):
    ♯对文件夹内的图像进行按照文件名排序
    files = []
    for image_name in os.listdir(image_dir):
        if image_name.endswith('.{}'.format(image_type)) \
                and not image_name.startswith('.'):
            files.append(os.path.join(image_dir, image_name))
    return sorted(files)
def write_file(mode, images, labels):
    with open('./{}.txt'.format(mode), 'w') as f:
        for i in range(len(images)):
            f.write('{}\t{}\n'.format(images[i], labels[i]))
images = _sort_images(train_images_path, 'jpg')
labels = _sort_images(label_images_path, 'png')
eval_num = int(image_count * 0.15)
write_file('train', images[: - eval_num], labels[: - eval_num])
write_file('test', images[ - eval_num:], labels[ - eval_num:])
write_file('predict', images[ - eval_num:], labels[ - eval_num:])
```

划分好数据集之后，需要定义数据集类，用于产生模型的输入数据。PaddlePaddle 数据集加载方案是统一使用 Dataset(数据集定义) ＋ DataLoader(多进程数据集加载)。首先进行数据集的定义，数据集定义主要是实现一个新的 Dataset 类，继承父类 paddle. io. Dataset，并实现父类中以下两个抽象方法：__getitem__ 和 __len__。

```
import random
from paddle.io import Dataset
from paddle.vision.transforms import transforms as T
class PetDataset(Dataset):
    # 数据集定义
    def __init__(self, mode = 'train'):
        # 构造函数
        self.image_size = IMAGE_SIZE
        self.mode = mode.lower()

        assert self.mode in ['train', 'test', 'predict'], \
            "mode should be 'train' or 'test' or 'predict', but got {}".format(self.mode)

        self.train_images = []
        self.label_images = []
        with open('./{}.txt'.format(self.mode), 'r') as f:
            for line in f.readlines():
                image, label = line.strip().split('\t')
                self.train_images.append(image)
                self.label_images.append(label)

    def _load_img(self, path, color_mode = 'rgb', transforms = []):
        # 统一的图像处理接口封装，用于规整图像大小和通道
        with open(path, 'rb') as f:
            img = PilImage.open(io.BytesIO(f.read()))
            if color_mode == 'grayscale':
                # if image is not already an 8 - bit, 16 - bit or 32 - bit grayscale image
                # convert it to an 8 - bit grayscale image.
                if img.mode not in ('L', 'I;16', 'I'):
                    img = img.convert('L')
            elif color_mode == 'rgba':
                if img.mode != 'RGBA':
                    img = img.convert('RGBA')
            elif color_mode == 'rgb':
                if img.mode != 'RGB':
                    img = img.convert('RGB')
            else:
                raise ValueError('color_mode must be "grayscale", "rgb", or "rgba"')

            return T.Compose([
                T.Resize(self.image_size)
            ] + transforms)(img)

    def __getitem__(self, idx):
        # 返回 image, label
        train_image = self._load_img(self.train_images[idx],
                                     transforms = [
                                         T.Transpose(),
                                         T.Normalize(mean = 127.5, std = 127.5)
```

```
                                    ])                    # 加载原始图像
       label_image = self._load_img(self.label_images[idx],
                                     color_mode = 'grayscale',
                                     transforms = [T.Grayscale()])    # 加载 label 图像

       # 返回 image, label
       train_image = np.array(train_image, dtype = 'float32')
       label_image = np.array(label_image, dtype = 'int64')
       return train_image, label_image
    def __len__(self):
       # 返回数据集总数
       return len(self.train_images)
```

7.4.3　模型构建

U-Net 是一个 U 型网络结构,可以看作两个大的阶段,图像先经过编码器进行下采样得到高级语义特征图,再经过解码器上采样将特征图恢复到原图像的分辨率。

1. 定义 SeparableConv2D 接口

为了减少卷积操作中的训练参数以提升性能,继承 paddle.nn.Layer 自定义了一个 SeparableConv2D Layer 类,整个过程是把 filter_size * filter_size * num_filters 的 Conv2D 操作拆解为两个子 Conv2D,先对输入数据的每个通道使用 filter_size * filter_size * 1 的卷积核进行计算,输入输出通道数目相同,之后使用 1 * 1 * num_filters 的卷积核计算。

```
from paddle.nn import functional as F
class SeparableConv2D(paddle.nn.Layer):
    def __init__(self,
                    in_channels,
                    out_channels,
                    kernel_size,
                    stride = 1,
                    padding = 0,
                    dilation = 1,
                    groups = None,
                    weight_attr = None,
                    bias_attr = None,
                    data_format = "NCHW"):
        super(SeparableConv2D, self).__init__()
        self._padding = padding
        self._stride = stride
        self._dilation = dilation
        self._in_channels = in_channels
        self._data_format = data_format
        # 第一次卷积参数,没有偏置参数
        filter_shape = [in_channels, 1] + self.convert_to_list(kernel_size, 2, 'kernel_size')
        self.weight_conv = self.create_parameter(shape = filter_shape, attr = weight_attr)

        # 第二次卷积参数
        filter_shape = [out_channels, in_channels] + self.convert_to_list(1, 2, 'kernel_size')
```

```
                    self.weight_pointwise = self.create_parameter(shape = filter_shape, attr = weight_attr)
                    self.bias_pointwise = self.create_parameter(shape = [out_channels], attr = bias_attr,
                                                             is_bias = True)
            def convert_to_list(self, value, n, name, dtype = np.int):
                if isinstance(value, dtype):
                    return [value, ] * n
                else:
                    try:
                        value_list = list(value)
                    except TypeError:
                        raise ValueError("The " + name +
                                         "'s type must be list or tuple. Received: " +
                                             str(value))
                    if len(value_list) != n:
                        raise ValueError("The " + name + "'s length must be " + str(n) +
                                         ". Received: " + str(value))
                    for single_value in value_list:
                        try:
                            dtype(single_value)
                        except (ValueError, TypeError):
                            raise ValueError(
                                "The " + name + "'s type must be a list or tuple of " +
                                    str(n) + " " + str(dtype) + " . Received: " +
                                        str(value) + " "
                                "including element " + str(single_value) + " of type" + " "
                                + str(type(single_value)))
                    return value_list


            def forward(self, inputs):
                conv_out = F.conv2d(inputs,
                                    self.weight_conv,
                                    padding = self._padding,
                                    stride = self._stride,
                                    dilation = self._dilation,
                                    groups = self._in_channels,
                                    data_format = self._data_format)

                out = F.conv2d(conv_out,
                               self.weight_pointwise,
                               bias = self.bias_pointwise,
                               padding = 0,
                               stride = 1,
                               dilation = 1,
                               groups = 1,
                               data_format = self._data_format)

                return out
```

2. 定义编码器

将网络结构中的编码器下采样过程进行了 Layer 封装,方便后续调用,减少代码编写,下采样是模型逐渐向下画曲线的过程,在这个过程中不断重复一个单元结构,不断增加通道数,不断缩小形状,并且引入残差网络结构,将这些都抽象出来进行统一封装。

```python
class Encoder(paddle.nn.Layer):
    def __init__(self, in_channels, out_channels):
        super(Encoder, self).__init__()
        self.relus = paddle.nn.LayerList(
            [paddle.nn.ReLU() for i in range(2)])
        self.separable_conv_01 = SeparableConv2D(in_channels,
                                                 out_channels,
                                                 kernel_size = 3,
                                                 padding = 'same')
        self.bns = paddle.nn.LayerList(
            [paddle.nn.BatchNorm2D(out_channels) for i in range(2)])

        self.separable_conv_02 = SeparableConv2D(out_channels,
                                                 out_channels,
                                                 kernel_size = 3,
                                                 padding = 'same')
        self.pool = paddle.nn.MaxPool2D(kernel_size = 3, stride = 2, padding = 1)
        self.residual_conv = paddle.nn.Conv2D(in_channels,
                                              out_channels,
                                              kernel_size = 1,
                                              stride = 2,
                                              padding = 'same')
    def forward(self, inputs):
        previous_block_activation = inputs
        y = self.relus[0](inputs)
        y = self.separable_conv_01(y)
        y = self.bns[0](y)
        y = self.relus[1](y)
        y = self.separable_conv_02(y)
        y = self.bns[1](y)
        y = self.pool(y)

        residual = self.residual_conv(previous_block_activation)
        y = paddle.add(y, residual)

        return y
```

3. 定义解码器

在通道数达到最大得到高级语义特征图后,网络结构会开始进行解码操作,进行上采样,通道数逐渐减小,对应图像尺寸逐步增加,直至恢复到原图像大小,这个过程也是通过不断地重复相同结构的残差网络完成的。为了减少代码编写,将这个过程定义为一个 Layer 并放到模型组网中使用。

```python
class Decoder(paddle.nn.Layer):
    def __init__(self, in_channels, out_channels):
        super(Decoder, self).__init__()
```

```
        self.relus = paddle.nn.LayerList(
            [paddle.nn.ReLU() for i in range(2)])
        self.conv_transpose_01 = paddle.nn.Conv2DTranspose(in_channels, out_channels,
                                                kernel_size = 3, padding = 1)
        self.conv_transpose_02 = paddle.nn.Conv2DTranspose(out_channels,
                            out_channels, kernel_size = 3, padding = 1)

        self.bns = paddle.nn.LayerList(
            [paddle.nn.BatchNorm2D(out_channels) for i in range(2)]
        )
        self.upsamples = paddle.nn.LayerList(
            [paddle.nn.Upsample(scale_factor = 2.0) for i in range(2)]
        )
        self.residual_conv = paddle.nn.Conv2D(in_channels, out_channels,
                                        kernel_size = 1,
                                        padding = 'same')

    def forward(self, inputs):
        previous_block_activation = inputs
        y = self.relus[0](inputs)
        y = self.conv_transpose_01(y)
        y = self.bns[0](y)
        y = self.relus[1](y)
        y = self.conv_transpose_02(y)
        y = self.bns[1](y)
        y = self.upsamples[0](y)

        residual = self.upsamples[1](previous_block_activation)
        residual = self.residual_conv(residual)
        y = paddle.add(y, residual)

        return y
```

4. 定义模型组网

按照 U 型网络结构格式进行整体网络结构搭建,包括三次下采样和四次上采样。

```
class PetNet(paddle.nn.Layer):
    def __init__(self, num_classes):
        super(PetNet, self).__init__()

        self.conv_1 = paddle.nn.Conv2D(3, 32, kernel_size = 3, stride = 2, padding = 'same')
        self.bn = paddle.nn.BatchNorm2D(32)
        self.relu = paddle.nn.ReLU()

        in_channels = 32
        self.encoders = []
        self.encoder_list = [64, 128, 256]
        self.decoder_list = [256, 128, 64, 32]
        # 根据下采样个数和配置循环定义子 Layer,避免重复写一样的程序
        for out_channels in self.encoder_list:
```

```
            block = self.add_sublayer('encoder_{}'.format(out_channels),
                                    Encoder(in_channels, out_channels))
            self.encoders.append(block)
            in_channels = out_channels
        self.decoders = []
        # 根据上采样个数和配置循环定义子 Layer，避免重复写一样的程序
        for out_channels in self.decoder_list:
            block = self.add_sublayer('decoder_{}'.format(out_channels),
                                    Decoder(in_channels, out_channels))
            self.decoders.append(block)
            in_channels = out_channels
        self.output_conv = paddle.nn.Conv2D(in_channels, num_classes, kernel_size = 3,
                                        padding = 'same')

    def forward(self, inputs):
        y = self.conv_1(inputs)
        y = self.bn(y)
        y = self.relu(y)
        for encoder in self.encoders:
            y = encoder(y)

        for decoder in self.decoders:
            y = decoder(y)
        y = self.output_conv(y)

        return y
```

5. 模型可视化

调用飞桨提供的 summary 接口对组建好的模型进行可视化，方便进行模型结构和参数信息的查看和确认。

```
num_classes = 2
network = PetNet(num_classes)
model = paddle.Model(network)
model.summary((-1, 3,) + IMAGE_SIZE)
```

7.4.4　模型训练

使用模型代码进行 Model 实例生成，使用 prepare 接口定义优化器、损失函数和评价指标等信息，用于后续训练。在所有初步配置完成后，调用 fit 接口开启训练执行过程，调用 fit 时只需要将前面定义好的训练数据集、测试数据集、训练轮次（epoch）和批次大小（batch_size）配置好即可。

```
callback_visualdl = paddle.callbacks.VisualDL(log_dir = 'unet')
callbacks = [callback_visualdl, callback_savebestmodel]

train_dataset = PetDataset(mode = 'train')        # 训练数据集
val_dataset = PetDataset(mode = 'eval')           # 验证数据集
```

```
train_loader = paddle.io.DataLoader(train_dataset, places = paddle.CUDAPlace(0), batch_size = 32,
shuffle = True)
eval_loader = paddle.io.DataLoader(val_dataset, places = paddle.CUDAPlace(0), batch_size = 32)
num_classes = 2
network = PetNet(num_classes)
model = paddle.Model(network)
optim = paddle.optimizer.Momentum(learning_rate = 0.0001,
                                  momentum = 0.9,
                                  parameters = model.parameters())
model.prepare(optim, paddle.nn.CrossEntropyLoss(axis = 1))
model.fit(train_loader,
          eval_loader,
          epochs = 20,
          callbacks = callbacks,
          verbose = 1)
```

7.4.5　模型验证与评估

1. 预测数据集准备和预测

可以直接使用 model.predict 接口来对数据集进行预测操作，只需要将预测数据集传递到接口内即可。

```
predict_dataset = PetDataset(mode = 'predict')
predict_results = model.predict(predict_dataset)
```

2. 预测结果可视化

完成测试后，可以通过以下代码可视化输入图像、标签和预测输出，如图 7-12 所示。

```
plt.figure(figsize = (10, 10))
i = 0
mask_idx = 0
with open('./predict.txt', 'r') as f:
    for line in f.readlines():
        image_path, label_path = line.strip().split('\t')
        resize_t = T.Compose([
            T.Resize(IMAGE_SIZE)
        ])
        image = resize_t(PilImage.open(image_path))
        label = resize_t(PilImage.open(label_path))
        image = np.array(image).astype('uint8')
        label = np.array(label).astype('uint8')
        if i > 8:
            break
        plt.subplot(3, 3, i + 1)
        plt.imshow(image)
        plt.title('Input Image')
        plt.axis("off")
        plt.subplot(3, 3, i + 2)
```

```
    plt.imshow(label, cmap = 'gray')
    plt.title('Label')
    plt.axis("off")

    # 映射原始图像的 index 来取出预测结果,提取 mask 进行展示
    data = predict_results[0][mask_idx][0].transpose((1, 2, 0))
    mask = np.argmax(data, axis = -1)
    plt.subplot(3, 3, i + 3)
    plt.imshow(mask.astype('uint8'), cmap = 'gray')
    plt.title('Predict')
    plt.axis("off")
    i += 3
    mask_idx += 1
plt.show()
```

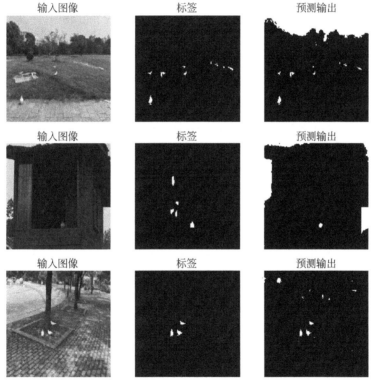

图 7-12　分割可视化结果

图像来源于百度飞桨。

7.5　本章小结

图像语义分割是计算机视觉领域的典型任务,旨在对图像中的每个像素进行语义信息标注,并识别出每个区域的类别,最终获得一幅具有像素语义标注的图像。本章主要介绍了图像语义分割应用与发展,并详细讲述了以 FCN、SegNet、U-Net 为代表的图像分割经典算

法及 DeepLabv3＋、RefineNet、OCRNet 改进模型。最后,给出了基于 PaddleSeg 深度学习框架的实战用例,包括 PaddleSeg 的环境安装、数据预处理、模型构建、模型训练、模型验证与评估等环节。

参考文献

［1］ 章毓晋. 图像分割［M］. 北京:科学出版社,2001.

［2］ 邝辉宇,吴俊君. 基于深度学习的图像语义分割技术研究综述［J］. 计算机工程与应用,2019,55(19):11.

［3］ Perumal E,Arulandhu P. Multilevel morphological fuzzy edge detection for color images［C］//IEEE international conference on electrical、electronics、communication、computer, and optimization techniques. IEEE,2018:269-273.

［4］ Yang J,He Y,Caspersen J. A self-adapted threshold-based region merging method for remote sensing image segmentation［C］//IEEE geoscience and remote sensing symposium. IEEE,2016:6320-6323.

［5］ Fida E,Baber J,Bakhtyar M,et al. Automatic image segmentation based on maximal similarity based region merging［C］//IEEE international conference on digital image computing:techniques and applications. IEEE,2015:1-8.

［6］ Shi J,Malik J. Normalized cuts and image segmentation［J］. IEEE transactions on pattern analysis & machine intelligence,2000,22(8):888-905.

［7］ Boykov Y,Veksler O,Zabih R. Fast approximate energy minimization via graph cuts［J］. IEEE transactions on pattern analysis and machine intelligence,2001,23(11):1222-1239.

［8］ 陶文兵,金海. 一种新的基于图谱理论的图像阈值分割方法［J］. 计算机学报,2007,30(1):110-119.

［9］ Goferman S,Zelnik-Manor L,Tal A. Context-aware saliency detection［C］//IEEE Conf. on computer vision and pattern recognition. 2010:2376-2383.

［10］ Long J,Shelhamer E,Darrell T. Fully convolutional networks for semantic segmentation［C］//IEEE conference on computer vision and pattern recognition. IEEE,2015:3431-3440.

［11］ Badrinarayanan V,Kendall A,Cipolla R. Segnet:A deep convolutional encoder-decoder architecture for image segmentation［J］. IEEE transactions on pattern analysis and machine intelligence,2017,39(12):2481-2495.

［12］ Ronneberger O, Fischer P, Brox T. U-net:Convolutional networks for biomedical image segmentation［C］//International conference on medical image computing and computer-assisted intervention. Springer,Cham,2015:234-241.

［13］ Chen L C,Papandreou G,Kokkinos I,et al. Semantic image segmentation with deep convolutional nets and fully connected crfs［J］. arXiv preprint arXiv:1412.7062,2014.

［14］ Chen L C,Papandreou G,Kokkinos I,et al. Deeplab:Semantic image segmentation with deep convolutional nets、atrous convolution、and fully connected crfs［J］. IEEE transactions on pattern analysis and machine intelligence,2017,40(4):834-848.

［15］ He K,Zhang X,Ren S,et al. Spatial pyramid pooling in deep convolutional networks for visual recognition［J］. IEEE transactions on pattern analysis and machine intelligence,2015,37(9):1904-1916.

［16］ Chen L C,Papandreou G,Schroff F,et al. Rethinking atrous convolution for semantic image segmentation［J］. arXiv preprint arXiv:1706.05587,2017.

［17］ Chen L C,Zhu Y,Papandreou G,et al. Encoder-decoder with atrous separable convolution for semantic image segmentation［C］//European conference on computer vision. Springer,Cham,2018:

801-818.

[18] Lin G，Milan A，Shen C，et al. Refinenet：Multi-path refinement networks for high-resolution semantic segmentation[C]//IEEE conference on computer vision and pattern recognition. IEEE，2017：1925-1934.

[19] Wang X，Girshick R，Gupta A，et al. Non-local neural networks[C]//IEEE conference on computer vision and pattern recognition. IEEE，2018：7794-7803.

[20] Zhao H，Zhang Y，Liu S，et al. Psanet：Point-wise spatial attention network for scene parsing[C]// European conference on computer vision. Springer，Cham，2018：267-283.

[21] Fu J，Liu J，Tian H，et al. Dual attention network for scene segmentation[C]//IEEE conference on computer vision and pattern recognition. IEEE，2019：3146-3154.

[22] Yuan Y，Wang J. Ocnet：Object context network for scene parsing[J]. arXiv preprint arXiv：1809. 00916，2018 .

[23] Huang Z，Wang X，Huang L，et al. Ccnet：Criss-cross attention for semantic segmentation[J]. arXiv preprint arXiv：1811. 11721，2018.

[24] Yuan Y，Chen X，Chen X，et al. Segmentation transformer：Object-contextual representations for semantic segmentation[J]. arXiv preprint，arXiv：1909. 11065，2021.

[25] Yuan Y，Chen X，Wang J. Object-contextual representations for semantic segmentation [C]// Computer Vision-ECCV 2020：16th European Conference，Glasgow，UK，August 23-28，2020，Proceedings，Part VI 16. Springer International Publishing，2020：173-190.

第8章

 人体关键点检测原理与实战

人体关键点检测是计算机视觉处理中相对基础的一个任务,是动作识别、行为分析等下游任务的基础。通过检测人体关键点,计算机可感知和理解人类的运动,甚至进一步对人体运动进行预测,该技术在人机交互、机器人技术、运动分析、视频分析和增强现实等多个领域得到了广泛应用。近年来,人体关键点检测成为了计算机视觉领域的研究热点之一。

8.1 人体关键点检测任务的基本介绍

在传统的目标检测方法中,人体一般只会被感知为一个用矩形框表示的粗略形状,而人体关键点检测主要是指从输入图像或视频中提取人体对应五官、关节等关键点的位置,进而估计人体的姿态。因此,实时人体关键点检测和跟踪需要大量的计算,随着计算机软硬件的发展,基于卷积神经网络的图像处理模型可以在 GPU 或车载设备上实时运行,人体关键点检测在许多具有实时性要求的任务上的应用也成为了可能。人体关键点检测的重要应用之一是跟踪和测量人类活动和运动,并分析人体的姿态、关节的运动轨迹等,在自动驾驶、运动状态分析、人机交互等领域有许多重要的应用。

尽管人类可以快速而轻松地辨识出人体关键点,但这在计算机视觉中是一件非常困难的问题。由于人体是一个高自由度的关节连接结构,运动状态复杂且存在自遮挡现象,并且有相机失真、光照不均和服饰变化等不确定因素,因此计算机无法通过一个固定的模板或特征识别出关键点。综上所述,基于图像或视频的人体关键点检测是一个十分具有挑战性的问题。

8.1.1 人体关键点检测的发展

早期基于图像的人体关键点检测主要采用先进行人的目标检测,再对每个检测出的人进行关键点检测的思路。由于深度模糊、遮挡、背景杂波等问题给目标检测算法本身带来了各种困难,因此,如何利用人体关键点之间的结构信息是人体关键点检测的主要方向。

为了准确地描述人体的不同部位,颜色直方图、梯度直方图、边缘信息、纹理特征等常被用于人体部位的建模。在很长一段时间里,研究者往往采用图模型结构来表示人体部位之间的关系,图模型需要包含所有可能的姿态,再通过推理、搜索等方法确定最终的人体姿态估计结果。这类采用模板匹配、图结构模型等方法表示人体关键点的结构在传统人体关键点检测算法中发挥很大作用。然而,人体结构灵活,关键点间的位置关系会随人体的动作而产生变化,这也给关键点结构关联带来了诸多困难。随着深度学习方法的发展,从大量数据中提取深层特征,构建基于卷积神经网络的人体关键点检测模型取得了最优的效果。

基于深度学习的人体关键点检测方法可以分为自顶向下和自底向上的方法。其中自顶向下的方法首先检测图像中的人体,获取图片中的人体候选区域框,再结合人体几何结构、运动模型等先验知识,完成人体关键点的检测。与自底向上的方法相比,自顶向下的方法精度更高,但由于包含两阶段的检测,计算效率较低,计算时间与图片中的人体数量成正比。

卷积姿态机(Convolutional Pose Machine,CPM)[1]模型、Hourglass[2]模型、HRNet[3]模型是三种具有代表性的自顶向下设计的人体关键点检测模型。CPM模型是一个多阶段的级联网络,其主要贡献在于利用更大的感受野来使网络自动学习关节之间的关系,并通过级联的方式不断修正上阶段输出结果中的一些错误。Hourglass模型同样采用了级联结构,并设计出沙漏对称结构以结合自顶向下和自底向上两种策略,自底向上过程将图像从高分辨率最大池化下采样到低分辨率,自顶向下过程又将图像从低分辨率最近邻插值上采样到高分辨率,通过多次的上采样和下采样,在网络中实现了多尺度上人体关键点的位置特征检测。HRNet模型采用并联结构来保持网络中的高分辨率表征,通过较低分辨率的子网分支捕获图像上下文信息,较高分辨率的子网分支保留空间信息,再通过多尺度融合不同分辨率的多个并行分支,可以生成具有丰富语义的高分辨率特征图。这种并联设计思想使得网络能同时保持高、低分辨率特征图,既能减少空间结构的损失,也能够具有利用高维信息指导关键点检测任务的优势。

另一类方法就是自底向上的方法,即先检测各种关键点,然后再将检测到的各种关键点聚类组合成人体。与自顶向下的方法不同,自底向上的方法中,各特征点的识别是独立的,不考虑全局结构约束,因此检测过程相对更简单,但目前已有的很多自底向上的多人关键点检测算法也存在缺点。首先,自底向上的方法对全局上下文的先验信息,即图像中其他人物的身体关键点信息利用率相对较低,因此容易受到人物重叠或自遮挡等因素的干扰;其次,将检测到的关键点重新组装成不同人体的算法复杂度相对较高。

在自底向上的方法中,OpenPose[4]模型和HigherHRNet[5]模型较为经典。OpenPose模型基于CPM模型改进而来,其核心在于对输入图像生成一个关键点热力图(Part Confidence Maps,PCM)和一个部件亲和场(Part Affinity Fields,PAF),前者为图像像素的关节部件响应图,用来预测人体关键点的位置;后者为关键点之间的关联向量场,用二维向量来编码人体骨架的位置和方向,最终两者组合成图像中所有人的全身姿势。HigherHRNet模型在HRNet模型的基础上融合了特征金字塔的思想,以HRNet作为基础网络来生成高质量的特征图,同时利用反卷积模块来生成高分辨率的特征图。

目前也有学者开始从一些其他角度估计人体的姿态,例如Meta提出的DensePose[6]模型,利用一个神经网络将输入的 RGB 图像中的每一个像素回归到一个人体模型贴图的图像坐标系中的具体坐标。

随着关键点技术的发展,OpenPose 等模型已经日益成熟,经常被应用于动作类型、手语或步态识别应用中。例如,使用姿势估计跟踪人类活动被应用于辅助运动员进行体育训练,分析健身锻炼效果,手语、交通信号的翻译;通过步态检测人体运动系统的健康情况,分析舞蹈技巧等。在虚拟现实和增强现实中,手势和姿势识别已经得到了广泛的应用。以 Meta 公司的 Quest2 头戴式虚拟现实系统为例,该系统集成了多个摄像头,可以实时定位和识别用户的手势,做出确认、点击、返回等操作;用户还可以通过做出不同的姿势进行各种游戏。在安防系统中,通过人体关键点检测,实时检测和定位任务,可以判别要害部位是否有非法入侵;此外,基于人体关键点的位置,安防系统可以识别场景中人的动作和表情,捕获危险行为发出预警。

8.1.2　人体关键点检测的评价指标

人体关键点检测任务常用的评价指标为关键点相似度(Object Keypoint Similarity, OKS),其既可以用于单人关键点检测,也可以用于多人关键点检测。OKS 的计算方式为

$$\mathrm{OKS}_p = \frac{\sum_i \exp\{-d_{pi}^2/2S_p^2\sigma_i^2\}\delta(v_{pi}>0)}{\sum_i \delta(v_{pi}>0)} \tag{8-1}$$

其中,p 表示场景中的一个人物,pi 表示该人物身体上的关键点,d_{pi} 表示关键点的检测结果与真值中对应的关键点的欧氏距离,v_{pi} 表示关键点的可见状态,$v_{pi}=1$ 表示该关键点没有被遮挡且已经标注,$v_{pi}=2$ 表示关键点有遮挡但已经标注。S_p 表示行人的尺度因子,其值为行人检测框的平方根;σ_i^2 表示这一类关键点在数据集中人工标注与真实值的方差,值越大表示这类关键点越难标注。

8.2　人体关键点检测的经典方法

一个理想的人体关键点检测方法应当具有对各种图像变化因素的不变性。在深度学习方法被提出前,研究人员提出了弹簧形变模型、贝叶斯估计、概率图模型等方法完成人体关键点检测。本节将介绍这些经典的传统方法在人体关键点检测任务中的应用。

8.2.1　模板匹配

传统的人体关键点检测通常在人体结构几何先验的基础上,合理设计模板来表示整个人体结构,通过模板匹配来完成人体关键点检测。一个好的模板可以表达不同肢体结构之间变化的关系,从而能够匹配出各种各样的姿态。

1973 年,Fischler 和 Elschlager 首次提出了脸部弹簧模型,以人脸为研究对象,将脸部的各个关键组件看作一个单元模板,通过衡量单个模板的匹配程度和模板之间的关系来进行人脸的匹配[7],被认为是传统人体关键点检测方法的基础。其中,脸部各关键点的关系,

采用弹簧形变模型表示。如图 8-1 所示,脸部的眼、鼻、嘴等关键点用空间的先验位置关系进行建模,模板关系用弹簧形变模型来衡量。在深度学习与神经网络大规模应用之前,人体关键点检测的研究一直沿着这种思路进行。

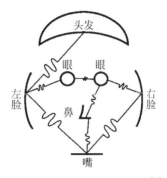

在脸部弹簧模型中,脸部的每个组件通过“弹簧”连接。与脸部弹簧模型匹配最好的图像是令弹簧形变目标函数 L 最小的图像:

$$L^* = \underset{L}{\operatorname{argmin}}\left(\sum_{i=1}^{n} m_i(l_i) + \sum_{(v_i,v_j)\in E} d_{ij}(l_i,l_j)\right)$$

(8-2)

图 8-1　脸部弹簧模型示意图[7]

其中,l_i 表示第 i 个部件的像素坐标,m_i 衡量 l_i 位置与部件 i 的匹配程度,$d_{ij}(l_i,l_j)$ 衡量两部件相对位置的匹配程度。

为了提升模板可以匹配的姿态范围,2011 年 Yi Yang 和 Deva Ramanan 提出了 Mini-parts[8],将每个肢体结构切分成小的模块,利用各个小模块之间的关系进行建模,具体如图 8-2 所示。

图 8-2　Mini-parts 效果示意图[8]

8.2.2　贝叶斯估计

从概率的角度来说,关键点检测任务可以看作找到对应关键点概率最大像素的坐标。因此也可以将关键点检测任务转化成一个概率问题,这种做法一直沿用至今。在关键点检测任务中神经网络输出的热力图(heatmap)或置信度图(confidence map),其物理含义就是图像中每一个像素点属于要检测关键点的概率,而概率的求解任务则交给了神经网络来进行。在神经网络大规模使用之前,贝叶斯估计和概率图模型在整个关键点检测领域扮演着非常关键的角色。

贝叶斯估计的基础是条件概率公式,对于事件 A、事件 B,有如下条件概率公式:

$$P(A,B) = P(A)P(B|A) = P(B)P(A|B)$$

(8-3)

根据上述条件概率公式,得到贝叶斯公式如下:

$$P(A|B) = \frac{P(A)P(B|A)}{P(B)}$$

(8-4)

$P(A)$ 表示事件 A 发生的概率，$P(B)$ 表示事件 B 发生的概率，$P(A|B)$ 表示的是在事件 B 发生的情况下事件 A 发生的概率，$P(B|A)$ 表示的是在已知事件 A 发生的情况下事件 B 发生的概率。我们也可以称 $P(A)$ 为先验概率，$P(B|A)$ 为似然推断，$P(A|B)$ 为后验概率。

人体的骨架模型可以看成是一个图结构，在估计人体骨架上的关键点位置时，每一个关键点的坐标就可以看成是一个多维的随机变量，因此整个人体骨架自然而然就可以利用概率图来表示。2005 年，Felzenszwalb 等[9] 将概率图模型的方法引入到人体关键点检测任务中，将人体各部位看作图结构的节点，图结构中的每一个节点的特征用人体部位在二维图像中的位置表示，看成是一个随机变量，那么整个人体结构的先验知识就可以通过这些随机变量的先验分布来表示。整个问题放到贝叶斯估计的框架下，也就转变成了整个概率图后验分布的求解。同时，因为整个人体可以表示成一个树结构，所以可以利用一种快速求解边缘概率的方法给出多个最优解的近似值，提高了算法的效率。相比传统的基于模板的匹配方法，利用贝叶斯方法所得到的估计结果中既包含了人体结构的先验知识信息，又包含了从观测值中提取到的分布信息。

8.3 多尺度人体姿态检测方法

对人体关键点检测而言，既要能区分人体的全局特征，又要能区分身体关键部件的局部特征。因此，要求图像在多尺度上都能获得足够的特征。一种简单的做法是，单独地在各尺度上获得多分辨率的特征，然后通过沙漏（hourglass）的网络结构将多尺度特征综合起来。本节以叠层沙漏网络（stacked hourglass network）为例，介绍在多尺度上获得人体关键点位置特征的方法。

8.3.1 Hourglass 模型架构

基于深度学习的人体关键点检测方法可以分为自顶向下的方法和自底向上的方法。自顶向下的方法首先检测图像中的人体，获取图像中的人体候选区域框，再结合人体几何结构、运动模型等先验知识，完成人体关键点的检测。自底向上的方法先检测各种关键点，然后将检测到的各种关键点聚类组合成人体。而 2016 年提出的 Hourglass 模型[2] 采用沙漏对称结构结合了自顶向下和自底向上两种策略，自底向上过程将图像从高分辨率最大池化下采样到低分辨率，自顶向下过程又将图像从低分辨率最近邻插值上采样到高分辨率。通过多次的下采样和上采样，在网络中实现了多尺度上人体关键点的位置特征检测，整体网络示意图如图 8-3 所示。沙漏结构的网络设计思想以及对人体关键点检测任务的理解也为后续的工作提供了很好的思路。

Hourglass 网络中最小的基本单元模块为残差模块（residual module）[10]，具体的模块构造如图 8-4 所示，其中，线上表示的是数据，方框表示卷积核，其宽窄表示的是卷积核数量的多少，下支路包含的 1×1 卷积被省略了。

整个模块分成上、下两个支路，上支路用于特征提取，128 个通道的数据首先通过 1×1 卷积，再通过一个 3×3 卷积提取特征，通道数保持不变，最后再通过 1×1 卷积将数据调整

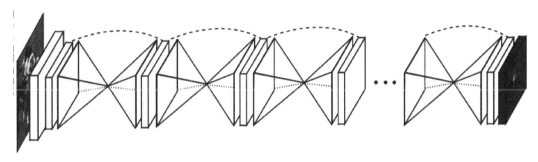

图 8-3 Hourglass 网络结构示意图[2]

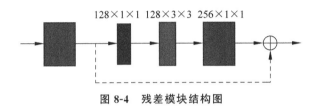

图 8-4 残差模块结构图

为 256 个通道。下支路的主要功能是直接传递输入信息,中间省略的 1×1 卷积用来调整数据输入的通道数,使其能够直接和上支路输出结果的对应元素相加。

在这个基本的残差模块中,输入数据和输出数据之间的尺寸没有发生变化,只是由输入的 M 个通道变为输出的 N 个通道,最终将上、下两个支路的结果加在一起作为这个模块提取的特征输出。可以认为残差模块就是一个整合好的保尺寸"特征提取层",从输入数据到输出特征,不改变数据的尺寸,只改变数据深度即数据通道数。

8.3.2 一阶 Hourglass 模块

一阶 Hourglass 是 Hourglass 网络的核心基本结构,其网络结构如图 8-5 中的区域 a 所示。一阶 Hourglass 网络结构包含上、下两个支路,每个支路都含有上述残差模块。

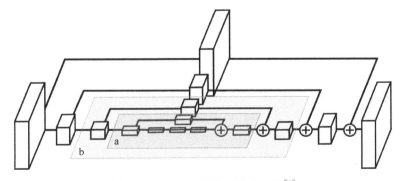

图 8-5 Hourglass 网络结构示意图[2]

上支路在特征图原尺度上进行处理;下支路中对特征图进行池化,将尺度变为原来的一半,实现下采样的作用,再使用残差模块进行特征提取,最后对特征图进行上采样恢复到原来的尺寸。在一阶 Hourglass 子网络中,下采样使用最大池化,上采样使用最近邻插值来实现。因此,上支路相当于在原始的图像尺寸上提取特征,而下支路则相当于在原始图像一半的尺度上提取特征,再经过上采样后与上支路的结果按照对应位置元素相加的方式加在一起,作为最终提取的特征。

8.3.3　多阶 Hourglass 网络

为了在更多不同尺度上提取图像特征,一般使用多阶 Hourglass 网络。如果将一阶 Hourglass 中的一个残差模块换成一阶 Hourglass,那么就可以在原始尺寸的 1/4 下提取特征,此时的网络称为二阶 Hourglass 网络,其结构图如图 8.5 中的区域 b 所示。

同理,只要按照上面的方法不断地进行嵌套,就可以得到多阶 Hourglass 网络。图 8-5 是一个四阶 Hourglass 网络的示意图。

多阶 Hourglass 模型中堆叠了多个 Hourglass 模块,为保证训练效果,模型中引入了中间监督,中间监督结构如图 8-6 所示。通过对每一个 Hourglass 模块的特征图进行预测,获得每个 Hourglass 输出的特征图对应的预测热图,如图 8-6 中的阴影部分。不同阶数的 Hourglass 产生了不同大小的特征图,包含不同局部尺度和全局尺度的特征,通过对每一个特征图对应的热图计算损失并求和,获得了 Hourglass 模型最终的损失函数,这使得模型在考虑特征的全局一致性的同时保持精确的局部信息。

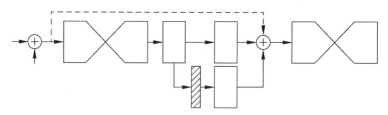

图 8-6　Hourglass 网络的中间监督[2]

8.4　高分辨率人体姿态估计方法

目前很多关键点检测的工作中会使用一些经典的深度学习网络结构作为主干网络,但是这类网络结构主要通过卷积操作不断降低特征图的分辨率,同时提高特征图的维度,在不同分辨率之间进行串联。它们存在一个比较大的问题,就是模型得到的特征图的分辨率相对较低,会导致空间结构的损失。对于人体关键点检测任务,通常借助热力图来实现对关键点位置的确定,并且热力图的分辨率越高,检测的效果相对来说也就越好越准确。为了获取高分辨率的特征图,绝大多数网络使用的方法都是先降低分辨率,获取高维信息后再升高分辨率的方法,如 Hourglass 网络,采用了"沙漏型"的网络结构。本节以高分辨率网络为例,介绍在整个网络中都保持高分辨率表征的人体姿态估计方法。

8.4.1　HRNet 模型

高分辨率网络(High-Resolution Network,HRNet)[3],不单依赖从低分辨率特征上采样到高分辨率特征,而是采用并联结构来保持网络中的高分辨率表征。其中,并联设计思想使得网络能同时保持高、低分辨率特征图,这样既能减少空间结构的损失,也能够具有利用高维信息指导关键点检测任务的优势。进一步,还可以在不同分辨率之间添加交互通路来进一步提高高维信息的交互性。

HRNet 模型能通过较低分辨率的子网分支捕获图像上下文信息,而较高分辨率的子网分支能保留空间信息,再通过多尺度融合不同分辨率的多个并行分支,可以生成具有丰富语义的高分辨率特征图,以实现对诸多视觉任务的打通,例如可用于语义分割任务。

如图 8-7 所示的 HRNet 网络结构中,以高分辨率子网络(high-resolution subnetwork)为开始,逐步并行增加高分辨率到低分辨率的子网。同时,多次引入多尺度融合,使得多分辨率子网信息反复融合,从而实现整个网络的高分辨率,得到丰富的高分辨率特征表达,如图 8-8 所示。因此,与 Hourglass 相比,HRNet 预测的关键点热图更准确。

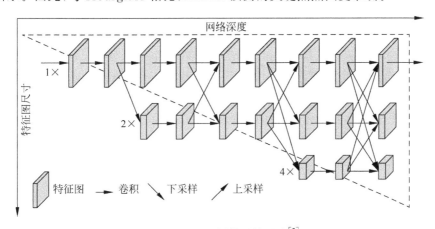

图 8-7 HRNet 网络设计思路[3]

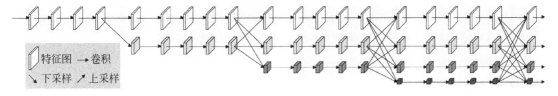

图 8-8 HRNet 交互通路设计[3]

HRNet 并行子网的信息交换使用多尺度融合的方法。高分辨率的特征图向低分辨率特征图融合时,采用了带步长的卷积,例如将特征图降采样到原始尺寸的一半时,使用步长为 2、大小为 3×3 的卷积核进行一次卷积;将特征图降采样到原始尺寸的 1/4 时,就令特征图经过两次步长为 2、大小为 3×3 的卷积运算。低分辨率特征图向高分辨率的特征图融合时,对特征图进行一次双线性插值,再进行 1×1 的卷积运算。不同分辨率的特征图信息交换方法如图 8-9 所示。

8.4.2 HigherHRNet 模型

为了解决自底向上人体关键点检测方法中对于人体尺度变化与小尺度人体检测难的问题,在 HRNet 的基础上,通过融入特征金字塔的思想设计了 HigherHRNet 模型[5],提供了

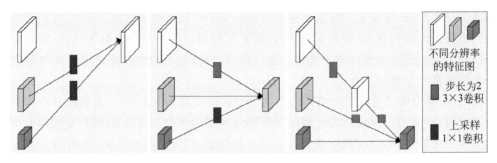

图 8-9　HRNet 并行子网的信息交换方法[3]

一种使用高分辨率特征金字塔学习尺度感知表达的人体姿态估计方法。HigherHRNet 以 HRNet 为基础网络来生成高质量的特征图,同时用反卷积模块来生成高分辨率的特征图,完成关键点检测。HRNet 模型是按照人体姿态估计任务自顶向下的思路设计的,通过添加 1×1 的卷积预测热图和标签图,将 HRNet 应用到自底向上的 HigherHRNet 模型中。

　　HigherHRNet 的网络结构如图 8-10 所示,存在三个平行分支。输入首先经过两个步长为 3 的卷积,分辨率降低到原来的 1/4。HigherHRNet 的第一个阶段包含 4 个残差单元,每个单元的通道数都为 64,然后通过 1 个大小为 3×3 的卷积操作,通道数降为 C;第二个阶段包含 1 个多分辨率模块,输出的通道数为 2C;第三个阶段包含 4 个多分辨率模块,输出的通道数为 4C;第四个阶段包含 3 个多分辨率模块,输出的通道数为 8C。网络的每个支路在多分辨率分组卷积中有 4 个残差单元,每个残差单元在每个分辨率的支路上都有两个 3×3 的卷积核。

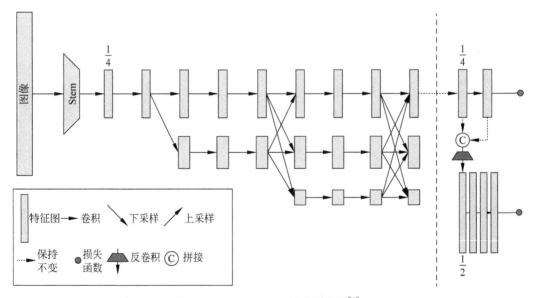

图 8-10　HigherHRNet 网络结构图[5]

　　HigherHRNet 与之前的自底向上的方法的不同点是,以前的方法对最大分辨率的热力图进行监督,而 HigherHRNet 中引入了多分辨率监督以及尺度变化的处理。HigherHRNet 中反卷积模块的输入为 HRNet 提取的特征和预测热图的串联,并生成分辨率比输入特征图大一倍的高分辨率特征图,用于热力图的预测。HigherHRNet 的反卷积模块包含卷积核尺寸为 4×4 的反卷积层、BN 层和 ReLU 激活函数。此外,为产生更加精细的特征图,HigherHRNet 在反卷积模块后增加了 4 个残差模块。反卷积层产生的不同尺寸的特征图被用于预测不同分辨率的热力图,共同作为多分辨率监督和热图聚合策略的输入。

HigherHRNet 在训练中引入的多分辨率监督策略,通过对真值的热力图进行不同尺度的降采样,生成具有不同分辨率的真值热力图。同时,使用具有相同标准差的高斯核对真值热力图进行高斯模糊,有利于网络在高分辨率特征图中更精确地定位关键点位置。HigherHRNet 计算每一个尺度的热力图预测值与真值的均方误差,将所有尺度上均方误差的和作为热力图损失函数的最终值。

同时 HigherHRNet 中使用双线性插值法聚合不同尺度的预测值,将具有不同分辨率的预测热力图上采样到输入图像的分辨率,再求所有预测热图的平均值并进行预测。由于人体关键点尺度差异较大,因此多分辨率的热力图聚合策略有利于捕获不同尺度的关键点,提高关键点检测的准确程度。

8.5 人体姿态识别 OpenPose

OpenPose 是美国卡内基梅隆大学开发的世界上首个基于深度学习的实时多人二维姿态估计应用开源库。在同一张图像中实现多人姿态检测主要有以下两个挑战:一是图像中的人数是无法确定的,并且同时出现在图像中的人的大小也可能完全不同;二是同时出现在图像中的人相互之间可能会存在接触、遮挡、切断等一系列干扰。从某种意义上,OpenPose 的前身是卷积姿态机,也可以将其看成多人版的 CPM 算法。

8.5.1 卷积姿态机 CPM

卷积姿态机模型[1]发布于 2016 年,是一个多阶段的网络,其采用级联的策略,在网络中同步传递图像特征图和各关键点响应图,通过关键点之间的空间约束,不断修正网络的关键点响应图。

如图 8-11 所示,网络在第一阶段主要是通过基本的卷积网络,从输入图像中直接预测每个关键部件的响应,构建出响应图。在后续的各个阶段中,也是从输入图像中预测各关键部件的响应,同时在卷积层中间部分采用了一个串联层把代表纹理特征的阶段性卷积结果、代表空间特征的上一阶段部件响应图以及高斯函数模板下的中心约束综合起来。在模型优化过程中,为了避免多层反向传播引起的梯度消失问题,CPM 采用中继监督,在每个阶段都计算损失,累加每个阶段的损失函数构成最后总的损失函数。

如图 8-12 所示,对于那些比较容易估计的身体关键部位,例如肩膀、颈部、头部等在第一阶段就能得到比较好的估计结果,但是对于肘关节这种变化复杂、估计相对比较难的关键点在网络模型的第一阶段得到的结果就不太准确。结合人体的实际结构来分析,希望网络能够借助比较容易估计的关键点来估计不容易估计的点。因此,要让网络的感受野(receptive fields)足够大,使网络能够在后续阶段学习到右肘应该出现在头部、颈部和右肩附近,从而判断出第一阶段的输出结果是有问题的,进而修正输出结果。因为考虑了第一阶

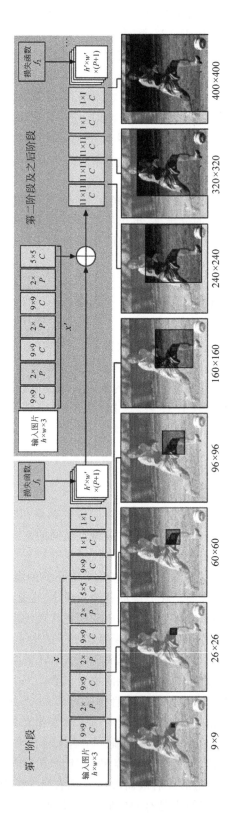

图 8-11　CPM 网络结构示意图[1]

段各关键点的预测结果,所以通过第二阶段的训练,能让神经网络自动修正第一阶段肘关节的错误结果。

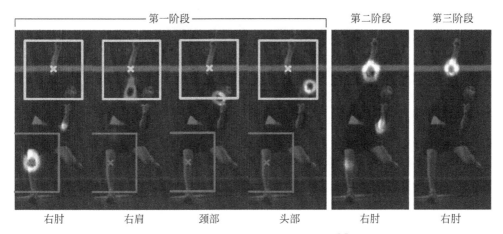

图 8-12 CPM 方法检测结果示意图[1]

在单人姿态估计的任务中,非常关键的一点就是如何让网络学习到关节和关节之间的关系。在深度学习广泛使用之前,很多方法都是通过图模型来实现的;而 CPM 尝试利用更大的感受野使网络自动地学习到关节之间的关系,并通过级联的方式应用关节之间的关系修正前一阶段输出结果中的一些错误。CPM 对单人姿态估计任务的理解与处理方式,被人体关键点检测领域的研究者广为接受并应用在后续研究中。

8.5.2 OpenPose 架构

OpenPose 对输入图像生成一个关键点热力图(Part Confidence Maps,PCM)和一个部件亲和场(Part Affinity Fields,PAF)。PCM 就是图像像素的关节部件响应图,用来预测人体关键点的位置,离关键点越近响应值越大;PAF 是关键点之间的关联向量场,用二维向量来编码人体骨架的位置和方向。在 PCM 和 PAF 之间使用二分图最大权匹配算法实现关键点的两两匹配,最终将它们组合成图像中所有人的全身姿势,具体流程如图 8-13 所示。

图 8-13 OpenPose 流程图[4]

OpenPose 的网络结构如图 8-14 所示,使用了一个双支路多阶段的卷积神经网络,旨在快速将检测到的关键点与不同人物个体之间建立联系,让网络学习到身体各部分之间的关联性,并利用全局纹理信息,借助网络中的两个不同支路来学习到人体部位之间的位置和关联性。

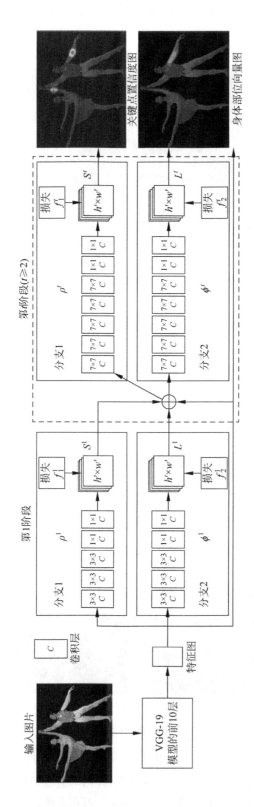

图 8-14 OpenPose 网络结构图[4]

图 8-14 中上面的分支主要用于预测人体关键点的置信度图；下面的分支用于预测 PAFs,组成身体部位的向量图。$S=(S_1,\cdots,S_j,\cdots,S_J)$ 表示置信度集合,其中 J 对应的是要检测的关键点总数;$L=(L_1,\cdots,L_c,\cdots,L_C)$ 表示身体部位向量图集合,其中 C 表示的是要检测的关节对数。另外,阶段 1 的输入为特征图 F,特征图经过上下两个分支处理后得到 S^1,L^1,然后将其输入阶段 2 的网络中,以此类推。对于阶段 t,其输入由三部分组成,分别是 S^{t-1},L^{t-1} 和 F。

$$S^t = \rho^t\left(F, S^{t-1}, L^{t-1}\right), \forall\, t \geqslant 2 \tag{8-5}$$

$$L^t = \phi^t\left(F, S^{t-1}, L^{t-1}\right), \forall\, t \geqslant 2 \tag{8-6}$$

每一个部位都会对应一张关键点置信度图,表示该部位在图像上的位置。网络还会产生身体部位向量图,表示的是对一段肢体方向的检测效果。

整个网络的训练基本上还是采用 L2 损失函数进行,针对上下两个支路,其损失函数如下:

$$f_S^t = \sum_{j=1}^{J} \sum_{p} W(p) \parallel S_j^t(p) - S_j^*(p) \parallel_2^2 \tag{8-7}$$

$$f_L^t = \sum_{c=1}^{C} \sum_{p} W(p) \parallel L_j^t(p) - L_j^*(p) \parallel_2^2 \tag{8-8}$$

其中,$S_j^*(p)$ 和 $L_j^*(p)$ 分别表示置信度图和向量图的真实值。总的优化函数如下:

$$f = \sum_{t=1}^{} T(f_S^t + f_L^t) \tag{8-9}$$

其中的置信度图真实值的生成过程与先前的方法类似,即使用二维高斯分布建模,得到具体某一关键点的置信度图,而向量图的真实值则主要通过 PAF 建模来实现。对于人体区域内的每一个像素,都使用一个二维向量来表示关键点对之间的连接方向和像素坐标,从而生成如图 8-15 所示的向量图。

在得到置信度图和向量图之后,就可以根据这些信息对关键点进行拼接,从而得到完整的人体关键点检测结果。

由于 OpenPose 模型其实并不知道图中的总人数,同时图像中也会存在变形、遮挡等问题,因此 OpenPose 模型借助贪心算法的思想来进一步生成全局较优的搭配方式。首先获取不同关键点的置信

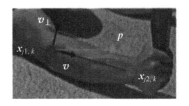

图 8-15 向量图生成示意图[4]

图(某个关键点的点集),再计算不同点集之间的匹配关系(相关性),之后将关键点作为图的点集顶点,将关键点之间的相关性作为图的边,把多人骨架间的匹配问题转化为一个二分图匹配问题,使用匈牙利算法求得同一人体的关键点的最优匹配。

8.6 飞桨实现人体关键点检测案例

本节基于飞桨实现一种人体姿态关键点检测的简单有效基线网络(simplepose),该网络针对已有方法的网络结构较为复杂的问题,在 ResNet 骨干网络的基础上,采用三层反卷积层直接生成热力图,从而实现人体姿态关键点的检测。该基线网络结构如图 8-16 所示。

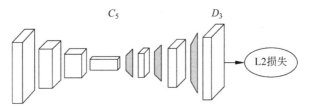

图 8-16   一种简单有效的基线网络[11]

8.6.1   环境准备

搭建本案例所需 PaddlePaddle 深度学习环境参见 4.3.1 节,其中需要注意的是,本案例所需的基本环境与其他环境配置如下。

(1) 准备 Python 3.6 或更高版本的环境。

(2) 安装 COCO API,如下所示:

```
git clone https://github.com/cocodataset/cocoapi.git
cd cocoapi/PythonAPI && python setup.py install
```

8.6.2   数据集准备

本案例使用的 COCO 数据集是由微软公司制作和发布的,可用于检测、分割、定位跟踪等,官网为 https://cocodataset.org/♯home。COCO2017 中包含约 25GB 的图像和600MB 的标签文件,包含 12 种粗类别的分类标签和 80 种细粒度类别的分类标签。适用于人体关键点检测的 COCO 数据集可以从以下链接直接下载:https://aistudio.baidu.com/aistudio/datasetdetail/7122。若读者需要训练自己的数据集,可以将自己的数据集转化为COCO 数据集的格式。

下载好数据集之后进行解压:

```
mkdir coco
unzip -o train2017.zip -d coco/images/
unzip -o val2017.zip -d coco/images/
unzip -o annotations_trainval2017.zip -d /coco/
```

将得到如下所示的数据集文件结构:

```
|-- coco
    |-- annotations
        |-- person_keypoints_train2017.json
        |-- person_keypoints_val2017.json
    |-- images
        |-- train2017
        |-- val2017
        |-- test2017
```

8.6.3 模块导入

导入所有需要的库:

```
import numpy as np
import matplotlib.pyplot as plt
import pandas as pd
import os
import argparse

import paddle
from paddle.io import Dataset
from paddle.vision.transforms import transforms
from paddle.vision.models import resnet18
from paddle.nn import functional as F
print(paddle.__version__)
# 选择 CPU/GPU 环境
# device = paddle.set_device('cpu')
device = paddle.set_device('gpu')

from pycocotools.coco import COCO
import pdb
import random
import cv2

from transforms import fliplr_joints
from transforms import get_affine_transform
from transforms import affine_transform
```

其中,transforms.py 包含了人体姿态关键点检测必需的一些变换,如翻转坐标(fliplr_joints)、仿射变换(affine_transform)等,具体代码可见 PaddlePaddle 提供的代码库: https://github.com/PaddlePaddle/models/blob/develop/PaddleCV/human_pose_estimation/utils/transforms.py。

8.6.4 数据集定义

PaddlePaddle 通过数据集定义(Dataset)+读取器加载(Dataloader)的方式进行数据集的加载,其核心是对数据集的定义,即实现一个新的 Dataset 类,具体过程如下:

(1) 继承父类 paddle.io.Dataset;

(2) 重写初始化函数 __init__();

(3) 重写数据获取函数 __getitem__();

(4) 重写数据集大小获取函数 __len__()。

首先在初始化函数 __init__()中定义关键点、切片大小、热力图大小、数据路径、标签路径等。

```
class config:
    # 17 个关键点
    NUM_JOINTS = 17
        # 左右对称的关键点序号
        FLIP_PAIRS = [[1, 2], [3, 4], [5, 6], [7, 8], [9, 10], [11, 12], [13, 14], [15, 16]]
        SCALE_FACTOR = 0.3
        ROT_FACTOR = 40
        FLIP = True
        SIGMA = 3
        # 裁剪切片大小
        IMAGE_SIZE = [288, 384]
        # 热力图大小
        HEATMAP_SIZE = [72, 96]
        ASPECT_RATIO = IMAGE_SIZE[0] * 1.0 / IMAGE_SIZE[1]
        MEAN = [0.485, 0.456, 0.406]
        STD = [0.229, 0.224, 0.225]
        PIXEL_STD = 200


class COCOPose(Dataset):
    def __init__(self, data_dir, mode = 'train', val_split = 0.1, shuffle = False, debug = False):
        self.cfg = config
        self.cfg.DATAROOT = data_dir
        self.cfg.DEBUG = debug

        self.mode = mode
        # 划分训练集和验证集
        if self.mode in ['train', 'val']:
            file_name = os.path.join(data_dir, 'annotations', 'person_keypoints_' + self.
mode + '2017.json')
        else:
            raise ValueError("The dataset '{}' is not supported".format(self.mode))
        # 用 cocotools 提供的 API 读取标注的 json 文件
        coco = COCO(file_name)

        # 处理类名
        cats = [cat['name']
                    for cat in coco.loadCats(coco.getCatIds())]
        classes = ['__background__'] + cats
        print('=> classes: {}'.format(classes))
        num_classes = len(classes)
        _class_to_ind = dict(zip(classes, range(num_classes)))
        _class_to_coco_ind = dict(zip(cats, coco.getCatIds()))
        _coco_ind_to_class_ind = dict([(_class_to_coco_ind[cls],
                                        _class_to_ind[cls])
                                       for cls in classes[1:]])
        # 加载图像文件名
        image_set_index = coco.getImgIds()

        data_len = len(image_set_index)

        if shuffle:
```

```
            random_seed = 34
            random.seed(random_seed)
            random.shuffle(image_set_index)
        num_images = len(image_set_index)
        print('=> num_images: {}'.format(num_images))

        gt_db = self._load_coco_keypoint_annotation(
            image_set_index, coco, _coco_ind_to_class_ind)
        self.gt_db = self._select_data(gt_db)
```

重写数据获取函数__getitem__(),定义随机裁剪等数据增广和预处理函数,令其返回指定索引的原图及其对应的热力图等。

```
# 随机裁剪
def random_crop(s, r):
    return s * np.clip(np.random.randn() * sf + 1, 1 - sf, 1 + sf), np.clip(np.random.
randn() * rf, - rf * 2, rf * 2)
# 随机翻转
def random_flip(data_numpy, joints, joints_vis, FLIP_PAIRS, c):
if random.random() <= 0.5:
    data_numpy = data_numpy[:, :: - 1, :]
    joints, joints_vis = fliplr_joints(joints, joints_vis, data_numpy.shape[1], FLIP_PAIRS)
    c[0] = data_numpy.shape[1] - c[0] - 1
    renturn data_numpy, c
return data_numpy, c
# 每次迭代时返回数据和对应的标签
def __getitem__(self, idx):
    sample = self.gt_db[idx]
    image_file = sample['image']
    filename = sample['filename'] if 'filename' in sample else ''
    joints = sample['joints_3d']
    joints_vis = sample['joints_3d_vis']
    c = sample['center']
    s = sample['scale']
    score = sample['score'] if 'score' in sample else 1
    r = 0


# 读取图像
data_numpy = cv2.imread(
    image_file, cv2.IMREAD_COLOR | cv2.IMREAD_IGNORE_ORIENTATION)
# 数据增广
if self.mode == 'train':
    scale, rot = random_crop(self.cfg.SCALE_FACTOR, self.cfg.ROT_FACTOR)
    if self.cfg.FLIP :
        data_numpy, c = random_flip (data_numpy, joints, joints_vis, self.cfg.FLIP_PAIRS, c)
trans = get_affine_transform(c, s, r, self.cfg.IMAGE_SIZE)
input_img = cv2.warpAffine(data_numpy, trans, (int(self.cfg.IMAGE_SIZE[0]), int(self.cfg.
IMAGE_SIZE[1])), flags = cv2.INTER_LINEAR)


for i in range(self.cfg.NUM_JOINTS):
    if joints_vis[i, 0] > 0.0:
```

```
        joints[i, 0:2] = affine_transform(joints[i, 0:2], trans)

# 生成多通道热力图
target, target_weight = self.generate_target(joints, joints_vis)

# 可视化原始图像、关键点、热力图
        if self.cfg.DEBUG:
            self.visualize(filename, data_numpy, input_img.copy(), joints, target)
        # 归一化(减均值、除方差)
        input_img = input_img.astype('float32').transpose((2, 0, 1)) / 255
        input_img -= np.array(self.cfg.MEAN).reshape((3, 1, 1))
        input_img /= np.array(self.cfg.STD).reshape((3, 1, 1))

        if self.mode == 'train' or self.mode == 'val':
            return input_img, target, target_weight
        else:
            return input_img, target, target_weight, c, s, score, image_file
```

重写数据集大小获取函数__len__(),令其返回数据集中图像的总数目。

```
# 返回整个数据集的总数
def __len__(self):
    return len(self.gt_db)
```

准备好数据集后,测试数据集是否符合预期。在 COCOPose 中预留了用于数据可视化的接口,只需要在数据集定义中加入 flagdebug＝True,迭代数据集的时候会将图像和热力图打印出来。

```
debug_data = COCOPose('data/data9663/coco', mode = 'train', shuffle = True, debug = True)
img, heatmaps, heatmaps_weight = debug_data[0]
```

输出示例图像及其热力图分别如图 8-17、图 8-18 所示。

图 8-17　COCOPose 示例图像

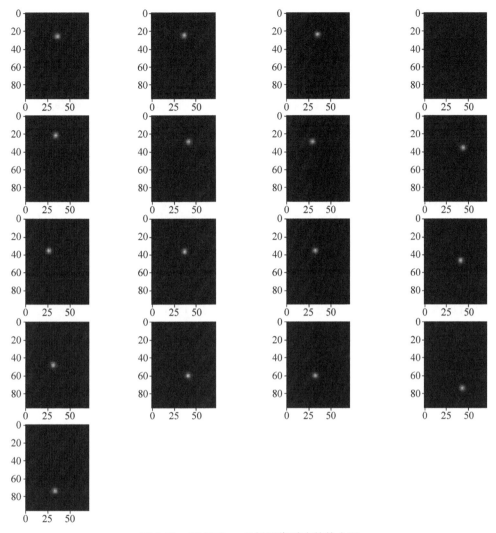

图 8-18 COCOPose 示例图像对应的热力图

8.6.5 模型构建

该基线网络模型主要由 ResNet 骨干网络与三层反卷积组成。本案例直接利用 PaddlePaddle 提供的预定义 paddle.vision.models.resnet 来构建该网络,具体过程如下:

(1)继承父类 paddle.nn.Layer;

(2)重写模型构建函数__init__();

(3)重写模型前向传播函数 forward()。

首先是骨干网络的构建,直接采用 PaddlePaddle 预定义的 ResNet。

```
class PoseNet(paddle.nn.Layer):
    def __init__(self, layers = 101, kps_num = 16, pretrained = False, test_mode = False):
        super(PoseNet, self).__init__()
```

```python
        self.k = kps_num
        self.layers = layers
        self.pretrained = pretrained
        self.test_mode = test_mode
        supported_layers = [50, 101, 152]
        assert layers in supported_layers, \
            "supported layers are {} but input layer is {}".format(supported_layers, layers)

        if layers == 50:
                from paddle.vision.models.resnet import resnet50 as resnet
        elif layers == 101:
            from paddle.vision.models.resnet import resnet101 as resnet
        elif layers == 152:
            from paddle.vision.models.resnet import resnet152 as resnet
        backbone = resnet(pretrained)

        # backbone 模型是去掉最末为池化和全连接层的 ResNet 模型
        self.backbone = paddle.nn.Sequential( * (list(backbone.children())[: - 2]))
```

然后加入热力图生成网络,包括三层反卷积和一层 1×1 卷积网络。

```python
        # 加入生成热力图部分网络,包含 3 层反卷积和 1 层 1 * 1 卷积网络
        BN_MOMENTUM = 0.9
        self.upLayers = paddle.nn.Sequential(
            paddle.nn.Conv2DTranspose(
                in_channels = 2048,
                out_channels = 256,
                kernel_size = 4,
                padding = 1,
                stride = 2,
                weight_attr = paddle.ParamAttr(
                    initializer = paddle.nn.initializer.Normal(0., 0.001)),
                bias_attr = False),
            paddle.nn.BatchNorm2D(num_features = 256, momentum = BN_MOMENTUM),
            paddle.nn.ReLU(),

            paddle.nn.Conv2DTranspose(
                in_channels = 256,
                out_channels = 256,
                kernel_size = 4,
                padding = 1,
                stride = 2,
                weight_attr = paddle.ParamAttr(
                    initializer = paddle.nn.initializer.Normal(0., 0.001)),
                bias_attr = False),
            paddle.nn.BatchNorm2D(num_features = 256, momentum = BN_MOMENTUM),
            paddle.nn.ReLU(),

            paddle.nn.Conv2DTranspose(
                in_channels = 256,
                out_channels = 256,
```

```
            kernel_size = 4,
            padding = 1,
            stride = 2,
            weight_attr = paddle.ParamAttr(
                initializer = paddle.nn.initializer.Normal(0., 0.001)),
            bias_attr = False),
        paddle.nn.BatchNorm2D(num_features = 256, momentum = BN_MOMENTUM),
        paddle.nn.ReLU(),

        paddle.nn.Conv2D(
            in_channels = 256,
            out_channels = self.k,
            kernel_size = 1,
            stride = 1,
            padding = 0,
            # bias_attr = False,
            weight_attr = paddle.ParamAttr(
                initializer = paddle.nn.initializer.Normal(0., 0.001)))
    )
```

最后定义网络的前向传播过程，即输入依次通过骨干网络、热力图生成网络，得到热力图并输出。

```
def forward(self, input,):
    conv = self.backbone(input)
    out = self.upLayers(conv)
    return out
```

8.6.6 损失函数定义

该任务是一个回归任务，需要计算模型输出的热力图与真实热力图之间的均方误差，定义如下的损失函数。

```
class HMLoss(paddle.nn.Layer):
    def __init__(self, kps_num):
        super(HMLoss, self).__init__()
        self.k = kps_num

    def forward(self, heatmap, target, target_weight):
        _, c, h, w = heatmap.shape
        x = heatmap.reshape((-1, self.k, h * w))
        y = target.reshape((-1, self.k, h * w))
        w = target_weight.reshape((-1, self.k))

        x = x.split(num_or_sections = self.k, axis = 1)
        y = y.split(num_or_sections = self.k, axis = 1)
        w = w.split(num_or_sections = self.k, axis = 1)

        # 计算预测热力图的目标热力图的均方误差
```

```
_list = []
for idx in range(self.k):
    _tmp = paddle.scale(x = x[idx] - y[idx], scale = 1.)
    _tmp = _tmp * _tmp
    _tmp = paddle.mean(_tmp, axis = 2)
    _list.append(_tmp * w[idx])

_loss = paddle.concat(_list, axis = 0)
_loss = paddle.mean(_loss)
return 0.5 * _loss
```

8.6.7　模型训练

在开始训练之前,需要设置超参数。

```
batch_size = 128
num_epochs = 140
model_save_dir = "checkpoint"
pretrained = True # 使用 paddle2.0 提供的 ImageNet 预训练的 ResNet 模型
lr = 0.001
kp_dim = 17
```

初始化数据集与模型。

```
train_data = COCOPose('data/data7122/coco', mode = 'train', shuffle = True)
val_data = COCOPose('data/data7122/coco', mode = 'val')

net = PoseNet(layers = 50, kps_num = kp_dim, pretrained = pretrained, test_mode = False)

model = paddle.Model(net)
```

采用 PiecewiseDecay 学习率调整策略与 Adam 优化器。

```
num_train_img = train_data.__len__()
step = int(num_train_img / batch_size + 1)
bd = [0.6, 0.85]
bd = [int(num_epochs * e * step) for e in bd]

lr_drop_ratio = 0.1
base_lr = lr
lr = [base_lr * (lr_drop_ratio ** i) for i in range(len(bd) + 1)]
scheduler = paddle.optimizer.lr.PiecewiseDecay(boundaries = bd, values = lr, verbose = False)
optim = paddle.optimizer.Adam(learning_rate = scheduler, parameters = model.parameters())
```

在模型参数设置之后,开始对模型进行训练。

```
model.prepare(optimizer = optim, loss = HMLoss(kps_num = kp_dim))
model.fit(train_data, val_data, batch_size = batch_size, epochs = num_epochs, eval_freq = 1,
log_freq = 1, save_dir = model_save_dir, save_freq = 5, shuffle = True, num_workers = 0)
```

训练结束后保存模型。

```
model.save('checkpoint/test', training = True)          # 将模型保存为训练模式
model.save('inference_model', training = False)         # 将模型保存为测试模式
```

8.6.8　模型预测

首先定义一个简化的数据集用于读取测试图像。

```
class COCOPose_test(Dataset):
    def __init__(self, data_dir,):
        class config:
            # 裁剪切片大小
            IMAGE_SIZE = [288, 384]
            # 热力图大小
            ASPECT_RATIO = IMAGE_SIZE[0] * 1.0 / IMAGE_SIZE[1]
            MEAN = [0.485, 0.456, 0.406]
            STD = [0.229, 0.224, 0.225]

        self.cfg = config
        self.cfg.DATAROOT = data_dir

        self.file_list = os.listdir(data_dir)
    def __getitem__(self, idx):
        filename = self.file_list[idx]

        image_file = os.path.join(self.cfg.DATAROOT, filename)

        file_id = int(filename.split('.')[0])
        input = cv2.imread(
                image_file, cv2.IMREAD_COLOR | cv2.IMREAD_IGNORE_ORIENTATION)

        input = cv2.resize(input, (int(self.cfg.IMAGE_SIZE[0]), int(self.cfg.IMAGE_SIZE[1])))

        # Normalization
        input = input.astype('float32').transpose((2, 0, 1)) / 255
        input -= np.array(self.cfg.MEAN).reshape((3, 1, 1))
        input /= np.array(self.cfg.STD).reshape((3, 1, 1))

        return input, file_id
    def __len__(self):
        return len(self.file_list)
```

然后将待测试图像放入 test 目录下,并采用训练好的模型(＊.pdparams)进行预测。

```
test_data = COCOPose_test(data_dir = 'test')
net = PoseNet(layers = 50, kps_num = 17, pretrained = False, test_mode = False)
net_pd = paddle.load('＊.pdparams')                      # 选择训练好的模型参数
net.set_state_dict(net_pd)
model = paddle.Model(net)
model.prepare()
result = model.predict(test_data, batch_size = 1)
```

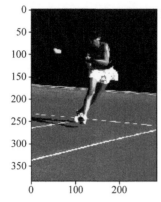

图 8-19 预测结果对应的原图

选择希望可视化的图像编号,可视化原图和对应关键点的热力图。

```
id = 2
image, img_id = test_data[id]
plt.imshow(cv2.cvtColor(image.transpose(1, 2, 0), cv2.
COLOR_BGR2RGB))
plt.figure(figsize = (15, 13))
for i in range(17):
    plt.subplot(5, 4, i + 1)
    plt.imshow(result[0][id][0][i])
```

预测结果的可视化原图和对应关键点的热力图分别如图 8-19、图 8-20 所示。

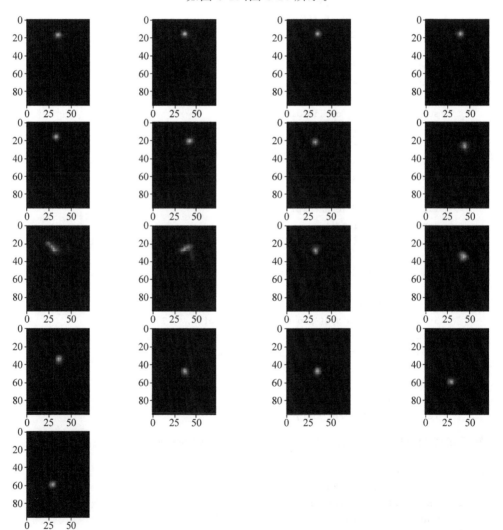

图 8-20 预测结果对应的关键点的热力图

8.7　本章小结

本章主要对人体关键点检测领域的一些常见方法做了简要的介绍。首先从传统方法出发，介绍了在 CNN 大规模使用之前人体关键点领域主流的模板匹配以及概率图方法；然后介绍了 CPM、Hourglass 以及 HRNet 三个经典的 CNN 人体关键点检测网络，以及基于它们改进而来的 OpenPose 和 HigherHRNet；最后给出了一个基于飞桨实现的人体关键点检测网络模型构建、训练及测试的案例，并对相关网络关键部分的代码进行了简单的分析。

参考文献

[1]　Wei S E，Ramakrishna V，Kanade T，et al. Convolutional pose machines[C]//Proceedings of the IEEE conference on computer vision and pattern recognition. 2016：4724-4732.

[2]　Newell A，Yang K，Deng J. Stacked hourglass networks for human pose estimation[C]//European conference on computer vision. Springer，Cham，2016：483-499.

[3]　Wang J，Sun K，Cheng T，et al. Deep high-resolution representation learning for visual recognition[J]. IEEE transactions on pattern analysis and machine intelligence，2020，43(10)：3349-3364.

[4]　Cao Z，Simon T，Wei S E，et al. Realtime multi-person 2d pose estimation using part affinity fields [C]//Proceedings of the IEEE conference on computer vision and pattern recognition. 2017：7291-7299.

[5]　Cheng B，Xiao B，Wang J，et al. Higherhrnet：Scale-aware representation learning for bottom-up human pose estimation[C]//Proceedings of the IEEE/CVF conference on computer vision and pattern recognition. 2020：5386-5395.

[6]　Güler R A，Neverova N，Kokkinos I. Densepose：Dense human pose estimation in the wild[C]// Proceedings of the IEEE conference on computer vision and pattern recognition. 2018：7297-7306.

[7]　Fischler M A，Elschlager R A. The representation and matching of pictorial structures[J]. IEEE transactions on computers，1973，100(1)：67-92.

[8]　Yang Y，Ramanan D. Articulated human detection with flexible mixtures of parts [J]. IEEE transactions on pattern analysis and machine intelligence，2012，35(12)：2878-2890.

[9]　Felzenszwalb P F，Huttenlocher D P. Pictorial structures for object recognition[J]. International journal of computer vision，2005，61(1)：55-79.

[10]　He K，Zhang X，Ren S，et al. Deep residual learning for image recognition[C]//Proceedings of the IEEE conference on computer vision and pattern recognition. 2016：770-778.

[11]　Xiao B，Wu H，Wei Y. Simple baselines for human pose estimation and tracking[C]//Proceedings of the European conference on computer vision (ECCV). 2018：466-481.

第9章

图像生成算法原理与实战

图像生成是机器学习领域中一类重要的任务。不同于图像分类、目标检测、分割等判别任务，它需要从给定的输入图像中获取更丰富的信息，得到一个输出图像与输入图像"相似"的模型。

9.1 图像生成任务的基本介绍

从统计学角度来看，如果将输入图像定义为随机变量 X，它将服从于一个未知的真实分布 $P_{data}(X)$。而生成模型则会根据部分可观测的图像 $X^{(1)}$，$X^{(2)}$，$\cdots$，$X^{(n)}$，对真实分布进行建模，即学习到一个具有参数 θ 的模型 $P_g(X;\theta)$，该模型可以用于近似未知分布 $P_{data}(X)$。当两个分布的"距离"被拉近时，生成样本与真实样本也会变得相似。

9.1.1 图像生成应用与发展

图像生成应用广泛，可以用于建模生成不同类型的图像，例如手写数字、自然场景、人脸图像等。图 9-1 展示了一个图像生成任务的实例，它根据真实人脸，学习生成了与其相似的人脸图像。

真实人脸　　　　　　生成人脸

图 9-1　人脸图像的生成任务

图像来源于 CelebA 数据集。

由于通过生成模型直接对高维空间中的分布 $P_{\text{data}}(X)$ 建模较困难,对模型要求很高,因此早期生成模型的效果不好。随着深度学习的兴起,生成模型通过和深度神经网络结合,利用深度学习模型实现了对复杂数据分布的参数化建模、求解,获得了更"真实"的数据生成。目前常见的用于图像生成任务的深度生成模型主要为变分自编码器(Variational Auto-Encoders,VAE)[1]和生成对抗网络(Generative Adversarial Network,GAN)[2]两类,本章主要介绍基于 GAN 的图像生成方法。

生成对抗网络是 2014 年由 Goodfellow 等人提出的一种全新的基于对抗的生成模型[2]。它包含生成器和判别器两部分,生成器用于生成与真实数据相近的分布,将输入的随机噪声映射到与真实数据集相似的数据;判别器则对输入的数据进行真实数据、生成数据判别,判断输入的数据究竟来自真实数据集还是生成的伪造数据集。模型经过训练与优化,使生成器的生成能力逐步增强,可以更加充分地学习到真实数据集数据的分布情况。越优秀的生成器越能够生成逼真的数据来骗过判别器,使判别器产生错误的判断。同时,判别器经过训练与优化,也可以不断提高自身判断数据真假的能力,越优秀的判别器越能够准确判断出数据的真假[3]。生成器的训练和判别器的训练可以看作相互对抗的两个过程。生成对抗网络的流程图如图 9-2 所示。

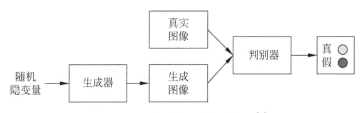

图 9-2　生成对抗网络的流程图[2]

从数学角度分析,假设生成器为一个映射函数 G,判别器为另一个映射函数 D。生成网络 G 接收一个随机的噪声 z,尽可能地生成近似样本的图像,记为 $G(z)$。判别网络 D 接收一张图像 X,判别该图像是真实样本还是网络生成的假样本,判别网络的输出 $D(X)$ 代表 X 为真实图像的概率。若 $D(X)=1$,则说明判别网络认为该输入一定是真实图像;若 $D(X)=0$,则说明判别网络认为该输入一定是假图像。

在训练的过程中,两个网络互相对抗,最终形成了一个动态的平衡,这个最小最大博弈过程描述如下:

$$G^* = \arg \min_G \max_D V(G,D) \tag{9-1}$$

在给定 G 的条件下,D 的目标可视为最大化式(9-2),即衡量分布 p_g 和 p_{data} 的差异。因此,式(9-1)也就是寻找使得分布差异最小的 G。

$$
\begin{aligned}
V(G,D) &= E_{x \sim p_{\text{data}}(x)}\left[\log D(x)\right] + E_{z \sim p_z(z)}\left[\log(1-D(G(Z)))\right] \\
&= \int_x p_{\text{data}}(x)\log(D(x))\mathrm{d}x + \int_z p_z(z)\log(1-D(G(z)))\mathrm{d}z \\
&= \int_x \left[p_{\text{data}}(x)\log(D(x)) + p_g(x)\log(1-D(x))\right]\mathrm{d}x
\end{aligned}
\tag{9-2}
$$

D 的训练目标可以解释为最大化对数似然来估计条件概率 $P(Y=y \mid X)$,其中 Y 表示 X 来自 P_{data}(此时 $y=1$)或 P_g(此时 $y=0$)。因此判别网络 D 实际上是一个二分类分类

器。最理想的情况下,判别器满足如下关系:

$$\frac{\partial\left[p_{\text{data}}(x)\log D^{*} + p_{g}(x)\log(1 - D^{*})\right]}{\partial D^{*}} = 0$$

$$D^{*}(x) = \frac{p_{\text{data}}(x)}{p_{\text{data}}(x) + p_{g}(x)}$$

(9-3)

此时最小最大博弈过程可表示为

$$C(G) = E_{x \sim p_{\text{data}}}\left[\log D^{*}(x)\right] + E_{x \sim p_{g}}\left[\log(1 - D^{*}(x))\right]$$

$$= E_{x \sim p_{\text{data}}}\left[\log\frac{p_{\text{data}}(x)}{p_{\text{data}}(x) + p_{g}(x)}\right] + E_{x \sim p_{g}}\left[\log\frac{p_{g}(x)}{p_{\text{data}}(x) + p_{g}(x)})\right]$$

$$= \text{K-L}\left(p_{\text{data}}(x) \parallel \frac{p_{\text{data}}(x) + p_{g}(x)}{2}\right) + \text{K-L}\left(p_{g}(x) \parallel \frac{p_{\text{data}}(x) + p_{g}(x)}{2}\right) - 2\log2$$

$$= 2\text{J-S}(p_{\text{data}}(x) \parallel p_{g}(x)) - 2\log2$$

(9-4)

其中 K-L(·)表示 K-L 散度,J-S(·)表示 J-S 散度,它的取值范围非负,当两个分布相同时取得最小值 0。因此当且仅当 $p_{\text{data}} = p_{g}$ 时,模型收敛到全局最优,此时 G 可以生成与真实样本极其相似的图像 $G(z)$,而 D 很难判断这张生成的图像是否为真,只能对图像的真假进行随机猜测,即 $D(G(z)) = 0.5$。

图 9-3 展示了生成对抗网络的训练过程,假设在训练开始时,真实样本分布、生成样本分布以及判别器分别是图中的虚线、细实线和粗实线。在训练的开始阶段,判别器无法很好地区分真实样本和生成样本。首先,当固定生成器、优化判别器时,优化结果如图 9-3(b)所示,判别器已经可以较好地区分生成数据和真实数据了。接下来,固定判别器,改进生成器,以期让判别器无法区分生成图像与真实图像。在优化生成器的过程中,由模型生成的图像分布与真实图像分布越来越接近,经过不断迭代直到最终收敛至生成分布和真实分布重合,从而判别器无法区分生成图像与真实图像。

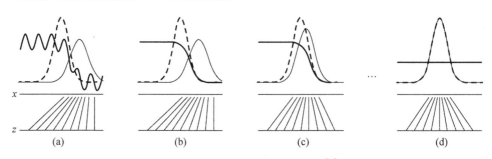

图 9-3　生成对抗网络的训练过程[2]

在训练期间 D 必须与 G 很好地同步,需要在每次迭代时,判别器的判别能力略强于生成器的生成能力,但不能强太多。

图 9-4 是上述流程的具体算法实现,其中超参数 k 用于平衡判别网络与生成网络的训练,每次迭代判别网络更新 k 次,生成网络更新 1 次。

算法 生成对抗网络的小批量随机梯度下降训练。判别器的迭代更新次数 k 是一个超参数。实验中使用了 $k=1$。

FOR 训练迭代次数 **DO**

 FOR k 步 **DO**

  从噪声先验 $p_g(z)$ 中采样 m 个噪声样本 $z^{(1)}, \cdots, z^{(m)}$。

  从数据生成分布 $p_{\text{data}}(x)$ 中采样 m 个数据样本 $x^{(1)}, \cdots, x^{(m)}$。

  通过提升判别器 D 的随机梯度来更新它：

$$\nabla_{\theta_d} \frac{1}{m} \sum_{i=1}^{m} \big[\log(D(x^{(i)})) + \log(1 - D(G(z^{(i)}))) \big]$$

 END FOR

 从噪声先验 $p_g(z)$ 中采样 m 个噪声样本 $z^{(1)}, \cdots, z^{(m)}$。

 通过提升生成器 G 的随机梯度来更新它：

$$\nabla_{\theta_g} \frac{1}{m} \sum_{i=1}^{m} \log(1 - D(G(z^{(i)})))$$

 END FOR

梯度更新时，可以使用任意的基于梯度的学习规则。实验中使用了动量更新方法。

图 9-4 生成对抗网络训练的具体算法实现[2]

尽管上述算法原理体现了生成对抗网络的优点：不需要使用马尔可夫模型，只需要使用反向传播进行梯度下降。但是实际过程中，模型很难收敛到上述最优情况。和单目标的优化任务相比，生成器 G 与判别器 D 的优化目标相反，因此生成对抗网络存在训练不稳定、不易收敛、模型易坍塌和生成样本多样性差等问题。但仍有大量工作致力于研究 GAN 的收敛理论，并尝试提高图像的生成质量。例如 Arjovsky 等人提出了 WGAN[4]，通过引入最优传输理论中的 Wasserstein 距离代替 J-S 散度，更准确地衡量了分布距离，对原始 GAN 只进行微小改动，有效地改善了训练进程。然而，WGAN 同时引入了较难施加的 Lipschitz 约束，它需要判别器 D 满足：

$$D(x) - D(y) \leqslant k \| x - y \| \tag{9-5}$$

为了施加该约束，WGAN-GP[5]、WGAN-div[6]、SNGAN[7] 等方法被提出，并取得了比 WGAN 更优的表现。

除理论研究外，通过模型的设计来提高 GAN 的性能也是常见的策略。一个经典的模型是深度卷积生成对抗网络（Deep Convolutional Generative Adversarial Network，DCGAN）[8]。为了提高生成样本的质量和网络的收敛速度，它将深层卷积网络与 GAN 结合，用两个卷积网络（CNN）代替了生成网络和判别网络，其结构如图 9-5 所示。在 DCGAN 中，判别网络使用了带步长的卷积代替池化的下采样步骤，同时加入 BatchNorm 层进行批归一化，激活函数除最后一层的 Sigmoid 外，其他层均使用了 LeakyReLU 函数；生成网络则使用了微步卷积来生成 64 像素×64 像素大小的图像，同样加入了 BatchNorm，激活函数除最后一层的 Tanh 外，其余层均采用了 ReLU 函数。

在提高原始生成对抗网络生成能力的同时，部分工作也尝试了对可控的图像生成的研究：Mirza 等人通过给生成对抗网络添加约束，实现了条件生成对抗网络（Conditional Generative Adversarial Nets，CGAN）。在判别器 D 和生成器 G 的建模中均引入条件变量 y，指导数据的生成过程。这些条件变量 y 可以基于多种信息，例如类别标签等。当在网络中引入类别标签时，可以视为把无监督的 GAN 变为有监督模型。此时，对于生成器，除了

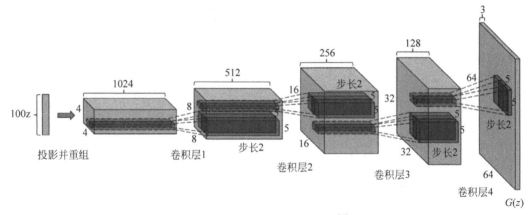

图 9-5　DCGAN 中的生成网络[8]

生成逼真的图像外,还可以生成特定类别的图像;对于判别器,除了具备判断图像真假的能力,还具备一定的类别推理能力。例如,图 9-6 是 CGAN 在手写数字数据集 MNIST 上的生成结果,其中不同行表示输入不同的条件 y(y 取值范围为 0～9),不同列表示采样不同的噪声 z。可以看到 CGAN 具有输出对应类别数字的能力,且生成图像具有一定的多样性。

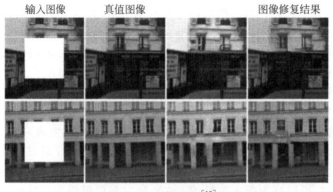

图 9-6　生成的 MNIST 手写数字[9]

　　受到 CGAN 思想的启发,一系列模型通过修改条件 y,将 GAN 的应用从不可控的数据扩充,发展至更丰富的任务,例如 Pix2Pix[10]、CycleGAN[11]、StarGAN[12] 等。如图 9-7～图 9-14 所示,基于现今的图像生成模型,可以实现图像修复、图像上色、图像转换、图像增强、图像编辑、图像风格迁移等,在图像领域具有较广泛的应用[10-17]。

图 9-7　图像修复[10]

图 9-8　素描画到肖像画[10]

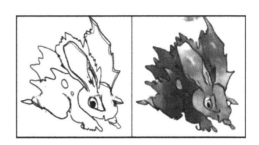

图 9-9　图像上色[10]

图 9-10　地图与遥感图像的相互转换[11]

图 9-11　冬夏转换[11]

图 9-12　苹果与橘子的相互转换[11]

图 9-13　图像增强[11]

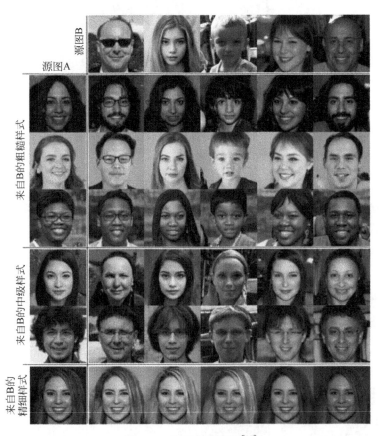

图 9-14　人脸样式混合[16]

9.1.2　图像生成的评价指标

对于有监督的判别任务来说,模型需要经过训练集训练以及验证集验证的过程。最终收敛的模型则会在测试集上进行测试,然后利用一个可以量化的指标来评价模型的性能,例如分类模型中的分类准确率、图像分割模型中的平均交并比等。同样地，为了量化生成模型的性能，在图像生成任务上也需要有评价指标，这个评价指标应满足以下几个关键点。

（1）能够评价模型样本的生成质量：能够生成更具真实性样本的模型应当获得更好的分数。

（2）能够评价模型的样本多样性问题：能够生成更具多样性样本的模型应当获得更好的分数。

（3）指标有界性：评价指标的数值最好具有明确的上下界。

（4）指标一致性：评价指标的评测应当与人类感知一致。

基于以上几点要求，常用的两种图像生成任务的评价指标为 IS(Inception Score)[13] 和 FID(Fréchet Inception Distance)[14]。

IS 预训练一个用于分类的 Inception 模型，例如 Inception Net-V3，通过分类效果对图像生成效果进行量化。具体而言，IS 将图像输入 Inception 分类模型中，输出一个 1000 维（类别数为 1000）的向量 $\boldsymbol{y}$，每个向量元素表示输入图像分别属于对应类别 i 的概率 $p(\boldsymbol{y}_i|\boldsymbol{x})$。假定 Inception 模型预训练得充分好，那么生成质量高的假图像将很容易被划分到某个类别，即 $\boldsymbol{y}$ 的数值较为集中，如 $[0.01, 0.02, \cdots, 0.9, 0]$。上述过程可以用式（9-6）的熵来进行量化。

$$H(\boldsymbol{y} \mid \boldsymbol{x}) = -\sum_{i=1} p(\boldsymbol{y}_i \mid \boldsymbol{x})\log[p(\boldsymbol{y}_i \mid \boldsymbol{x})] \tag{9-6}$$

因此，对于单一图像，其质量较低时，分类器无法准确判断其类别，熵 $H(\boldsymbol{y}|\boldsymbol{x})$ 应比较大，而质量越高的图像，熵 $H(\boldsymbol{y}|\boldsymbol{x})$ 应当越小。当 $p(\boldsymbol{y}|\boldsymbol{x})$ 是一个 one-hot 分布时，熵 $H(\boldsymbol{y}|\boldsymbol{x})$ 达到最小值 0。

此外，IS 考虑了样本的多样性问题。若生成图像的多样性比较好，则对于全部图像，标签向量的类别分布也应该是比较均匀的。也就是说，生成器生成各类图像的概率基本上相同，而不会偏好生成某一类或某些类图像。因此，将全部图像的标签向量 $\boldsymbol{y}$ 取均值后，应该趋向于一个均匀分布，这个分布可表示为

$$\frac{1}{N}\sum_{i=1}^{N} p(\boldsymbol{y} \mid \boldsymbol{x}^{(i)}) \approx E_x[p(\boldsymbol{y} \mid \boldsymbol{x})] = p(\boldsymbol{y}) \tag{9-7}$$

同样地，可以利用熵 $H(\boldsymbol{y})$ 来定量描述生成图像的多样性，生成样本的多样性越好，则熵 $H(\boldsymbol{y})$ 越大。

综合考虑图像质量和多样性两个指标，就得到了样本和标签的互信息形式，因此可以将其设计为生成模型的评价指标：

$$I(\boldsymbol{x};\boldsymbol{y}) = H(\boldsymbol{y}) - H(\boldsymbol{y} \mid \boldsymbol{x}) = E_x[\text{K-L}(p(\boldsymbol{y} \mid \boldsymbol{x}) \parallel p(\boldsymbol{y}))] \tag{9-8}$$

其中，K-L 散度用于衡量两个分布的差异，K-L 散度越大则表示两个分布的差异越大。为了便于计算，添加指数项，最终的 IS 可以定义为

$$\exp(E_x[\text{K-L}(p(\boldsymbol{y} \mid \boldsymbol{x}) \parallel p(\boldsymbol{y}))]) \tag{9-9}$$

实际计算 IS 时，可以按式（9-10）进行计算：

$$\exp\left(\frac{1}{N}\sum_{i=1}^{N}\text{K-L}(p(\boldsymbol{y} \mid \boldsymbol{x}^{(i)}) \parallel \hat{p}(\boldsymbol{y}))\right)$$

$$\hat{p}(\boldsymbol{y}) = \frac{1}{N}\sum_{i} p(\boldsymbol{y}^{(i)})$$

$$K\text{-}L(p(\boldsymbol{y}\mid\boldsymbol{x}^{(i)})\parallel\hat{p}(\boldsymbol{y}))=\sum_j p(\boldsymbol{y}_j\mid\boldsymbol{x}^{(i)})\log\frac{p(\boldsymbol{y}_j\mid\boldsymbol{x}^{(i)})}{\hat{p}(\boldsymbol{y}_j)} \tag{9-10}$$

　　FID 于 2017 年由 Heusel 等人提出,虽然和 IS 相似地借助了分类模型,但 FID 同时向分类器(Inception Net-V3 等)中输入了生成图像与真实图像,且并未直接抽取最后一层的分类向量,而是抽取了中间层的特征编码。FID 假定这些特征符合多元高斯分布,据此估计了生成样本高斯分布与真实样本高斯分布的均值和方差,通过计算两个高斯分布的 Fréchet 距离得到了 FID:

$$\parallel\mu_{\text{data}}-\mu_g\parallel+\text{tr}(\Sigma_{\text{data}}+\Sigma_g-2(\Sigma_{\text{data}}\Sigma_g)^{\frac{1}{2}}) \tag{9-11}$$

其中,FID 的数值越小,两个高斯分布则越相近,说明生成模型的性能越好。实际应用时,FID 对噪声具有较好的鲁棒性,对生成图像的质量评价与人类的视觉判断较为一致。同时,FID 的计算复杂度不高,便于计算。

9.2　基于图像生成的图像转换：Pix2Pix

　　图像转换其实就是从一张输入图像到输出图像之间的映射过程,是图像生成网络一个重要的应用方向。其中,Pix2Pix[10] 是一种基于 CGAN 网络实现的图像转换方法,利用图像对进行图像转换,即模型采用的训练集为同一图像的两种不同风格。如 9.1.1 节中介绍的一样,CGAN 的生成网络不仅会输入噪声,同时还会输入一个条件 y 作为监督信息。因此,Pix2Pix 将生成器的输入图像作为条件,即把一种风格的图像作为监督信息输入生成网络中,训练学习从输入图像到输出图像之间的风格映射,同时拉近生成图像分布与真实分布的距离,从而实现了从某一风格的输入图像到另一指定风格的输出图像的图像转换过程,因此 Pix2Pix 可用于进行风格迁移。

　　与 CGAN 不同的是,Pix2Pix 并未输入噪声来控制生成不同的样本,而是在生成网络中添加 dropout 层提供多样性的图像生成,然而实际上,即使添加了 dropout 层,最终的结果也相差不大,并未呈现出随机性。

　　Pix2Pix 的整体网络结构如图 9-15 所示,生成器的输入为一种风格的图像(例如手稿图),输出为另一种风格的图像(例如照片);判别器的输入为两种风格的图像,输出为在手稿图的条件下,照片来自真实图像的概率。

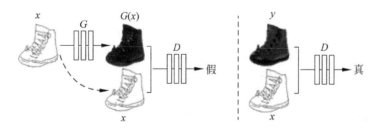

图 9-15　Pix2Pix 的网络结构[10]

　　Pix2Pix 的生成器结构如图 9-16 所示,采用 U-Net 结构。由于输入和输出图像虽然表面上不同,而内在结构应该相似,因此对生成器来说,输入和输出应该共享一些底层的信息。

所以 Pix2Pix 使用了 U-Net 的跳跃连接方法,也就是将下采样和上采样过程中大小相同的特征图直接相加(图 9-16 中的虚线部分)。

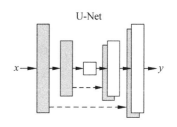

图 9-16　Pix2Pix 的生成器结构[10]

Pix2Pix 的判别器结构为 PatchGAN。为了能更好地对图像的局部做判断,Pix2Pix 把图像等分成图像块,分别判断每个图像块的真假,最后再取平均。实际上,PatchGAN 的设计就是全卷积的形式,不添加全连接层,因此最终卷积输出的矩阵中每个点都代表了原图像中的一个图像块区域。

虽然 Pix2Pix 借助以上结构完成了图像转换,但是它其实仅学习到了图像之间的一对一映射,也就是说对真值的重建过程为输入图像→经过 U-Net 编码成对应的向量→解码成真实图。而这种一对一映射较依赖成对数据的多样性,当输入数据与训练集中的数据差距较大时,生成的结果可能也会较差。

9.3　基于图像生成的风格迁移:CycleGAN

Pix2Pix 受到成对数据的限制,在应用时可能存在一定局限性,那么是否存在一种方法可以基于非成对的图像实现风格的迁移呢? CycleGAN[11]就完成了这项任务。CycleGAN 由两个生成网络和两个判别网络组成,生成网络 G 中输入 X 类风格的图像,输出 Y 类风格的图像;生成网络 F 中则输入 Y 类风格的图像,输出 X 类风格的图像。CycleGAN 和 Pix2Pix 最大的不同就是 CycleGAN 无须在两类风格之间建立一对一的数据映射,就可以实现图像转换,即风格迁移[15]。

9.3.1　CycleGAN 的网络结构

CycleGAN 的整体网络结构如图 9-17 所示,其中 X、Y 表示两个域(可以分别视为源域

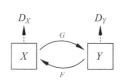

图 9-17　CycleGAN 的网络结构[11]

与目标域),G、F 为两个生成网络,D_X、D_Y 表示两个判别网络。CycleGAN 可以看作两个 GAN 的融合,一个 GAN 由生成器 G 和判别器 D_Y 构成,实现从 X 域到 Y 域的图像生成和判别;另一个 GAN 由生成器 F 和判别器 D_X 构成,实现从 Y 域到 X 域的图像生成和判别,两个网络构成循环的过程。

对于生成网络,CycleGAN 先使用了下采样,再添加 ResNetBlock 进行带跳跃连接的卷积,最后上采样恢复图像的结构。对于判别网络,CycleGAN 与 Pix2Pix 相同,使用了 PatchGAN 的设计。

9.3.2　CycleGAN 的循环训练流程

CycleGAN 的循环训练分为两部分,如图 9-18 所示,分别表示从 X 域到 Y 域和从 Y 域

到 X 域的图像生成。以从 X 域到 Y 域为例(从 Y 域到 X 域的过程与其类似),首先来自 X 域的样本 x 通过生成器 G 生成 $\hat{y}$,借助判别器 D_Y 使生成图像尽量接近 Y 域的图像,再通过生成器 F 将 $\hat{y}$ 转化为图像 $\hat{x}$,令 x 与 $\hat{x}$ 尽量保持一致,即完成了一个从 X 域开始的循环训练。完整的训练目标如式(9-12)所示。

$$L(G,F,D_X,D_Y) = L_{GAN}(G,D_Y,X,Y) + L_{GAN}(F,D_X,Y,X) + \lambda L_{cyc}(G,F)$$
$$L_{GAN}(G,D_Y,X,Y) = E_{y \sim p_{data}(y)}[\log D_Y(y)] + E_{x \sim p_{data}(x)}[\log(1 - D_Y(G(x)))]$$
$$L_{GAN}(G,D_Y,X,Y) = E_{x \sim p_{data}(x)}[\log D_X(x)] + E_{y \sim p_{data}(y)}[\log(1 - D_X(F(y)))] \tag{9-12}$$
$$L_{cyc}(G,F) = E_{x \sim p_{data}(x)}[\parallel F(G(x)) - x \parallel_1] + E_{y \sim p_{data}(y)}[\parallel G(F(y)) - y \parallel_1]$$

其中 L_{GAN} 代表了借助判别器的两个原始 GAN 损失函数,L_{cyc} 代表了循环一致的图像重构损失函数。

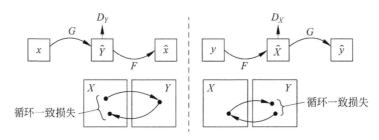

图 9-18　CycleGAN 的循环训练[11]

依赖于循环一致损失,CycleGAN 实现了不依靠成对图像的风格迁移。虽然它的平均生成效果略差于基于成对数据集训练的 Pix2Pix,但它的优势在于即使输入图像差异较大,仍能完成图像转换,而不会因为成对数据集对输入图像有较多的要求。

9.4　基于图像生成算法的图像属性控制：StyleGAN

虽然 CycleGAN 不受成对数据的限制,但其仍学习的是一对一的映射,即对输入的图像进行单一模式的风格迁移,而不能像 GAN 一样通过噪声生成具有多样性的图像。那么是否存在一种方法可以对图像进行不同效果的变换呢? StyleGAN[16] 通过一个基于样式的生成器,无监督地解耦了隐空间,分离了高级的语义特征,使生成图像的各种特征(人脸图像的发色、肤色等)可以由隐变量独立或组合控制,实现了对一类图像的属性控制与自由变换。由于 StyleGAN 模型自提出以来进行了多个版本的迭代与修改,因此原始的 StyleGAN 又被称为 StyleGANv1。下面将分别对原始的 StyleGANv1 及其改进模型 StyleGANv2 进行详细介绍。

9.4.1　StyleGANv1 的网络结构与训练技巧

StyleGANv1 提出了一种新的生成器——基于样式的生成器(style-based generator)[16],并用它代替了传统生成器将噪声直接映射成图像的过程。基于样式的生成器的具体网络结构如图 9-19 所示。

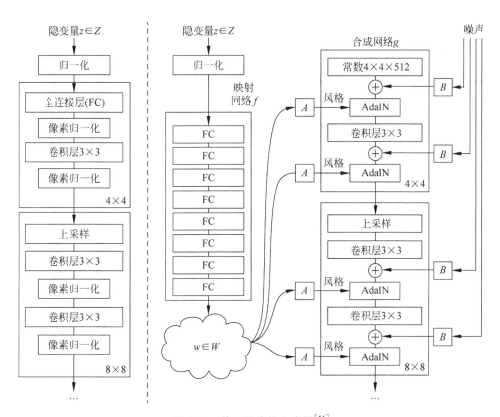

图 9-19　基于样式的生成器[16]

StyleGANv1 的整体结构包括左侧的映射网络以及右侧的合成网络两部分,其中映射网络将传统的隐空间 Z(服从高斯分布)映射到经过特征解耦的隐空间 W。原始隐空间 Z 往往呈现出均匀分布的特点,但是由于数据存在先验,因此经过非线性变换扭曲变形得到的新的隐空间 W 更接近真实分布。解耦的隐编码(隐空间 W 中的变量)通过可学习的仿射变换 A 可以得到多个代表风格的参数,并输入到合成网络不同层的 AdaIN 模块中,同时尺度化的噪声也输入到合成网络中,将噪声通过可学习的缩放参数 B 进行变换,并加到不同分辨率的特征图中。合成网络的不同层代表了不同尺度的图像生成,初始输入为 $4 \times 4 \times 512$ 的常数矩阵,最终输出图像的大小为 1024×1024。

上述过程中,AdaIN 模块的实现如下:

$$\text{AdaIN}(x_i, y) = y_{s,i} \cdot \frac{(x_i - \mu_i)}{\sqrt{\sigma_i^2 + \varepsilon}} + y_{b,i}$$

$$\mu_i = \frac{1}{HW} \sum^{H} \sum^{W} x_{ihw} \tag{9-13}$$

$$\sigma_i^2 = \frac{1}{HW} \sum^{H} \sum^{W} (x_{ihw} - \mu_i)^2$$

$$y_i = (y_{s,i}, y_{b,i}) \in y = (y_s, y_b) = \text{MLP}(w), w \in R^{512}, y \in R^{\text{channel} \times 2}$$

为了进一步使合成网络中各层引入的样式控制不同的属性并解耦,StyleGANv1 使用了样式混合正则化的训练技巧,如图 9-20 所示。通过采样两个隐变量 z 从而得到 w_1、w_2,

随机选取一个中间层,在该层之前的合成网络中输入 w_1,之后的网络中输入 w_2。这样做可以使不同层的样式来自不相关的隐编码,从而解耦不同层的样式。

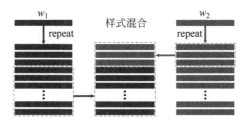

图 9-20　样式混合正则化

9.4.2　StyleGANv1 对隐空间耦合度的量化

StyleGANv1 的一个关键步骤是将隐空间解耦(即 Z 到 W 的映射),为了评估这个新的隐空间的解耦程度,StyleGANv1 提出了两种新的量化方法:感知路径长度(perceptual path length)和线性可分性(linear separability),这两种方法仅需要生成器即可进行计算,因此可以独立地评估各种数据集和生成模型。

感知路径长度通过计算隐空间插值时图像发生变化的程度来反映隐空间的耦合程度。由于隐空间耦合时,隐空间插值会使生成图像发生非线性的变化,即插值点与端点对应的图像将不止在一个特征上出现差异,因此图像会出现较大的变化,这个差异被称为感知差异。如果将隐空间的插值路径细分为线性段,该分段路径的感知长度(感知路径长度)就被定义为无限细分下每个段上感知差异的总和,即感知差异和的极限。为了计算这个极限值,对于隐空间 Z 和 W,分别使用了下面两个计算方式:

$$l_Z = E\left[\frac{1}{\varepsilon^2} d\left(G\left(\mathrm{slerp}(z_1,z_2;t)\right),G\left(\mathrm{slerp}(z_1,z_2;t+\varepsilon)\right)\right)\right] \tag{9-14}$$

$$l_W = E\left[\frac{1}{\varepsilon^2} d\left(g\left(\mathrm{lerp}(f(z_1),f(z_2);t)\right),g\left(\mathrm{lerp}(f(z_1),f(z_2);t+\varepsilon)\right)\right)\right] \tag{9-15}$$

其中,ε 表示细分的微段长度,slerp 表示球面插值,lerp 表示线性插值,G 表示传统的生成网络,f 和 g 则分别表示 StyleGANv1 中的映射网络和合成网络,t 来自一个均匀分布,$d(\cdot,\cdot)$ 用于计算感知差异,具体的计算方式为利用特征提取网络(例如 VGG16)提取出图像的特征,在特征层面上计算距离。

线性可分性通过判断隐空间是否容易被简单的分类器进行分类,来衡量隐空间的解耦能力,这是由于解耦的隐空间对于每个属性都应该容易被分割成两个不同的集合。具体的计算方法如下:先训练多个辅助的分类器对图像的不同属性进行二分类,进而得到多个已知类别的隐编码,对每个属性拟合一个线性 SVM 来预测标签,最后用条件熵 $H(Y|X)$ 度量 SVM 将点划分为正确类别的能力。其中 X 是 SVM 预测的类别,Y 是训练的辅助分类器确定的类(作为真实类别)。而隐空间越耦合,用 SVM 进行分类越困难,条件熵的值越大(需要更多的信息量才能确定出真实类别),条件熵越低则解耦程度越大。

9.4.3 StyleGANv2 的改进

在 StyleGANv1 生成的少量图像中,会存在明显的水珠状伪影。AdaIN 模块导致了该现象,对每个特征图归一化的操作可能破坏特征之间的信息,如果将 AdaIN 去除,则该现象消失。因此,在 StyleGANv1 的基础上,有研究者做出了一些如图 9-21 所示的改进,提出了 StyleGANv2[17]。

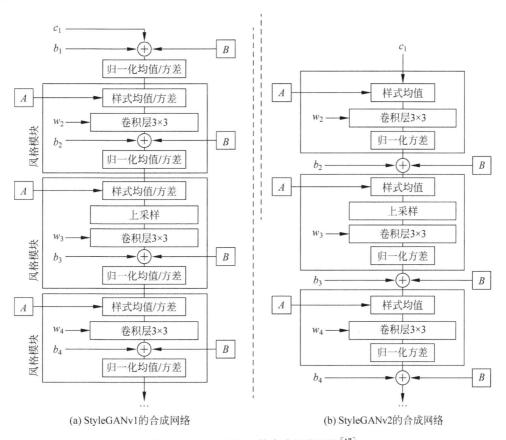

(a) StyleGANv1的合成网络 (b) StyleGANv2的合成网络

图 9-21 StyleGANv2 的合成网络结构[17]

图 9-21(a)展示了 StyleGANv1 的架构细节,其中 A 表示学习的仿射变换以此产生一种风格,B 是噪声广播算子。图 9-21(b)为 StyleGANv2 的生成器。相比之下,StyleGANv2 在风格控制的归一化过程中取消了均值的使用,同时将随机添加噪声的操作移至每个风格模块外。此外,StyleGANv2 提出了多个细节上的改进:懒惰式正则化、路径长度正则化以及使用非渐进式的生成网络。

下面具体介绍这三方面的改进。

懒惰式正则化简单地减少损失函数中正则项的优化次数,例如每 16 次迭代才优化一次正则项,减少计算量的同时对效果的影响也较小。

路径长度正则化希望约束连续的线性插值点间的图像距离类似,即隐空间的变化程度与图像的变化程度相似,图像变化与隐变量增量有关而与隐变量值无关。该项中的正则项如下所示：

$$E_{w,y\sim N(0,I)}(\parallel J_w^{\mathrm{T}}y\parallel_2 - a)^2 \tag{9-16}$$

其中，w 表示解耦的隐编码；y 表示随机的一张图像，这个图像的像素是符合正态分布的；J_w 是生成网络关于 w 的一阶矩阵，表示图像关于 w 上的变化；a 是 $\parallel J_w^{\mathrm{T}}y\parallel_2$ 动态的移动平均值，随着优化动态调整，自动找到一个全局最优值。

　　非渐进式的生成网络是为了解决渐进式的生成网络中存在的问题：高分辨率的细节对位置这种低分辨率的特征不敏感，例如人脸左右偏转时，牙齿、眼珠等细节部分没有随之变化。而为了使网络在过深时仍然可以训练，并生成出高质量的高分辨率图像，StyleGANv2 在生成网络和判别网络中使用了图 9-22 所示的跳跃连接。

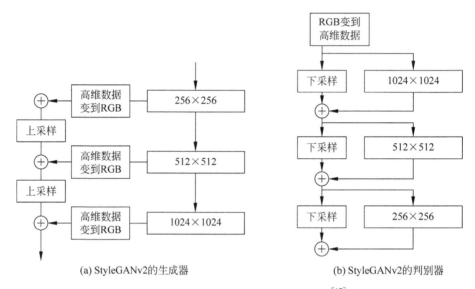

(a) StyleGANv2的生成器　　　　　　　　(b) StyleGANv2的判别器

图 9-22　StyleGANv2 中的跳跃连接结构[17]

　　两种正则化增强了隐空间的解耦程度，非渐进式的生成网络则提高了生成图像的质量，这些改动最终提升了网络的性能。此外，由于 StyleGAN 实现了数据集中全部属性的解耦，因此和 Pix2pix 以及 CycleGAN 相比，StyleGAN 可以进行更丰富、更自由的图像变换。

9.5　飞桨实现图像生成案例

　　为了更进一步了解 GAN 中两个神经网络相互博弈的学习过程，本节基于飞桨开源的 PaddleGAN 图像生成库，进行图像生成算法 DCGAN 的案例分析。PaddleGAN 为开发者提供了经典及前沿的生成对抗网络高性能实现，并支撑开发者快速构建、训练及部署生成对抗网络，以供学术、娱乐及产业应用。

9.5.1　环境准备

1. 环境依赖

搭建本案例所需 PaddlePaddle 深度学习环境参见 4.3.1 节。此外，其他环境依赖包括

scikit-image、numpy、matplotlib。

2. 环境导入

可以通过如下代码导入实验环境：

```
from PIL import Image
import os.path
import os
from PIL import ImageFile
import numpy as np
from skimage import io,transform
import matplotlib.pyplot as plt
import paddle
from paddle.io import Dataset
import paddle.nn as nn
import paddle.nn.functional as F
import IPython.display as display
import warnings
import paddle.optimizer as optim
```

9.5.2 数据读取与预处理

为训练模型,需要选择合适的数据集并进行处理。飞桨使用 Paddle.io.Dataset 进行数据集读取类的构建,使用 Paddle.io.DataLoader 进行多进程的数据集加载,完整流程如下。

1. 数据集下载与解压

本案例使用 CelebA 人脸数据集,该数据集是 CelebFaces Attribute 的缩写,即名人人脸属性数据集。该数据集包含 10 177 个名人身份的 202 599 张人脸图像,CelebA 由香港中文大学开放提供,常用于人脸生成任务。下载后将得到名为 img_align_celeba.zip 的文件。以 work 目录为例,将 zip 文件解压缩到该目录中。

```
!cd data/data11404;unzip celeba.zip
!cp - r data/data11404/celeba/img_align_celeba work/
```

此时 img_align_celeba 目录结构应为

```
/work
    -> img_align_celeba
        -> 188242.jpg
        -> 173822.jpg
        -> 284702.jpg
        -> 537394.jpg
        ...
```

2. 数据集预处理

先将图像按原比例缩放至短边长度 64。实际上,CelebA 数据集中的图像短边均为水平方向。因此缩放后选取点(0,10)作为左上角裁切出 64×64 的图像即可。

```
ImageFile.LOAD_TRUNCATED_IMAGES = True
'''将图像缩放后再裁切到 64 * 64 分辨率'''
# 裁切图像宽度
w = 64
# 裁切图像高度
h = 64
# 裁切点横坐标(以图像左上角为原点)
x = 0
# 裁切点纵坐标
y = 10


def convertjpg(jpgfile, outdir, width = w, height = h):
    img = Image.open(jpgfile)
    (l, h) = img.size
    rate = min(l, h) / width                                    # 按短边计算缩放倍率
    try:
        img = img.resize((int(l //rate), int(h //rate)), Image.BILINEAR)   # 按比例缩放图像
        img = img.crop((x, y, width + x, height + y))           # 裁切图像
        img.save(os.path.join(outdir, os.path.basename(jpgfile)))
    except Exception as e:
        print(e)


if __name__ == '__main__':
    inpath = './work/img_align_celeba/'
    outpath = './work/imgs/'
    if not os.path.exists(outpath):
        os.mkdir(outpath)
    files = os.listdir(inpath)
    count = 0
    try:
        for file in files:
            convertjpg(inpath + file, outpath)
            count = count + 1
    except Exception as e:
        print(e)
    print('已处理图像数量:' + str(count))
```

3. 定义数据读取类 Paddle.io.Dataset

```
img_dim = 64
# 准备数据,定义 Reader()
PATH = 'work/imgs/'


class DataGenerater(Dataset):
    # 数据集定义
    def __init__(self, path = PATH):
        # 构造函数
        super(DataGenerater, self).__init__()
        self.dir = path
        self.datalist = os.listdir(PATH)
        self.image_size = (img_dim, img_dim)
```

```
# 每次迭代时返回数据和对应的标签
def __getitem__(self, idx):
    return self._load_img(self.dir + self.datalist[idx])
# 返回整个数据集的总数
def __len__(self):
    return len(self.datalist)
def _load_img(self, path):
    # 统一的图像处理接口封装,用于规整图像大小和通道
    try:
        img = io.imread(path)
        img = transform.resize(img,self.image_size) * 2 - 1   # 调整图像大小后进行归一
                                                               # 化,使数据范围为[-1, 1]
        img = img.transpose()                                  # 将图像转为 C * W * H
        img = img.astype('float32')
    except Exception as e:
        print(e)
    return img
```

4. 测试 Paddle.io.DataLoader 并输出图像

```
train_dataset = DataGenerater()
train_loader = paddle.io.DataLoader(
    train_dataset,                          # DataLoader 从 train_dataset 中加载数据
    places = paddle.CPUPlace(),             # 数据放置到 CPUPlace 设备上
    batch_size = 128,                       # 每 mini-batch 中样本个数 128
    shuffle = True,                         # 生成 mini-batch 索引列表时对索引打乱顺序
    num_workers = 2,                        # 用于加载数据的子进程个数
    use_shared_memory = False,              # 不使用共享内存来提升子进程将数据放入进程间队列
                                            # 的速度
    drop_last = True,                       # 丢弃因数据集样本数不能被 batch_size 整除而产生的
                                            # 最后一个不完整的 mini-batch
    )
for batch_id, data in enumerate(train_loader()):
    plt.figure(figsize = (15,15))
    try:
        for i in range(100):
            image = data[0][i].numpy().transpose()
            plt.subplot(10, 10, i + 1)
            plt.imshow(image/2 + 0.5, vmin = -1, vmax = 1)
            plt.axis('off')
            plt.xticks([])
            plt.yticks([])
            plt.subplots_adjust(wspace = 0.1, hspace = 0.1)
        plt.suptitle('\n Training Images',fontsize = 30)
        plt.show()
        break
    except IOError:
        print(IOError)
```

9.5.3　模型构建

DCGAN 通过模型设计提高了 GAN 的性能,其整体结构仍然为一个生成器和一个判别器,但是为了提高生成样本的质量和网络的收敛速度,它将深层卷积网络与 GAN 结合,用两个卷积神经网络代替了生成器和判别器。在 DCGAN 中,判别器全部使用卷积层,同时用步长为 2 的卷积来实现下采样,激活函数为 LeakyReLU 函数和最后一层的 Sigmoid;生成器的激活函数为 ReLU 函数和最后一层的 Tanh。生成器和判别器中均添加了批归一化的 BatchNorm2D 层。

1. 判别器

判别器输入 Shape 为[3,64,64]的 RGB 图像,通过一系列的 Conv2D、BatchNorm2D 和 LeakyReLU 层对其进行处理,然后通过全连接层输出的神经元个数为 2,对应两个标签(真实或虚假)的预测概率。

将 BatchNorm 批归一化中 momentum 参数设置为 0.8,判别器激活函数 leaky_relu 的 alpha 参数设置为 0.2。

```
class Discriminator(paddle.nn.Layer):
    def __init__(self):
        super(Discriminator, self).__init__()
        self.conv_1 = nn.Conv2D(
            3,64,4,2,1,

bias_attr = False, weight_attr = paddle.ParamAttr(name = "d_conv_weight_1_", initializer = conv_initializer)
            )
        self.conv_2 = nn.Conv2D(
            64,128,4,2,1,

bias_attr = False, weight_attr = paddle.ParamAttr(name = "d_conv_weight_2_", initializer = conv_initializer)
            )
        self.bn_2 = nn.BatchNorm2D(
            128,

weight_attr = paddle.ParamAttr(name = "d_2_bn_weight_", initializer = bn_initializer),
momentum = 0.8
            )
        self.conv_3 = nn.Conv2D(
            128,256,4,2,1,

bias_attr = False, weight_attr = paddle.ParamAttr(name = "d_conv_weight_3_", initializer = conv_initializer)
            )
        self.bn_3 = nn.BatchNorm2D(
            256,
```

```
weight_attr = paddle. ParamAttr(name = "d_3_bn_weight_", initializer = bn_initializer),
momentum = 0.8
                )
        self.conv_4 = nn.Conv2D(
            256,512,4,2,1,

bias_attr = False, weight_attr = paddle. ParamAttr(name = "d_conv_weight_4_", initializer = conv_
initializer)
                )
        self.bn_4 = nn.BatchNorm2D(
            512,

weight_attr = paddle. ParamAttr(name = "d_4_bn_weight_", initializer = bn_initializer),
momentum = 0.8
                )
        self.conv_5 = nn.Conv2D(
            512,1,4,1,0,

bias_attr = False, weight_attr = paddle. ParamAttr(name = "d_conv_weight_5_", initializer = conv_
initializer)
                )
    def forward(self, x):
        x = self.conv_1(x)
        x = F.leaky_relu(x,negative_slope = 0.2)
        x = self.conv_2(x)
        x = self.bn_2(x)
        x = F.leaky_relu(x,negative_slope = 0.2)
        x = self.conv_3(x)
        x = self.bn_3(x)
        x = F.leaky_relu(x,negative_slope = 0.2)
        x = self.conv_4(x)
        x = self.bn_4(x)
        x = F.leaky_relu(x,negative_slope = 0.2)
        x = self.conv_5(x)
        x = F.sigmoid(x)
        return x
```

2. 生成器

生成器 G 映射潜在空间矢量 z 到数据空间。由于使用的数据是图像,因此转换 z 到数据空间意味着最终创建具有与训练图像相同大小 $[3,64,64]$ 的 RGB 图像。在网络设计中,这是通过一系列二维卷积转置层来完成的,每个层都有 BatchNorm 层和 ReLU 激活函数。由于构建训练的 Dateset 类时,对图像进行了简单的归一化,数据范围被缩放到 $[-1,1]$,因此生成器的输出通过 Tanh 函数,以使其返回到输入数据范围。值得注意的是,在卷积转置层之后存在 BatchNorm 函数,因为这是 DCGAN 的关键改进。这些层有助于训练过程中的梯度更好地流动。

```
class Generator(paddle.nn.Layer):
    def __init__(self):
        super(Generator, self).__init__()
```

```
        self.conv_1 = nn.Conv2DTranspose(
            100,512,4,1,0,
bias_attr = False,weight_attr = paddle.ParamAttr(name = "g_dconv_weight_1_",initializer =
conv_initializer)
            )

        self.bn_1 = nn.BatchNorm2D(
            512,
weight_attr = paddle.ParamAttr(name = "g_1_bn_weight_",initializer = bn_initializer),
momentum = 0.8
            )

        self.conv_2 = nn.Conv2DTranspose(
            512,256,4,2,1,
bias_attr = False,weight_attr = paddle.ParamAttr(name = "g_dconv_weight_2_",initializer =
conv_initializer)
            )

        self.bn_2 = nn.BatchNorm2D(
            256,
weight_attr = paddle.ParamAttr(name = "g_2_bn_weight_",initializer = bn_initializer),
momentum = 0.8
            )

        self.conv_3 = nn.Conv2DTranspose(
            256,128,4,2,1,
bias_attr = False,weight_attr = paddle.ParamAttr(name = "g_dconv_weight_3_",initializer =
conv_initializer)
            )

        self.bn_3 = nn.BatchNorm2D(
            128,
weight_attr = paddle.ParamAttr(name = "g_3_bn_weight_",initializer = bn_initializer),
momentum = 0.8
            )

        self.conv_4 = nn.Conv2DTranspose(
            128,64,4,2,1,
bias_attr = False,weight_attr = paddle.ParamAttr(name = "g_dconv_weight_4_",initializer =
conv_initializer)
            )

        self.bn_4 = nn.BatchNorm2D(
            64,
weight_attr = paddle.ParamAttr(name = "g_4_bn_weight_",initializer = bn_initializer),
momentum = 0.8
            )

        self.conv_5 = nn.Conv2DTranspose(
            64,3,4,2,1,
bias_attr = False,weight_attr = paddle.ParamAttr(name = "g_dconv_weight_5_",initializer =
```

```
conv_initializer)
            )

          self.tanh = paddle.nn.Tanh()
      def forward(self, x):
          x = self.conv_1(x)
          x = self.bn_1(x)
          x = F.relu(x)
          x = self.conv_2(x)
          x = self.bn_2(x)
          x = F.relu(x)
          x = self.conv_3(x)
          x = self.bn_3(x)
          x = F.relu(x)
          x = self.conv_4(x)
          x = self.bn_4(x)
          x = F.relu(x)
          x = self.conv_5(x)
          x = self.tanh(x)
          return x
```

3. 权重初始化

在 DCGAN 论文中[8]，作者指定所有模型权重应从均值为 0、标准差为 0.02 的正态分布中随机初始化。在 paddle.nn 中，调用 paddle.nn.initializer.Normal 实现 initialize 设置。

```
conv_initializer = paddle.nn.initializer.Normal(mean = 0.0, std = 0.02)
bn_initializer = paddle.nn.initializer.Normal(mean = 1.0, std = 0.02)
```

4. 损失函数

```
# 选用 BCE 损失函数
loss = paddle.nn.BCELoss()
```

9.5.4 模型训练

选用 Adam 优化器，训练 5 个 epoch。

```
warnings.filterwarnings('ignore')

img_dim = 64                          # 输入图像长和宽为 64
lr = 0.0002                           # 学习率设置为 0.0002
epoch = 5                             # epoch 设置为 5
output = "work/Output/"
batch_size = 128                      # Mini-Batch 设置为 128
G_DIMENSION = 100                     # 输入 Tensor 长度为 100
beta1 = 0.5                           # Adam 优化器 Beta1 为 0.5
beta2 = 0.999                         # Adam 优化器 Beta2 为 0.999
output_path = 'work/Output'
device = paddle.set_device('gpu')
```

```
real_label = 1.
fake_label = 0.

netD = Discriminator()
netG = Generator()
optimizerD = optim.Adam(parameters = netD.parameters(), learning_rate = lr, beta1 = beta1,
beta2 = beta2)
optimizerG = optim.Adam(parameters = netG.parameters(), learning_rate = lr, beta1 = beta1,
beta2 = beta2)
```

训练过程中,可以调整生成器和判别器的参数更新间隔,即训练迭代多少次更新一次。为了避免判别器快速收敛到 0,本案例默认每次迭代都更新生成器;每迭代两次,更新一次判别器。

```
# 训练过程
def train_iter(giter, data):
    # 训练判别器, 下面的 2 表示每迭代 2 次更新 1 次判别器
    if giter % 2 == 1:
        optimizerD.clear_grad()
        real_cpu = data[0]
        label = paddle.full((batch_size,1,1,1),real_label,dtype = 'float32')
        output = netD(real_cpu)
        errD_real = loss(output,label)
        errD_real.backward()

        noise = paddle.randn([batch_size,G_DIMENSION,1,1],'float32')
        fake = netG(noise)
        label = paddle.full((batch_size,1,1,1),fake_label,dtype = 'float32')
        output = netD(fake.detach())
        errD_fake = loss(output,label)
        errD_fake.backward()

        optimizerD.step()
        optimizerD.clear_grad()

        errD = errD_real + errD_fake
        losses[0].append(errD.numpy()[0])
    # 训练生成器
    optimizerG.clear_grad()
    noise = paddle.randn([batch_size,G_DIMENSION,1,1],'float32')
    fake = netG(noise)
    label = paddle.full((batch_size,1,1,1),real_label,dtype = np.float32)
    output = netD(fake)
    errG = loss(output,label)
    errG.backward()
    optimizerG.step()
    optimizerG.clear_grad()
    losses[1].append(errG.numpy()[0])

    return noise
```

```python
def test_iters(output_path, noise, pass_id, batch_id):
    # 每轮的生成结果
    generated_image = netG(noise).numpy()
    imgs = []
    plt.figure(figsize = (15,15))
    try:
        for i in range(100):
            image = generated_image[i].transpose()
            plt.subplot(10, 10, i + 1)
            plt.imshow(image/2 + 0.5, vmin = -1, vmax = 1)
            plt.axis('off')
            plt.xticks([])
            plt.yticks([])
            plt.subplots_adjust(wspace = 0.1, hspace = 0.1)
        msg = 'Epoch ID = {0} Batch ID = {1} \n\n D - Loss = {2} G - Loss = {3}'.format(pass_id,
batch_id, losses[1][-1], losses[0][-1])
        plt.suptitle(msg, fontsize = 20)
        plt.draw()
        plt.savefig('{}/{:04d}_{:04d}.png'.format(output_path, pass_id, batch_id), bbox_
inches = 'tight')
        plt.pause(0.01)
        display.clear_output(wait = True)
    except IOError:
        print(IOError)

losses = [[0], [0]]
# plt.ion()
global_iter = 0
if not os.path.exists(output_path):
    os.makedirs(output_path)
for pass_id in range(epoch):
    # enumerate()函数将一个可遍历的数据对象组合成一个序列列表
    for batch_id, data in enumerate(train_loader()):
        noise = train_iter(global_iter, data)
        if batch_id % 100 == 0:
            test_iters(output_path, noise, pass_id, batch_id)
        global_iter += 1
    paddle.save(netG.state_dict(), "work/generator.params")
plt.close()
```

9.5.5 模型验证与评估

本案例通过观测训练损失曲线的稳定性和输出图像的质量,实现了生成网络性能的验证与评估。图 9-23 和图 9-24 给出了以上训练过程相应的结果展示。

```python
def draw_loss():
    plt.figure(figsize = (15, 6))
    x = np.arange(len(losses[1]))
    plt.title('Generator and Discriminator Loss During Training')
```

```
    plt.xlabel('Number of Batch')
    plt.plot(x[0::2], np.array(losses[0]), label = 'D Loss')
    plt.plot(x, np.array(losses[1]), label = 'G Loss')
    plt.legend()
    plt.savefig('work/Generator and Discriminator Loss During Training.png')
    plt.show()
draw_loss()
```

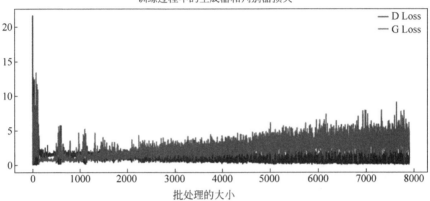

图 9-23　DCGAN 的训练损失曲线

图 9-24　DCGAN 的图像生成结果

9.5.6　模型测试

输入随机数让生成器 G 生成随机人脸，结果参考图 9-24。

```python
def TestGen(path):
    try:
        # generate = Generator()
        state_dict = paddle.load("work/generator.params")
        netG.set_state_dict(state_dict)
        noise = paddle.randn([100,100,1,1],'float32')
        generated_image = netG(noise).numpy()
        for j in range(100):
            image = generated_image[j].transpose()
            plt.figure(figsize = (4,4))
            plt.imshow(image/2 + 0.5)
            plt.axis('off')
            plt.subplots_adjust(wspace = 0.1, hspace = 0.1)
            plt.savefig(path + str(j + 1), bbox_inches = 'tight')
            plt.close()
    except IOError:
        print(IOError)
path = 'work/Generate/generated_'
TestGen(path)
```

9.6　本章小结

图像生成算法是一种拟合真实数据分布的算法，借助深度神经网络，可以拟合复杂的数据分布，生成更丰富的图像并完成更复杂的任务。生成对抗网络是一个里程碑式的图像生成算法，不需要通过最大似然估计来学习参数，但是训练具有不稳定的特点。本章介绍了基于生成对抗网络模式下的各种图像生成模型，DCGAN 借助卷积神经网络实现了生成对抗网络，生成了清晰的图像，训练稳定。CGAN 通过引入监督信息，实现了可控的图像生成。Pix2Pix、CycleGAN、StyleGAN 则利用无监督的方法，逐渐从依赖成对图像的风格迁移发展到不依赖成对图像，最终实现了隐空间的解耦以及多样的图像转换。

虽然目前基于 GAN 的图像生成在计算机视觉领域的各项任务中取得了巨大的成功，例如清晰的图像生成、风格迁移、超分辨率重建等，但是关于 GAN 训练稳定性的理论分析及改进仍需要进一步研究，并将其扩展到更多未知的领域。

参考文献

［1］　D. P. Kingma and M. Welling. Auto-encoding variational bayes arXiv preprint arXiv:1312.6114,2013.

［2］　Goodfellow I,Pouget-Abadie J,Mirza M,et al. Generative adversarial nets［J］. Advances in neural information processing systems,2014: 2672-2680.

［3］　杜桥.复杂情况下的小样本人脸识别问题研究［D］.南京：东南大学,2020.

［4］ M. Arjovsky，S. Chintala，and L. Bottou. Wasserstein gan. arXiv preprint arXiv：1701. 07875，2017.

［5］ Salimans T，Goodfellow I，Zaremba W，et al. Improved techniques for training GANs［C］//Proceedings of the 30th international conference on neural information processing systems. 2016：2234-2242.

［6］ Wu J，Huang Z，Thoma J，et al. Wasserstein divergence for gans［C］//Proceedings of the European conference on computer vision. 2018：653-668.

［7］ Miyato T，Kataoka T，Koyama M，et al. Spectral normalization for generative adversarial networks［J］. arXiv preprint arXiv：1802. 05957，2018.

［8］ A. Radford，L. Metz，S. Chintala. Unsupervised representation learning with deep convolutional generative adversarial networks. arXiv preprint arXiv：1511. 06434，2015.

［9］ Mirza M，Osindero S. Conditional generative adversarial nets［J］. arXiv preprint arXiv：1411. 1784，2014.

［10］ Isola P，Zhu J Y，Zhou T，et al. Image-to-image translation with conditional adversarial networks ［C］//Proceedings of the IEEE conference on computer vision and pattern recognition. 2017：1125-1134.

［11］ Zhu J Y，Park T，Isola P，et al. Unpaired image-to-image translation using cycle-consistent adversarial networks［C］//Proceedings of the IEEE international conference on computer vision. 2017：2223-2232.

［12］ Choi Y，Choi M，Kim M，et al. Stargan：Unified generative adversarial networks for multi-domain image-to-image translation［C］//Proceedings of the IEEE conference on computer vision and pattern recognition. 2018：8789-8797.

［13］ S. Barratt，R. Sharma. A note on the inception score［J］. arXiv preprint，2018，arXiv：1801. 01973.

［14］ Heusel M，Ramsauer H，Unterthiner T，et al. GANs trained by a two time-scale update rule converge to a local nash equilibrium ［C］//Proceedings of the 31st international conference on neural information processing systems. 2017：6629-6640.

［15］ 赵宇欣. 基于神经网络的图像风格迁移问题的研究［D］. 天津：天津大学，2020.

［16］ Karras T，Laine S，Aila T. A style-based generator architecture for generative adversarial networks ［C］//Proceedings of the IEEE/CVF conference on computer vision and pattern recognition. 2019：4401-4410.

［17］ Karras T，Laine S，Aittala M，et al. Analyzing and improving the image quality of stylegan［C］//Proceedings of the IEEE/CVF conference on computer vision and pattern recognition. 2020：8110-8119.

第10章

视频分类原理与实战

随着越来越多视频录像设备的普及,互联网上视频的规模越来越大,如何帮助人们从海量的视频数据中快速有效地找到感兴趣内容成为互联网视频数据应用的当务之急,大规模的视频分类(video classification)是解决该问题的关键技术。与静态图像分类不同,视频分类的对象是由多帧图像组成的视频对象。因此,视频分类不仅需要分析视频的空间维度信息,还需要分析视频在时间域的变化,是计算机视觉领域中的一项极具挑战性的任务。

10.1 视频分类任务的基本介绍

视频分类是指将视频片段自动分类至预先设定的某个或多个类别集合,类别集合通常包括动作(如踢足球)、场景(如停车场)、物体(如书包)等,如图 10-1 所示。其中,最能体现视频分类任务特点的是动作分类[1],这是由于在动作分类中涉及"动态"的识别过程。与图像分类任务不同,视频分类不仅需要理解整段视频中的每帧图像,而且需要通过从帧间所包含的时序上下文信息中识别出能够描述视频片段的最佳语义信息。因此,视频分类任务的主体目标可以描述为通过理解分析视频中所包含的内容,对视频进行自动标注与描述,从而确定视频对应的类别集合,最终能够达到与人工识别相媲美的分类准确率。

10.1.1 视频分类的应用与发展

由于视频分类能够实现对视频数据的自动分类,在挖掘视频潜在的商业价值、提高用户体验等方面发挥了很大的作用,因此视频分类在各大知名互联网公司内有广泛的研究和应用。例如,阿里巴巴的亿级淘宝短视频智能处理试图让机器读懂视频;爱奇艺的推荐系统中更是用自动标签生成算法替换了人工标签。

目前,视频分类任务的主要研究内容聚焦在人类行为识别和带有多标签的通用视频分类。在这些研究过程中,通常会涉及空间表观信息与时序上下文信息这两种关键特征信息,

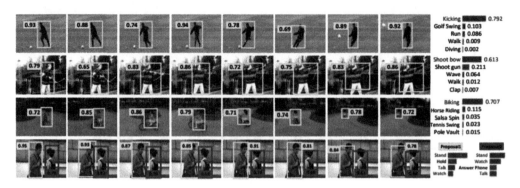

图 10-1　视频分类任务

图像来源于百度飞桨。

能否很好地挖掘并利用它们往往会直接影响视频分类系统的性能。然而，在实际特征提取过程中通常会遇到诸如目标形变、运动模糊以及视角变化等因素的影响，使得这两种特征很难获取。因此，设计一种对噪声鲁棒性强且能包含视频空间-时间信息的有效特征对视频分类任务至关重要。

从特征设计的角度与整个视频分类的发展历程来看，可以大致划分为前深度学习时代和深度学习时代。在深度学习兴起之前，视频分类算法通常采用基于人工设计的特征和典型的机器学习方法来实现行为识别和事件检测。传统的视频分类算法通常首先对局部时空区域的表观信息和运动信息进行基于人工设计的特征提取来获取视频描述符，然后利用 Fisher 向量或词袋模型（Bag of Words，BoW）等方式生成视频特征向量，最后通过训练分类器（如 SVM），对特征向量进行分类以此判断视频所属的类别。

2014 年以来，得益于深度学习研究的巨大进展，特别是卷积神经网络（CNN）在计算机视觉图像分类、检测、分割等方面取得了很好的成绩。研究者很自然地将可以自动学习图像复杂抽象特征的 CNN 卷积与池化操作应用到视频分类任务中，其性能也逐渐超越了传统的视频分类方法，具体发展历程如图 10-2 所示。

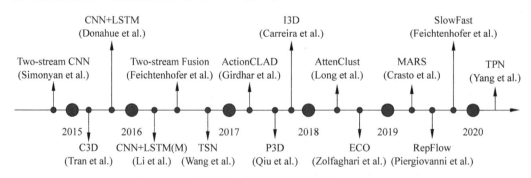

图 10-2　视频分类发展历程

图像来源于百度飞桨。

由于卷积神经网络本身是对二维图像的表观特征建模，所以在处理视频数据时，除了表观特征，还需要额外对时序特征进行建模。与静态图像识别相比，视频分类任务中视频数据可以提供更多的关键信息，包括目标随时间演化的复杂运动信息、在不同时空域中的显著变化特征以及不同视角下的场景细节等。一个完整视频中通常包含成千上万帧的静态图像,然而并非每一帧图像都包含关键信息。在处理视频时需要大量的计算,最常见的方法是将视频片段按帧分解为二维静态图像,然后利用 CNN 处理每一帧图像,并且平均每帧的预测结果来作为整个视频的最终预测结果。然而,上述方法没有采用完整的视频信息,容易导致视频分类不准。因此,研究者将长短时记忆模型(LSTM)及其变体(GRU)等时间序列模型引入视频分类任务中来建模长期动态过程,以此获取视频中包含的独特的时序信息,从而更好地处理由多种行为组成的复杂事件和行为。

深度学习方法利用深度神经网络从数据和标注中自动学习特征,已经成为目前主流的研究方法,同时也出现了很多比较经典的算法模型。Wang 等在 ECCV 2016 上提出了时序片段划分网络(Temproal Segment Networks,TSN)[2],该网络采用了双流网络的基本结构,由两个卷积网络分别提取视频片段的空间和时序特征,实现同时对静态图像和运动特征进行建模,有效探索了视觉和运动信息的融合。其次,考虑到视频所包含的语义信息和运动信息之间的差异,Christoph Feichtenhofer 等提出了基于时序快慢划分的双流网络(SlowFast networks)[3],该网络通过设计两条信息分析通道来分别提取语义信息和运动信息,包括低帧率慢速通道和高帧率轻量化设计的快速通道,这种设计方式很好地利用了视频数据的特点,并且有效降低了计算开销。此外,视频数据的特征提取也可以由单流网络实现,即通过一个卷积网络同时提取视频所包含的空间和运动信息。Lin 等在 ICCV 2019 上提出了时序移位网络(Temporal Shift Module,TSM)[4],该网络通过将特征通道在时间维度上进行移位来捕获视频数据的时序信息,实现了与 3D 卷积相媲美的精度,而且没有引入过多的计算量。

虽然上述方法在视频分类任务上取得了良好的性能,但是为了能够降低视频处理的计算开销,通过将视频分割成片段或者在时间维度对特征通道进行移位的方式只能获取视频的局部时序信息。为此,Wang 等在 CVPR 2018 提出了非局部神经网络[5](Non-local Neural Networks),能够有效地建模视频的长距离依赖关系,获取视频的全局上下文信息。此外,随着 Transformer 在视觉领域的飞速发展,Facebook AI 在 2021 年提出了无卷积视频分类方法(TimeSformer[6]),该方法采用 Transformer 作为基础架构,通过时空自注意力挖掘视频数据的时间和空间信息,为视频分类任务的发展提供了新的研究思路。

10.1.2　视频分类任务的评价指标

视频分类通常采用分类准确率(accuracy)和处理帧率(Frames Per Second,FPS)作为评价模型算法优劣的标准。假设测试集的视频序列个数为 N,由视频分类算法进行正确分类的序列个数为 n,则准确率可以定义为分类结果正确的序列个数与总的测试集序列个数的比值。FPS 是指视频分类算法在每秒钟能够处理的帧数。准确率和帧率可分别表示为式(10-1)和式(10-2),其中 $N_{framenum}$ 表示每秒处理的帧数。

$$\text{Accuracy} = \frac{n}{N} \times 100\% \tag{10-1}$$

$$\text{FPS} = N_{framenum} \tag{10-2}$$

10.2 基于时序划分的双流网络

相比于图像分类任务,视频数据是时序图像的集合。因此可以同时利用单帧图像的空间语义信息和多帧图像之间的时序信息来提取视频特征,实现视频分类任务。由此,诞生了包括如空间流网络(Spatial Stream ConvNet)和时间流网络(Temporal Stream ConvNet)的视频分类双流(Two-Stream)网络结构。其中,每个流都由一个 CNN 网络构成。最后对两个流网络输出的 Softmax 概率分布值进行融合,得到视频分类结果。接下来,本节主要介绍基于双流网络的经典视频分类模型,包括时序片段划分网络(Temproal Segment Networks,TSN)和时序快慢结合网络(SlowFast networks)。

10.2.1 TSN 模型

2016 年瑞士苏黎世联邦理工大学计算机视觉实验室在双流网络结构的基础上提出了 TSN 模型,用于视频动作识别任务,主要解决在视频中存在的长时行为判断问题,以及在较小规模的视频数据条件下对深层卷积神经网络的训练问题[2]。由于原始双流网络结构主要针对单帧或视频片段的数据处理,在捕获时间上下文信息方面能力有限,对于复杂的大尺度时间跨度上的整体视频动作检测任务具有较大挑战。因此,TSN 采用分段式的视频处理方式,并且片段级处理卷积网络共享模型参数,能够很好地拟合整个视频的动态。

TSN 是视频分类领域中基于 2D-CNN 的一种较为经典的算法,其网络结构如图 10-3 所示,对每一个片段视频分别用空间、时间分支网络(Spatial ConvNet 和 Temporal ConvNet)提取视频中的空间和时间信息。值得注意的是,Spatial ConvNet 和 Temporal ConvNet 都采用 BN-Inception[7] 作为基础网络。相较于原始 Two-Stream 相对较浅的网络结构,选择 BN-Inception 能够在准确率和效率之间得到较好的平衡。

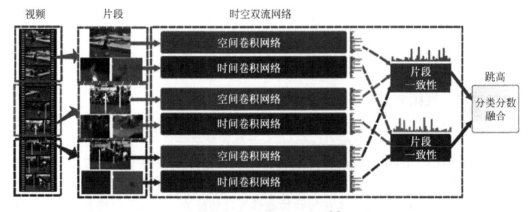

图 10-3 时序片段划分网络[2]

TSN 主要采用了稀疏时间采样策略与视频等级监督策略,两种策略结合能够对长时视频进行整体有效建模。在视频分类任务中,视频序列中的连续帧往往包含许多冗余信息,通过卷积神经网络提取密集图像与光流特征会耗费大量时间与计算资源。此外,对长时域结构的建模有利于分析整个视频的类别。为了捕获视频中所包含的长时间信息并且不引入过多的计算量,TSN 摒弃了传统的稠密采样方式,通过对整个视频进行了稀疏抽帧时间采样,不仅能够捕获视频的全局信息,而且能够去除连续帧带来的冗余信息,并将采样到的帧信息进行聚合,从而达到对长时域的有效建模。

此外,为了保证视频中各个位置都能被采样到,TSN 还引入了分段的概念,即把整个视频分成许多片段,然后在每一片段中分别进行稀疏采样得到帧序列,很好地保留了视频中的长时间信息。与原始 Two-Stream 卷积网络类似,TSN 中的 Spatial ConvNet 以单帧图像作为输入提取图像空间维度特征,Temporal ConvNet 以系列连续光流图像作为输入提取时序运动信息。在经过这两个网络分支之后,对输入帧进行平均加权融合得到视频的整体特征。不同视频片段在经过 TSN 之后会得到不同的分类分数,采用片段一致性函数融合得到最终的视频级分类预测结果,这种分段式的视频处理方式不仅有效解决了视频中长时(longrange)行为的判断问题,而且极大地降低了网络的计算成本。

具体来说,对于整个视频 V,假定被等间隔分成 K 个片段(segment),例如 $K=16$,即一段视频被分成了 16 个片段。在每个片段中随机抽取一帧数据作为输入(测试时需固定,一般选择中间帧),这样避免了采用连续帧之间的信息冗余,同时又尽可能利用到更多的视频信息,整个过程表示如下:

$$TSN(T_1, T_2, \cdots, T_K) = H(G(F(T_1;W), F(T_2;W), \cdots, F(T_K;W))) \qquad (10\text{-}3)$$

其中,每个片段对应的卷积函数为 $F(T_k;W)$,W 表示共享卷积参数,G 将所有的片段信息组合得到一致性类别假设,在此之后采用 Softmax 激活函数 H 预测整个视频属于每个行为类别的概率,并结合标准分类计算交叉熵损失(cross-entropy loss)。TSN 将视频片段选取一帧做空间卷积,片段中每帧提取光流做时序卷积,然后得到时间和空间维度的视频片段信息,最后经过融合类别分数得到最终的预测结果。

值得注意的是,除了在 Two-Stream 网络中采用 RGB 图像和光流两种输入模态外,TSN 还额外地增加了 RGB 差异(RGB difference)和扭曲的光流场(warped optical flow fields)两种输入作为多模态数据增强方式,来解决样本量较少的问题,这四种不同的输入模式如图 10-4 所示。虽然 TSN 的 Temporal 分支将光流场作为输入,用于捕获运动信息,但由于在现实拍摄的视频中,通常会存在相机的运动,导致光流场背景中包含大量的水平运动,使得视频无法单纯描述人类行为。因此,TSN 通过探索更多的输入模式来提高辨别力。受到 iDT[8](improved Dense Trajectories)工作的启发,TSN 将扭曲的光流场作为额外的输入。通过估计单应性矩阵(homography matrix)和补偿相机运动来提取扭曲光流场。其中,扭曲光流场能够很好地抑制背景运动,使得更加专注于视频中的人物运动。

10.2.2 SlowFast 模型

同样以 Two-Steam 卷积神经网络为基础,Meta 的 AI 研究团队提出时序快慢结合网络(SlowFast Networks)[3],该模型不同于 TSN 从时空做分支,而是通过不同的网络分支通道获取视频中静态与动态内容,以达到模仿人类视觉机理的视频理解效果,以此分析视频片段内容。

视网膜神经节的生物学研究表明,人类视觉大多数捕获的是静止画面。灵长类动物的

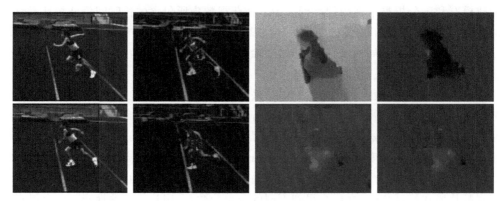

图 10-4　4 种不同输入模式例子[2]

视觉细胞是由约 80％的 P-Cells 和 20％的 M-Cells 组成的，P-Cells 对颜色、形状等图像信息更加敏感，但其时间分辨率较低，而 M-Cells 对时间变化更加敏感，能够以较高的时间频率工作，但对于空间的感知较弱。例如"跳跃"动作，在整个动作发生过程中视觉语义信息的变化是比较缓慢的，但是这些动作在时序上变化相对较快。因此，通过两个不同的网络对语义和时序变化不同的信息进行捕捉，以此来改善网络性能，是 SlowFast 网络模型设计的核心原理。

SlowFast 模型通过慢(Slow)通道和快(Fast)通道并行卷积神经网络结构，来实现视频片段的内容分析与理解。其中，Slow 通道的输入是视频序列稀疏采样后得到的少数帧，它以低帧率运行来捕获空间语义信息；Fast 通道以原始视频序列作为输入，以高帧率运行来捕获物体的运动信息。尽管 Fast 通道的帧率和刷新率较高，但是它通过减少通道容量来达到轻量级，大约占整体计算量的 20％。两个通道分别按照自己独特的方式进行视频建模与学习，从而捕获视频中不同的时序与空间信息。由于 Slow 通道以较低帧率和刷新率运行，所以其可以更加专注于空间信息与语义信息，而 Fast 通道恰好把 Slow 通道所提供的空间信息作为损失补偿。

对于视频信号而言，其在时间域与空间域各自重要程度并不相同，因此可以将视频信号进行"分解"，分别在空间域与时间域进行处理。从认知的角度出发，一方面，视觉内容的类别空间语义往往变化较慢。例如，一架飞机无论正在天上飞行还是停落在机场，始终不会改变其"飞机"的类别属性；一个人无论她穿着红裙子还是白 T 恤，她也始终属于"人"这个类别。所以，视频空间语义的类别识别过程可以在相对缓慢的过程里进行。另一方面，正在发生或执行的动作可以比其主体类别变化更快，例如行走、跳跃或者拍手，为了对此类潜在的快速变化运动进行建模，可以快速刷新帧(高时间分辨率)。

因此，SlowFast 网络架构可以视为是两种不同帧率运行的单流子网络结合而成，即一个 Slow 通道和一个 Fast 通道组成。其中，Slow 通道可以采用任意的卷积模型，通常以时空卷积的形式处理视频片段，并使用一个较大的时序跨度(即每秒跳过的帧数)，通常设置为 16，这意味着大约 1 秒可以采集 2 帧。Fast 通道是一个具有高帧速率、高时间分辨率特征以及低通道容量性质的卷积模型，通常使用一个非常小的时序跨度 $\frac{\tau}{\alpha}$，其中 α 通常设置为 8，大约 1 秒可以采集 15 帧。同时，SlowFast 使用较小的卷积宽度(使用的滤波器数量)，通常设置为慢通道卷积宽度的 $\frac{1}{8}$，记为 β，来保持 Fast 通道的轻量化。虽然 Fast 通道的时序频率较高，但由于其使用很少的通道数，使得 Fast 通道的总体计算量要比 Slow 通道小 4 倍。

基于上述思想，SlowFast 模型采用如图 10-5 所示的 Two-Steam 卷积神经网络来实现视频的识别与分类。其中上支路的 Slow 通道采用 2D+3D-RestNet 模型，下支路的 Fast 通道完全采用 3D-RestNet 模型，通过这种快慢通道相结合的方式提取时空特征。

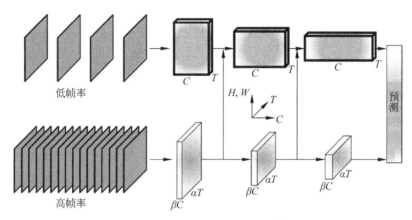

图 10-5 SlowFast 网络结构图[3]

SlowFast 网络采用 ResNet50 作为主干网络，其模型细节及参数设置如表 10-1 所示。用 $T \times S^2$ 表示时空尺寸，T 表示时间长度，S 表示高度和宽度，速度比率（跳帧率）为 $\alpha=8$，频道比率为 $1/\beta=1/8$，τ 设置为 16。值得注意的是，Slow 通道在前几层采用 2D 卷积，仅在最后两层使用了 3D 卷积；而 Fast 通道中的所有层均采用了 3D 卷积操作。

表 10-1 SlowFast 模型细节及参数设置

层	Slow 通道	Fast 通道	输出大小 $T \times S^2$
原始剪辑	-	-	64×224^2
数据层	stride $16, 1^2$	stride $2, 1^2$	Slow：4×224^2 Fast：32×224^2
卷积层 1	$1 \times 7^2, 64$ stride $1, 2^2$	$\underline{5 \times 7^2, 8}$ stride $1, 2^2$	Slow：4×112^2 Fast：32×112^2
池化层 1	1×3^2 max stride $1, 2^2$	1×3^2 max stride $1, 2^2$	Slow：4×56^2 Fast：32×56^2
残差模块 2	$\begin{bmatrix} 1 \times 1^2, 64 \\ 1 \times 3^2, 64 \\ 1 \times 1^2, 256 \end{bmatrix} \times 3$	$\begin{bmatrix} 3 \times 1^2, 8 \\ 1 \times 3^2, 8 \\ 1 \times 1^2, 32 \end{bmatrix} \times 3$	Slow：4×56^2 Fast：32×56^2
残差模块 3	$\begin{bmatrix} 1 \times 1^2, 128 \\ 1 \times 3^2, 128 \\ 1 \times 1^2, 512 \end{bmatrix} \times 4$	$\begin{bmatrix} 3 \times 1^2, 16 \\ 1 \times 3^2, 16 \\ 1 \times 1^2, 64 \end{bmatrix} \times 4$	Slow：4×28^2 Fast：32×28^2

续表

层	Slow 通道	Fast 通道	输出大小 $T \times S^2$
残差模块 4	$\begin{bmatrix} 3 \times 1^2, 256 \\ 1 \times 3^2, 256 \\ 1 \times 1^2, 1024 \end{bmatrix} \times 6$	$\begin{bmatrix} 3 \times 1^2, 32 \\ 1 \times 3^2, 32 \\ 1 \times 1^2, 128 \end{bmatrix} \times 6$	Slow：4×14^2 Fast：32×14^2
残差模块 5	$\begin{bmatrix} 3 \times 1^2, 512 \\ 1 \times 3^2, 512 \\ 1 \times 1^2, 2048 \end{bmatrix} \times 3$	$\begin{bmatrix} 3 \times 1^2, 64 \\ 1 \times 3^2, 64 \\ 1 \times 1^2, 256 \end{bmatrix} \times 3$	Slow：4×7^2 Fast：32×7^2
	全局平均池化，拼接，全连接		♯　类别

10.3　基于时序移位的类 3D 网络：TSM

在实现视频分类的过程中，视频流所特有的时序上下文信息至关重要。为了能够在不增加额外计算量的同时捕获这些重要信息，麻省理工学院和沃森人工智能实验室（MIT−IBM Watson AI Lab）的 Lin 等提出时序移位网络[4]（Temporal Shift Module，TSM），通过时序移位来提高视频分类性能，能有效解决由于视频流激增带来的高准确率与低计算量的平衡问题。

10.3.1　类 3D 思想

TSM 模型是一种将即插即用的简单高效时序移位模块巧妙地嵌入 ResNet 网络中的视频分类算法，通过时序移位操作对视频进行有效的时空建模。如图 10-6 所示，TSM 网络在时间维度上移动特征图的部分通道，并进行时间建模，不仅能够保持 2D-CNN 相对较小的计算量，而且能够促进相邻帧间的信息交流，从而实现类似 3D-CNN 的优越性能。

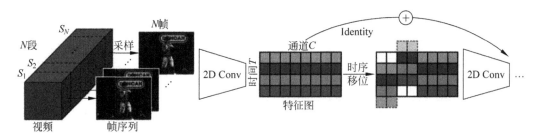

图 10-6　TSM 网络结构[4]

时序移位模块主要针对如图 10-7(a)所示卷积层所输出的原始特征图，将其中某部分的通道在时间轴上向前位移一步，而另一部分的通道在时间轴上向后位移一步，位移后的空缺补零，以此在特征图中引入时间维度上的上下文信息交互，提高时间维度上的视频理解能力。此外，考虑到在线视频分类任务中无法获取未来帧的信息，TSM 提供了分别用于处理离线与在线识别任务的两种不同版本的模型。其中，双向 TSM 是将历史帧、当前帧以及未来帧进行混合，适用于高吞吐量离线视频识别，如图 10-7(b)所示。单向 TSM 只将历史帧与当前帧进行混合,适用于低延迟的在线视频识别,如图10-7(c)所示。

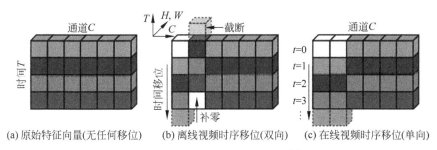

(a) 原始特征向量(无任何移位)　　(b) 离线视频时序移位(双向)　　(c) 在线视频时序移位(单向)

图 10-7　TSM 时间移位示意图[4]

在移位方式上,图10-8(a)所示的移位方式称为原地移位,这种方式损害了骨干模型的空间特征学习能力,尤其是当移动大量通道时,存储在已移动通道中的信息对于当前帧而言会丢失。因此,TSM 还提出了一种移位模块的变体。如图10-8(b)所示,将 TSM 放在残差块中的残差分支内,残差移位可以解决退化的空间特征学习问题,因此在通过通道映射进行时间移位之后,仍可以访问原始特征中的所有信息。

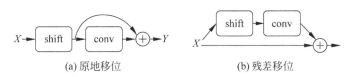

(a) 原地移位　　　　　　　　　　(b) 残差移位

图 10-8　原地移位和残差移位[4]

目前,能够有效实现视频理解的方法大都直接采用 2D-CNN,然而用于处理单个帧的 2D-CNN 往往无法很好地对时序信息进行建模。3D-CNN 可以同时学习空间和时间特征,但是其参数量和计算量较为庞大,这使得在云端和边缘设备上的部署成本增加,导致其无法应用于实时在线视频识别。对于一些有特定任务需求的工作,需要在时间建模和计算量之间进行利弊权衡,例如在最后决策级融合和中间时间特征级融合,往往以牺牲低层时间建模为代价提高模型效率,但是在时间融合之前的特征提取过程中会丢失许多关键信息。

为了兼顾 2D-CNN 与 3D-CNN 的技术优势,TSM 以一种全新的视角克服了视频理解中的有效时间建模问题。具体来说,视频分类模型的特征激活张量可以表示为 $A \in R(N \times C \times T \times H \times W)$,其中 N 是批处理大小,C 是通道数,T 是时间维度,H 和 W 是空间分辨率。传统的 2D-CNN 只能在空间维度上单独运行,因此,没有在时间维度上建模产生影响(如图10-7(a))。相反,TSM 沿时间维度向前和向后移动通道,将通道的一部分移位 -1,另一部分移位 $+1$,其余通道保持不变。如图10-7(b)所示,来自相邻帧的信息在移位后与当前帧混合在一起。

具体来说,以卷积核大小为 3 的一维卷积运算为例。假设卷积的权重为 $W=(w_1, w_2, w_3)$,并且输入 X 是无限长的一维向量。卷积运算符 $Y=\text{Conv}(W, X)$ 可以写为 $Y_i = w_1 X(i-1) + w_2 X(i) + w_3 X(i+1)$。将卷积运算解耦为移位和乘法累加两步,分别将输入 X 移位 -1、0、$+1$ 并乘以 w_1、w_2、w_3,总和为 Y。那么,移位操作和乘法累计操作可分别表示为

$$X_i^{-1} = X_{i-1}, X_i^0 = X_i, X_i^{+1} = X_{i+1} \tag{10-4}$$

$$Y = w_1 X^{-1} + w_2 X^0 + w_3 X^{+1} \tag{10-5}$$

尽管移位运算具有零运算的性质,但根据经验可发现,采用在图像分类中常使用的空间移位策略会引起视频分类两个主要问题。

(1) 大量数据移动导致效率降低:在概念上移位运算是 FLOP 为零,但会引起数据移动,而数据移动的额外成本不可忽略,并且会导致延迟增加。由于激活太多导致视频网络会占用大量内存(5D 张量),这种现象在视频网络中更为严重。

(2) 空间建模能力较差导致性能下降:通过将部分通道移动到相邻的无意义帧,通道中包含的信息对于当前帧将不再可用,这可能会损害 2D-CNN 主干的空间建模能力。

为了解决上述问题,TSM 使用时序局部移位策略,只移位了一小部分通道,而不是移位所有通道。这种策略大大降低了数据移动成本,能够实现有效的时间融合。此外,通过将 TSM 插入残差分支,可以保留当前帧的激活,并且对 2D-CNN 骨干的空间特征学习能力不会产生损害。

10.3.2 网络设计

类似于 SlowFast,TSM 也选用 ResNet50 作为主干网络。为了平衡用于空间与时间特征学习的模型性能,TSM 直接将时序移位模块插入每个卷积层和残差块之前。

考虑到离线视频和在线视频具有不同的特点,TSM 针对性地设计了两种不同的网络结构。由于在处理离线视频时能够轻易获取未来帧的信息,所以在建立离线视频的分类模型时采用双向时序移位操作。离线视频时序移位如图 10-7(b)所示。假设输入一段视频序列为 V,首先从视频序列中抽取 T 帧并表示为 $\{F_1, F_1, \cdots, F_T\}$。然后采用 2D-CNN 分别处理每一帧图像,通过对输出计算其对数平均值,得到最终的视频预测。双向 TSM 模型相比于 2D-CNN 模型没有增加额外的参数量与计算成本,在由卷积层提取序列特征的过程中,与 2D-CNN 一样独立运行处理每一帧图像。但是为了在保持无须任何计算的前提下实现时间信息融合,分别为每个残差块插入了 TSM 模块,从而如同将模型沿着时间维度运行内核大小为 3 的卷积一样使其整体感受野扩大了 2 倍。因此,TSM 具有很大的时间感受野,可以进行高度复杂的时间建模。

然而,在实际生活应用中,绝大多数情况下视频序列是在线实时产生的,例如:自动驾驶与 AR/VR。因此,需要设计一种低延迟的在线视频分类模型从而有效挖掘在线视频流中的重要信息。由于在处理在线视频时无法获取未来帧的信息,所以在建立在线视频的分类模型时使用单向时序移位操作,如图 10-9 所示。为了将历史帧的信息转移到当前帧,对于每一帧图像都将其在每个残差块的前 $n\left(n\ 可以取\ \frac{1}{8}、\frac{1}{4}、\frac{1}{2}\ 等\right)$ 特征通道信息进行保存。对于下一帧,将当前特征图的前 n 通道替换为缓存中的特征图,使用 $N-n$ 个当前特征通道和 n 个历史特征通道来组合生成下一层特征图然后不断重复。

相比其他 2D/3D-CNN 的方法,TSM 具有其独特的技术优势,它可以很便捷地将现有的 2D-CNN 模型转换为可以处理空间和时间信息的伪 3D 模型,而无须添加额外计算。因此,框架的部署硬件友好,在普遍的框架级别(CuDNN、MKL-DNN、TVM)和硬件级别(CPU、GPU、TPU、FPGA)下即可完成部署,只需要支持 2D-CNN 的操作。

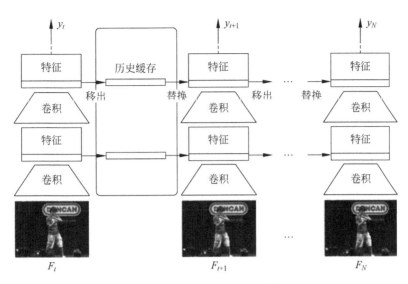

图 10-9　单向 TSM 结构图[4]

10.4　基于自注意力机制的网络

在深度神经网络中,捕获长期依赖关系是十分重要的。对于图像数据,往往使用卷积神经网络来提取像素之间的长距离依赖关系,通过大量卷积操作形成大的感受野进行建模。对于序列化数据(如语音、视频),通常采用循环操作(如 RNN)作为时间域上长期依赖问题的主要解决方案。然而,卷积操作或循环操作都是用于处理空间或者时间维度的局部邻域,只有当这些操作被反复应用时,长距离依赖关系才能被捕获,信号才能通过数据不断地传播。此外,重复的局部操作具有一些限制与弊端,例如计算效率低、优化难度大等问题。

为此,研究者尝试将自注意力机制(self-Attention)引入视觉任务,以 CVPR 2018 提出的非局部神经网络(Non-local neural networks)模型[5]为代表,该模型通过将 Non-local 操作设计为一个高效、简单、通用的组件,嵌入深度神经网络中来捕获距离较远的像素点之间的关联关系,提取大范围内各数据点之间的内在联系。此外,随着基于 self-attention 的 Transformer 在各大视觉任务的有效应用,Meta AI 于 2021 年提出第一个完全基于 Transformer 的视频处理架构,无卷积视频分类方法(TimeSformer)[6]。接下来,本节将详细介绍上述基于自注意力机制的视频分类网络。

10.4.1　Non-local 模型

Non-local 模型是 CV 领域中一种典型的自注意力模型,它借助传统计算机视觉中的非局部均值去噪滤波的思想,并将其扩展到神经网络中,通过定义输出位置和所有输入位置之间的关联函数,建立起一种具有全局关联特性的操作,输出特征图上的每个位置,都会受到输入特征图上所有位置的数据的影响。在 CNN 中,经过一次卷积操作,输出特征图上的像素点只能获取其相应的感受野之内的信息,为了获得更多的上下文信息,就需要做多次卷积操作。然而在 Non-local 操作中,每个输出点的感受野都相当于整个输入特征图区域,比 CNN 和 RNN 提取到更全局的信息。

　　不同于 TSN 采用两个 CNN 来分别挖掘时间和空间信息,Non-local 模块把非局部感受野的信息提取操作设计成一个容易嵌入神经网络的模块,不仅能够捕获时空上下文信息,而且方便了端到端的视频分析。Non-local 模块结构如图 10-10 所示。

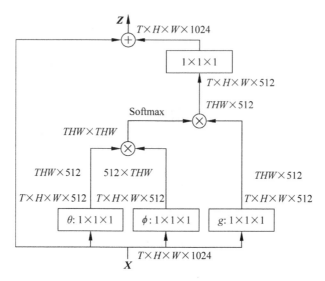

图 10-10　Non-local 模块结构[5]

　　假设 Non-local 模块的输入 X 为一段总共包含 T 帧的视频或者为通道数为 T 的特征图(即帧数/通道数为 T,长宽为 $H \times W$),则输出 Z 也是 T 维的大小为 $H \times W$ 的特征图。此外,最左端采用了跳跃连接,Non-local 模块把视频额外的时空信息提取作为一个残差操作,这样整个模块可以任意插入到一个残差网络 ResNet 中。

　　Non-local 模块通过引入类似自注意力机制,能够为视频的非局部关联性进行建模,从而自动捕获上下文的关联信息。如图 10-11 所示,这段视频中包含一个"踢球"的动作,在分析每一帧时首先需要找出与这一帧的关联性比较高的其他帧,然后正确分类与识别这些关联性比较高的帧所属的动作类别。

图 10-11　不同帧之间的关联性[5]

　　具体来说,Non-local 模块是较卷积操作的局部感受野而言的,其整个过程可表示为

$$y_i = \frac{1}{C(X)} \sum_{\forall j} f(X_i, X_j) g(X_j) \tag{10-6}$$

其中,X_i 和 X_j 表示第 i 帧和第 j 帧对应的图像,g 函数表示对 X_j 处计算得到的图像特征做一个线性变换,如图 10-10 所示。f 函数用于度量不同帧图像位置之间的相关度,用高斯函数或点乘等操作都可以达到计算效果,可表示为

$$f(X_i, X_j) = e^{\theta(X_i)^T \phi(X_j)} \tag{10-7}$$

函数 g、超参数 θ 和 ϕ 都是由 1×1 的卷积来计算的。从式(10-7)中可以看到,Non-local 操作只需用到卷积、矩阵相乘、加法、Softmax 等比较常用的算子,不需要额外添加新的算子,可以非常方便地实现组网以构建模型。

本节以基于 ResNet50 的 2D 卷积网络为例,尝试将 Non-local 模块嵌入至不同的阶段位置,以更好地分析其对网络性能的影响。其中,ResNet50 的网络结构设计如表 10-2 所示。

表 10-2　ResNet50 网络结构

层		输 出 大 小
卷积层 1	$7 \times 7, 64$, stride 2,2,2	$16 \times 112 \times 112$
池化层 1	$3 \times 3 \times 3$ max, stride 2,2,2	$8 \times 56 \times 56$
残差模块 2	$\begin{bmatrix} 1 \times 1, 64 \\ 3 \times 3, 64 \\ 1 \times 1, 256 \end{bmatrix} \times 3$	$8 \times 56 \times 56$
池化层 2	$3 \times 1 \times 1$ max, stride 2,1,1	$4 \times 56 \times 56$
残差模块 3	$\begin{bmatrix} 1 \times 1, 128 \\ 3 \times 3, 128 \\ 1 \times 1, 512 \end{bmatrix} \times 4$	$4 \times 28 \times 28$
残差模块 4	$\begin{bmatrix} 1 \times 1, 256 \\ 3 \times 3, 256 \\ 1 \times 1, 1024 \end{bmatrix} \times 6$	$4 \times 14 \times 14$
残差模块 5	$\begin{bmatrix} 1 \times 1, 512 \\ 3 \times 3, 512 \\ 1 \times 1, 2048 \end{bmatrix} \times 3$	$4 \times 7 \times 7$
全局平均池化,全连接		$1 \times 1 \times 1$

网络输入视频为 $T \times 224 \times 224$(帧数为 T 帧,长宽为 224×224)。其中,表 10-2 中的方括号表示一个残差块,"$\times 3$"表示由 3 个残差块组成,一组残差块称为一个阶段(stage)。表 10-2 残差模块 2 阶段有 3 个残差块,到了残差模块 3 有 4 个残差块,而到了较后层的残差模块 4 阶段,有 6 个残差块。

把 Non-local 模块放在不同阶段的位置,网络性能会存在差异。这是由于在不同的网络"阶段"中感受野的大小存在差异,当网络阶段较深时,卷积层输出的特征图尺寸较小,已经无法很好地学习与表征空间关系。因此,在使用 Non-local 模块时,需要选择合适的位置进行嵌入,以获取最佳的网络性能。

10.4.2　TimeSformer 模型

TimeSformer[6] 以图像分类网络结构 ViT 作为骨干网络,提出一种时空自注意力机

制,代替传统的卷积神经网络。与单纯图像处理任务不同,视频不仅包含空间信息,而且还包含时间信息。因此,TimeSformer 对一系列的帧级图像块进行时空特征提取,从而适配视频任务。

传统的视频分类模型通常使用 3D 卷积核来提取视频特征,然而 3D 卷积虽然在捕获局部时空上下文信息时有效,但是无法对长程的时空依赖关系进行高效建模,而且由于在视频序列中的所有时间-空间位置上使用大量的 3D 滤波器,导致其计算成本比较高。相比于传统视频分类算法,TimeSformer 由于继承了 Transformer 中的自注意力机制,使它可以捕获整个视频的时间和空间依赖性。然而,Transformer 的训练过程同样会耗费大量的计算资源。

为了解决上述计算开销的问题,TimeSformer 采用了两种比较巧妙的方式有效降低了计算量。首先,通过一种类似处理 NLP 的操作,将模型的输入视频帧分解成了一系列的不重叠的图像小块。然后,采用了一种时间和空间分离的注意机制(divided space-time attention),该注意机制的核心思想是依次采用时间注意力和空间注意力。在时间注意力上,每个图像块仅关注在剩余帧的对应位置处提取的图像块;在空间注意力上,该图像块仅关注相同帧的提取图像块。基于这两种注意力,能够有效避免在所有的图像块之间进行比较。

时空分离注意力的处理过程如图 10-12 所示,当采用时间注意时,第 t 帧中左上角的图像块只与第 $t-\delta$ 帧和第 $t+\delta$ 帧中相同位置的图像块进行比较。当视频序列长度为 N 时,每个图像块只会进行 N 次时间维度的比较。当采用空间注意力时,第 t 帧中左上角的图像块只会与同一帧中的其他图像块进行比较。如果每一帧被分成 M 个图像块,则每个图像块只会进行 M 次空间维度的比较。这样整个时空分离注意力对每帧中的每个图像块进行 $N+M$ 次比较,而如果采用联合时空注意力机制将会进行 $N \times M$ 次比较。与联合时空注意力机制相比,TimeSformer 采用时空分离注意力机制能够有效提升计算效率,而且分类结果更加准确。

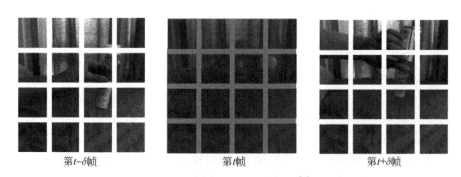

第 $t-\delta$ 帧　　　　　　　第 t 帧　　　　　　　第 $t+\delta$ 帧

图 10-12　时空分离注意力的处理过程[6](见彩插)

为了验证时空分离注意力机制的有效性,TimeSformer 分别对照了共五种不同的自注意力机制,包含空间注意力机制(Space Attention,S)、联合时空注意力机制(Joint Space-Time Attention,ST)、时空分离注意力机制(Divided Space-Time Attention,S+T)、稀疏全局注意力机制(Sparse Local Global Attention,L+G)、轴向注意力机制(Axial Attention,T+W+H)。五种自注意力机制的网络结构如图 10-13 所示。其中,空间注意力机制表示每个图像块只与同帧的其他图像块进行比较。联合时空注意力机制表示同时采用时间注意力和空间注意力,对所有帧中的每个图像块都进行比较。稀疏全局注意力表示在所有帧中,首先利用相邻的 $H/2$ 和 $W/2$ 的图像块捕获局部注意力,然后在空间维度上,采用两个图像块的步长,在整个视频序列中获取注意力,这种计算方式可以视为一种快速逼近的全局时空注意力机制。轴向注意力表示先在时间维度上执行自注意力,然后在纵坐标相同的图像块上执行自注意力,最后在相同横坐标的图像块上执行自注意力。

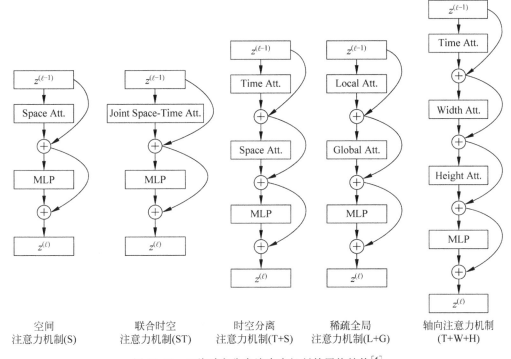

图 10-13　5 种时空分离注意力机制的网络结构[6]

图 10-14 为 5 种自注意力机制的不同处理过程,每个视频片段都被视作大小为 16×16 像素的帧级序列。通过分析比较,在处理视频数据时采用时空分离注意力机制是最有效的。

TimeSformer 采用了标准的 Transformer 体系结构,直接从一系列的帧级图像块中学习时空特征。同时,每个注意力层在特定图像块的时空邻域上获取注意力权重,并且使用残差连接来聚合每个块内不同注意力层的信息。在每个块的最后使用一个具有一个隐藏层的 MLP。最终的模型是通过重复地将这些块堆叠在一起来构建的。基于此,使得 TimeSformer 的模型训练速度更快,拥有更高的测试效率,并且可以处理超过一分钟的视频片段。TimeSformer 在多个行为识别基准测试中达到了 SOTA 效果,其中包括 TimeSformer-L 在 Kinetics-400[9] 达到了 80.7 的准确率,超过了经典的基于 CNN 的视频分类模型 TSN、TSM 及 SlowFast,而且有更短的训练用时(Kinetics-400 数据集训练用时 39 小时)。

此外,TimeSformer 具有很强的可拓展性,使其能够对更加长程的时空上下文关系进行建模,从而具有处理更长的视频序列的潜能,同时也为机器理解更加复杂的人类行为提供了可能。

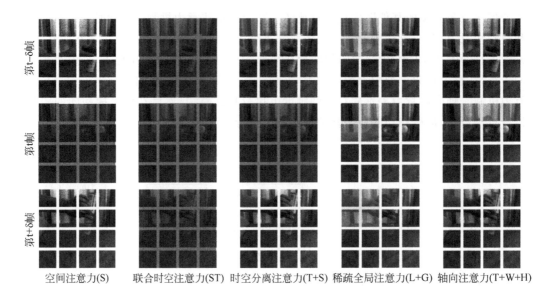

空间注意力(S)　联合时空注意力(ST)　时空分离注意力(T+S)　稀疏全局注意力(L+G)　轴向注意力(T+W+H)

图 10-14　5 种时空自注意力机制的不同处理过程[6]（见彩插）

10.5　飞桨实现视频分类案例

在 PaddlePaddle 环境下可以较为方便地训练和部署常见的视频分类模型。本节以 TSN 模型为例，详细介绍在 PaddlePaddle 环境下实现视频分类任务的具体实施过程，主要包括环境准备、数据读取与预处理、模型构建、模型训练、模型验证与评估以及模型测试等步骤。

10.5.1　环境准备

本节主要介绍运行视频分类程序所需软件环境，搭建本案例所需 PaddlePaddle 深度学习环境参见 4.3.1 节。此外，可以通过如下代码导入实验环境。

```
# coding = utf - 8
# 导入环境,加载必要的库
import os
import sys
import random
import math
import numpy as np
import scipy. io
import cv2
from PIL import Image
import os. path as osp
import copy
from tqdm import tqdm
import time
import glob
```

```
import fnmatch
from multiprocessing import Pool, current_process
import paddle
from paddle.io import Dataset
from paddle.nn import Conv2D, MaxPool2D, Linear, Dropout, BatchNorm, AdaptiveAvgPool2D,
AvgPool2D, BatchNorm2D
import paddle.nn.functional as F
import paddle.nn as nn
import paddle.nn.initializer as init
from paddle import ParamAttr
from paddle.regularizer import L2Decay
from collections.abc import Sequence
from collections import OrderedDict
import matplotlib.pyplot as plt
```

10.5.2 数据读取与预处理

数据集采用 UCF101 动作识别数据集,包含现实的动作视频,从 YouTube 上收集,有 101 个动作类别。该数据集是 UCF50 数据集的扩展,从 101 个动作类的 13 320 个视频中, UCF101 给出了最大的多样性,并且在摄像机运动、物体外观和姿态、物体尺度、视点、杂乱背景、光照条件等方面存在较大的差异,这是迄今为止最具挑战性的数据。

由于大多数可用的动作识别数据集都是非现实数据集,而且是由参与者建立的。因此, UCF101 旨在通过学习和探索新的现实行动类别来鼓励进一步研究行动识别。在 101 个动作类的视频中,动作类别可以分为 5 类,总共包括 5 种颜色标注。

(1) 人-物交互(Human-Object Interaction)。

(2) 仅身体运动(Body-Motion Only)。

(3) 人-人交互(Human-Human Interaction)。

(4) 演奏乐器(Playing Musical Instruments)。

(5) 体育运动(Sports)。

在加载数据时,只需在首次执行程序时运行一次即可,可根据需要对如下程序进行注释或者取消注释。

```
# 以下代码运行一次即可,再次运行时请将代码注释掉
# 工作区创建 data 文件夹用于存放数据
! mkdir /home/aistudio/work/data
# data 下 ucf101 文件夹用于存放 ucf101 数据集
! mkdir /home/aistudio/work/data/ucf101

# 将数据解压到/home/aistudio/work/data/ucf101 目录下
! unzip - d /home/aistudio/work/data/ucf101 /home/aistudio/data/data73202/UCF - 101.zip
! mv /home/aistudio/work/data/ucf101/UCF - 101 /home/aistudio/work/data/ucf101/videos

# 将标注解压到/home/aistudio/work/data/ucf101 目录下
! unzip - d /home/aistudio/work/data/ucf101 /home/aistudio/data/data73202/UCF101TrainTestSplits -
RecognitionTask.zip
```

```
! mv /home/aistudio/work/data/ucf101/ucfTrainTestlist/ /home/aistudio/work/data/ucf101/annotations
```

在数据预处理时,将数据处理的格式设置为 frame。具体代码如下:

```python
class FrameDecoder(object):
    def __init__(self):
        pass

    def __call__(self, results):
        # 加入数据的 format 格式信息,表示当前处理的数据类型为帧 frame
        results['format'] = 'frame'
        return results
```

TSN 算法采用了帧采样方法对视频进行分段采样,具体思路如下:

(1) 对视频进行分段;

(2) 从每段视频随机选取一个起始位置;

(3) 从选取的起始位置采集连续的 k 帧。

具体代码实现如下:

```python
class Sampler(object):
    def __init__(self, num_seg, seg_len, valid_mode = False):
        self.num_seg = num_seg                          # 视频分割段的数量
        self.seg_len = seg_len                          # 每段中抽取帧数
        self.valid_mode = valid_mode                    # train or valid

    def _get(self, frames_idx, results):
        data_format = results['format']                 # 取出处理的数据类型
        # 如果处理的数据类型为帧
        if data_format == "frame":
            # 取出帧所在的目录
            frame_dir = results['frame_dir']
            imgs = []                                   # 存放读取到的帧图像
            for idx in frames_idx:
                # 读取图像
                img = Image.open(os.path.join(frame_dir, results['suffix'].format(idx))).
convert('RGB')
                # 将读取到的图像存放到列表中
                imgs.append(img)
        else:
            raise NotImplementedError
        results['imgs'] = imgs                          # 添加 imgs 信息
        return results

    def __call__(self, results):
        frames_len = results['frames_len']              # 视频中总的帧数
        average_dur = int(int(frames_len) / self.num_seg)   # 每段中视频的数量
        frames_idx = []                                 # 将采样到的索引存放到 frames_idx
        for i in range(self.num_seg):
            idx = 0                                     # 当前段采样的起始位置
            if not self.valid_mode:
```

```
# 如果训练
if average_dur >= self.seg_len:        # 如果每段中视频数大于每段中要采样的帧数
    idx = random.randint(0, average_dur - self.seg_len)
                                        # 计算在当前段内采样的起点
    idx += i * average_dur      # i * average_dur 表示之前 i-1 段用过的帧
elif average_dur >= 1:          # 如果每段中视频数大于 1
    idx += i * average_dur      # 直接以当前段的起始位置作为采样的起始位置
else:
    idx = i                     # 直接以当前段的索引作为起始位置
else:
    # 如果测试
    if average_dur >= self.seg_len:
        idx = (average_dur - 1) //2  # 当前段的中间帧数
        idx += i * average_dur
    elif average_dur >= 1:
        idx += i * average_dur
    else:
        idx = i
# 从采样位置采连续的 self.seg_len 帧
for jj in range(idx, idx + self.seg_len):
    if results['format'] == 'frame':
        frames_idx.append(jj + 1)  # 将采样到的帧索引加入到 frames_idx 中
    else:
        raise NotImplementedError
return self._get(frames_idx, results)    # 依据采样到的帧索引读取对应的图像
```

此外,还有其他数据预处理的方法,包括图像尺度化、多尺度裁剪、随机裁剪、随机翻转、中心裁剪、数据类型转换、归一化等。为了方便处理,对以上所有的数据处理模块进行了封装,具体参见本书对应的百度飞桨 AI Studio 部署链接。

在数据读取时,为方便每次从数据中获取一个样本和对应的标签,构建了一个视频帧数据读取器,具体代码如下:

```
class FrameDataset(paddle.io.Dataset):
    def __init__(self, file_path, pipeline, num_retries = 5, data_prefix = None, test_mode = False,
                 suffix = 'img_{:05}.jpg'):
        super(FrameDataset, self).__init__()
        self.num_retries = num_retries              # 重试的次数
        self.suffix = suffix
        self.file_path = file_path
        self.data_prefix = osp.realpath(data_prefix) if \
            data_prefix is not None and osp.isdir(data_prefix) else data_prefix
        self.test_mode = test_mode
        self.pipeline = pipeline
        self.info = self.load_file()

    def load_file(self):
        """Load index file to get video information."""
        # 从文件中加载数据信息
        info = []
        with open(self.file_path, 'r') as fin:
```

```python
        for line in fin:
            line_split = line.strip().split()
            # 数据信息(帧目录-目录下存放帧的数量-标签)
            frame_dir, frames_len, labels = line_split
            if self.data_prefix is not None:
                frame_dir = osp.join(self.data_prefix, frame_dir)
            # 视频数据信息<视频目录,后缀,帧数,标签>
            info.append(dict(frame_dir = frame_dir,
                             suffix = self.suffix,
                             frames_len = frames_len,
                             labels = int(labels)))
        return info
    def prepare_train(self, idx):
        """Prepare the frames for training/valid given index. """
        # Try to catch Exception caused by reading missing frames files
        # 重试的次数
        for ir in range(self.num_retries):
            # 从数据信息中取出索引对应的视频信息,self.info 中每个元素对应的是一段视频
            results = copy.deepcopy(self.info[idx])
            try:
                # 将 <视频目录,后缀,视频帧数,视频标签> 交给 pipeline 处理
                results = self.pipeline(results)
            except Exception as e:
                print(e)
                if ir < self.num_retries - 1:
                    print("Error when loading {}, have {} trys, will try again".format
(results['frame_dir'], ir))
                idx = random.randint(0, len(self.info) - 1)
                continue
            # 返回图像集及其对应的 labels
            return results['imgs'], np.array([results['labels']])

    def prepare_test(self, idx):
        """Prepare the frames for test given index. """
        # Try to catch Exception caused by reading missing frames files
        for ir in range(self.num_retries):
            results = copy.deepcopy(self.info[idx])
            try:
                results = self.pipeline(results)
            except Exception as e:
                print(e)
                if ir < self.num_retries - 1:
                    print("Error when loading {}, have {} trys, will try again".format
(results['frame_dir'], ir))
                idx = random.randint(0, len(self.info) - 1)
                continue
            return results['imgs'], np.array([results['labels']])

    def __len__(self):
        """get the size of the dataset."""
        return len(self.info)
```

```
def __getitem__(self, idx):
    """ Get the sample for either training or testing given index"""
    if self.test_mode:
        return self.prepare_test(idx)
    else:
        return self.prepare_train(idx)
```

由于数据预处理时间一般较长，可通过设置多个进程实现数据读取，本实验采用 Paddle 内置的 Dataloader 来构建数据迭代器。

```
train_file_path = '/home/aistudio/work/data/ucf101/ucf101_train_split_1_rawframes.txt'
pipeline = Compose()                              # 数据预处理
data = FrameDataset(file_path = train_file_path, pipeline = pipeline, suffix = 'img_{:05}.jpg')
# 将数据载入模型
data_loader = paddle.io.DataLoader(
    data, num_workers = 0,
    batch_size = 16,
    shuffle = True,
    drop_last = True,
    places = paddle.set_device('gpu'),
    return_list = True
)

for item in data_loader():
    x, y = item
    print('图像数据的 shape:', x.shape)
    print('标签数据的 shape:', y.shape)
    break
```

10.5.3　模型构建

TSN 由空间流卷积网络和时间流卷积网络双路 CNN 组成。在文中这两个网络用的都是 BN-Inception。空间流卷积网络以单帧图像作为输入，时间流卷积网络以一系列光流图像作为输入，两路网络的输入类型是不一样的。考虑到篇幅的限制，这里只详细介绍 TSNHead 网络的搭建过程。

```
class TSNHead(nn.Layer):
    def __init__(self, num_classes, in_channels, drop_ratio = 0.4, ls_eps = 0., std = 0.01, *
* kwargs):
        super().__init__()
        self.num_classes = num_classes
        self.in_channels = in_channels        # 分类层输入的通道数
        self.drop_ratio = drop_ratio          # dropout 比例
        self.stdv = 1.0 / math.sqrt(self.in_channels * 1.0)
        self.std = std
        # NOTE: global pool performance
        self.avgpool2d = AdaptiveAvgPool2D((1, 1))
        if self.drop_ratio != 0:
```

```
                self.dropout = Dropout(p = self.drop_ratio)
            else:
                self.dropout = None

            self.fc = Linear(self.in_channels, self.num_classes)

            self.loss_func = paddle.nn.CrossEntropyLoss()        # 损失函数
            self.ls_eps = ls_eps                                 # 标签平滑系数
    # 权重初始化
    def init_weights(self):
        """Initiate the FC layer parameters"""
        weight_init_(self.fc,
                     'Normal',
                     'fc_0.w_0',
                     'fc_0.b_0',
                     mean = 0.,
                     std = self.std)
    # 前向函数
    def forward(self, x, seg_num):
        x = self.avgpool2d(x)
        x = paddle.reshape(x, [ - 1, seg_num, x.shape[1]])
        x = paddle.mean(x, axis = 1)
        if self.dropout is not None:
            x = self.dropout(x)
        score = self.fc(x)
        return score
```

10.5.4 模型训练

1. 加载预训练模型

网络训练之前首先需要对模型参数进行初始化,并且加载预训练模型。具体代码实现如下:

```
# 权重初始化
def weight_init_(layer, func, weight_name = None, bias_name = None, bias_value = 0.0, ** kwargs):
    if hasattr(layer, 'weight') and layer.weight is not None:
        getattr(init, func)( ** kwargs)(layer.weight)
        if weight_name is not None:
            # override weight name
            layer.weight.name = weight_name

    if hasattr(layer, 'bias') and layer.bias is not None:
        init.Constant(bias_value)(layer.bias)
        if bias_name is not None:
            # override bias name
            layer.bias.name = bias_name

# 加载预训练模型
def load_ckpt(model, weight_path):
```

```
# 如果找不到预训练模型路径,则会报错
if not osp.isfile(weight_path):
    raise IOError(f'{weight_path} is not a checkpoint file')


state_dicts = paddle.load(weight_path)
tmp = {}
total_len = len(model.state_dict())
with tqdm(total = total_len,
          position = 1,
          bar_format = '{desc}',
          desc = "Loading weights") as desc:
    for item in tqdm(model.state_dict(), total = total_len, position = 0):
        name = item
        desc.set_description('Loading % s' % name)
        tmp[name] = state_dicts[name]
        time.sleep(0.01)
    ret_str = "loading {:< 20d} weights completed.".format(
        len(model.state_dict()))
    desc.set_description(ret_str)
    model.set_state_dict(tmp)
```

2. 定义损失函数

网络训练的损失函数定义在 TSNHead 中,根据前向预测输出的得分与标签来计算损失值,具体实现如下:

```
# 损失函数的定义
def loss(self, scores, labels, reduce_sum = False, ** kwargs):
    if len(labels) == 1:
        labels = labels[0]
    else:
        raise NotImplemented
    # 如果标签平滑系数不等于 0
    if self.ls_eps != 0.:
        labels = F.one_hot(labels, self.num_classes)
        labels = F.label_smooth(labels, epsilon = self.ls_eps)
        # reshape [bs, 1, num_classes] to [bs, num_classes]
        # NOTE: maybe squeeze is helpful for understanding.
        labels = paddle.reshape(labels, shape = [ - 1, self.num_classes])
    # labels.stop_gradient = True              # XXX(shipping): check necessary
    losses = dict()
    # NOTE(shipping): F.crossentropy include logsoftmax and nllloss !
    # NOTE(shipping): check the performance of F.crossentropy
    loss = self.loss_func(scores, labels, ** kwargs)   # 计算损失
    avg_loss = paddle.mean(loss)
    top1 = paddle.metric.accuracy(input = scores, label = labels, k = 1)
    top5 = paddle.metric.accuracy(input = scores, label = labels, k = 5)

    losses['top1'] = top1
    losses['top5'] = top5
```

```
        losses['loss'] = avg_loss

        return losses
```

3. 训练配置

此外,网络训练还需要预先设定一些必要的超参数,具体如下:

```
# data
suffix = 'img_{:05}.jpg'                # 图像后缀名
batch_size = 16                         # 批次大小
num_workers = 0                         # 使用 work
drop_last = True
return_list = True


# train data
train_file_path = '/home/aistudio/work/data/ucf101/ucf101_train_split_1_rawframes.txt'
                                        # 训练数据
train_shuffle = True                    # 是否进行混淆操作


# valid data
valid_file_path = '/home/aistudio/work/data/ucf101/ucf101_val_split_1_rawframes.txt'
                                        # 验证数据
valid_shuffle = False                   # 是否进行混淆操作


# model
framework = 'Recognizer2D'
model_name = 'TSN'                      # 模型名
depth = 50                              # ResNet 网络深度
num_classes = 101                       # 类别数
in_channels = 2048                      # 最后一层 channel 数
drop_ratio = 0.5                        # dropout 比例
pretrained = '/home/aistudio/work/models/ResNet50_pretrain.pdparams'
                                        # 预训练模型参数文件


# lr
boundaries = [40, 60]                   # 学习率更新的轮
values = [0.01, 0.001, 0.0001]          # 学习率修改对应的值


# optimizer
momentum = 0.9                          # 动量更新系数
weight_decay = 1e-4                     # 权重衰减系数


# train
log_interval = 20                       # 每隔多少步打印一次信息
save_interval = 10                      # 每隔多少轮保存一次模型参数
epochs = 80                             # 总共训练的轮数
log_level = 'INFO'


# 其他训练配置
  # 1. Construct model
```

```
    tsn = ResNet(depth = depth, pretrained = pretrained)
    head = TSNHead(num_classes = num_classes, in_channels = in_channels)
    model = Recognizer2D(backbone = tsn, head = head)

    # 2. Construct dataset and dataloader
    train_pipeline = Compose(train mode = True)
    train_dataset = FrameDataset(file_path = train_file_path, pipeline = train_pipeline,
suffix = suffix)
    #训练取样器
    train_sampler = paddle.io.DistributedBatchSampler(
        train_dataset,
        batch_size = batch_size,
        shuffle = train_shuffle,
        drop_last = drop_last
    )
    #训练集加载
    train_loader = paddle.io.DataLoader(
        train_dataset,
        batch_sampler = train_sampler,
        places = paddle.set_device('gpu'),
        num_workers = num_workers,
        return_list = return_list
    )
    # 3. Construct solver
    # 学习率的衰减策略
    lr = paddle.optimizer.lr.PiecewiseDecay(boundaries = boundaries, values = values)
    # 使用的优化器
    optimizer = paddle.optimizer.Momentum(
        learning_rate = lr,
        momentum = momentum,
        parameters = model.parameters(),
        weight_decay = paddle.regularizer.L2Decay(weight_decay)
    )
```

4. 网络模型训练

设定好超参数后，下面就可以开始对网络模型进行训练了。本案例中总共训练 80 个 epoch，每个 epoch 都需要在训练集与测试集上运行，并打印出训练集上的损失和模型在训练和验证集上的准确率。具体的训练过程如下：

```
def train_model(validate = True):
    # 模型输出目录
    output_dir = f"/home/aistudio/work/output/{model_name}"
    if not os.path.exists(output_dir):
        try:
            os.makedirs(output_dir)
        except:
            pass

    #模型验证
    if validate:
```

```
                valid_pipeline = Compose(train_mode = False)
                valid_dataset = FrameDataset(file_path = valid_file_path, pipeline = valid_
        pipeline, suffix = suffix)
                valid_sampler = paddle.io.DistributedBatchSampler(
                    valid_dataset,
                    batch_size = batch_size,
                    shuffle = valid_shuffle,
                    drop_last = drop_last
                )
                valid_loader = paddle.io.DataLoader(
                    valid_dataset,
                    batch_sampler = valid_sampler,
                    places = paddle.set_device('gpu'),
                    num_workers = num_workers,
                    return_list = return_list
                )

                # 4. Train Model
        best = 0.
        for epoch in range(0, epochs):
            model.train()                                # 将模型设置为训练模式
            record_list = build_record(framework)
            tic = time.time()
            # 访问每一个 batch
            for i, data in enumerate(train_loader):
                record_list['reader_time'].update(time.time() - tic)
                # 4.1 forward
                outputs = model.train_step(data)         # 执行前向推断
                # 4.2 backward
                # 反向传播
                avg_loss = outputs['loss']
                avg_loss.backward()
                # 4.3 minimize
                # 梯度更新
                optimizer.step()
                optimizer.clear_grad()

                # log record
                record_list['lr'].update(optimizer._global_learning_rate(), batch_size)
                for name, value in outputs.items():
                    record_list[name].update(value, batch_size)

                record_list['batch_time'].update(time.time() - tic)
                tic = time.time()

                if i % log_interval == 0:
                    ips = "ips: {:.5f} instance/sec.".format(batch_size / record_list["batch_
        time"].val)
                    log_batch(record_list, i, epoch + 1, epochs, "train", ips)
            # learning rate epoch step
            lr.step()
```

```
    ips = "ips: {:.5f} instance/sec.".format(
        batch_size * record_list["batch_time"].count / record_list["batch_time"].sum
    )
    log_epoch(record_list, epoch + 1, "train", ips)


def evaluate(best):
    model.eval()
    record_list = build_record(framework)
    record_list.pop('lr')
    tic = time.time()
    for i, data in enumerate(valid_loader):
        outputs = model.val_step(data)

        # log_record
        for name, value in outputs.items():
            record_list[name].update(value, batch_size)

        record_list['batch_time'].update(time.time() - tic)
        tic = time.time()

        if i % log_interval == 0:
            ips = "ips: {:.5f} instance/sec.".format(batch_size / record_list["
batch_time"].val)
            log_batch(record_list, i, epoch + 1, epochs, "val", ips)

    ips = "ips: {:.5f} instance/sec.".format(
        batch_size * record_list["batch_time"].count / record_list["batch_
time"].sum
    )
    log_epoch(record_list, epoch + 1, "val", ips)

    best_flag = False
    for top_flag in ['hit_at_one', 'top1']:
        if record_list.get(top_flag) and record_list[top_flag].avg > best:
            best = record_list[top_flag].avg
            best_flag = True

    return best, best_flag

        # 5. Validation
    if validate or epoch == epochs - 1:
        with paddle.fluid.dygraph.no_grad():
            best, save_best_flag = evaluate(best)
        # save best
        if save_best_flag:
            paddle.save(optimizer.state_dict(), osp.join(output_dir, model_name + "_
best.pdopt"))
            paddle.save(model.state_dict(), osp.join(output_dir, model_name + "_best.
pdparams"))
            if model_name == "AttentionLstm":
                print(f"Already save the best model (hit_at_one){best}")
```

```
            else:
                print(f"Already save the best model (top1 acc){int(best * 10000) / 10000}")

        # 6. Save model and optimizer
        if epoch % save_interval == 0 or epoch == epochs - 1:
            paddle.save(optimizer.state_dict(), osp.join(output_dir, model_name + f"_epoch
_{epoch + 1:05d}.pdopt"))
            paddle.save(model.state_dict(), osp.join(output_dir, model_name + f"_epoch_
{epoch + 1:05d}.pdparams"))

    print(f'training {model_name} finished')

train_model(True)                                    # 训练模型时取消注释
```

10.5.5 模型验证与评估

为了能够有一个比较好的评估效果,这里选用训练好的模型,模型存放在/home/aistudio/output/TSN 目录下。具体评估代码如下。

1. 评估指标

为了对模型进行验证评估,分别计算其 top1 与 top5 分数,定义如下:

```
# 定义中心裁剪度量
class CenterCropMetric(object):
    def __init__(self, data_size, batch_size, log_interval = 20):
        """prepare for metrics
        """
        super().__init__()
        self.data_size = data_size
        self.batch_size = batch_size
        self.log_interval = log_interval
        self.top1 = []
        self.top5 = []

    def update(self, batch_id, data, outputs):
        """update metrics during each iter
        """
        labels = data[1]                            # 数据标签
        top1 = paddle.metric.accuracy(input = outputs, label = labels, k = 1)   # 计算 top1 分数
        top5 = paddle.metric.accuracy(input = outputs, label = labels, k = 5)   # 计算 top5 分数
        self.top1.append(top1.numpy())              # 将当前的 top1 值写入列表
        self.top5.append(top5.numpy())              # 将当前的 top5 值写入列表
        # preds ensemble
        if batch_id % self.log_interval == 0:
            print("[TEST] Processing batch {}/{} ...".format(batch_id, self.data_size //
self.batch_size))

    def accumulate(self):
        """accumulate metrics when finished all iters.
```

```
        """
        print('[TEST] finished, avg_acc1 = {}, avg_acc5 = {} '.format(
            np.mean(np.array(self.top1)), np.mean(np.array(self.top5)))
        )
```

2. 模型评估

```
@paddle.no_grad()
def test_model(weights):
    # 1. Construct dataset and dataloader.
    test_pipeline = Compose(train_mode = False)
    test_dataset = FrameDataset(file_path = valid_file_path, pipeline = test_pipeline,
suffix = suffix)
    test_sampler = paddle.io.DistributedBatchSampler(
        test_dataset,
        batch_size = batch_size,
        shuffle = valid_shuffle,
        drop_last = drop_last
    )
    test_loader = paddle.io.DataLoader(
        test_dataset,
        batch_sampler = test_sampler,
        places = paddle.set_device('gpu'),
        num_workers = num_workers,
        return_list = return_list
    )
    # 评估配置
    # 创建模型
    tsn_test = ResNet(depth = depth, pretrained = None) # , name = 'conv1_test'
    head = TSNHead(num_classes = num_classes, in_channels = in_channels)
    model = Recognizer2D(backbone = tsn_test, head = head)
    # 将模型设置为评估模式
    model.eval()
    # 加载权重
    state_dicts = paddle.load(weights)
    model.set_state_dict(state_dicts)

    # add params to metrics
    data_size = len(test_dataset)

    metric = CenterCropMetric(data_size = data_size, batch_size = batch_size)
    for batch_id, data in enumerate(test_loader):
        # 预测
        outputs = model.test_step(data)
        metric.update(batch_id, data, outputs)
    metric.accumulate()

model_file = '/home/aistudio/output/TSN/TSN_best.pdparams'
```

10.5.6 模型测试

测试阶段将随机抽取 UCF101 中的若干条数据,演示网络测试的结果。

```
index_class = [x.strip().split() for x in open('/home/aistudio/work/data/ucf101/
annotations/classInd.txt')]
# 模型测试
@paddle.no_grad()
def inference():
    model_file = '/home/aistudio/output/TSN/TSN_best.pdparams'
    # 1. Construct dataset and dataloader.
    test_pipeline = Compose(train_mode=False)
    test_dataset = FrameDataset(file_path=valid_file_path, pipeline=test_pipeline,
suffix=suffix)
    test_sampler = paddle.io.DistributedBatchSampler(
        test_dataset,
        batch_size=1,
        shuffle=True,
        drop_last=drop_last
    )
    test_loader = paddle.io.DataLoader(
        test_dataset,
        batch_sampler=test_sampler,
        places=paddle.set_device('gpu'),
        num_workers=num_workers,
        return_list=return_list
    )
        # 测试配置
    # 创建模型
    tsn = ResNet(depth=depth, pretrained=None)
    head = TSNHead(num_classes=num_classes, in_channels=in_channels)
    model = Recognizer2D(backbone=tsn, head=head)
    # 将模型设置为评估模式
    model.eval()
    # 加载权重
    state_dicts = paddle.load(model_file)
    model.set_state_dict(state_dicts)

    for batch_id, data in enumerate(test_loader):
        _, labels = data
        # 预测
        outputs = model.test_step(data)
        # 经过 softmax 输出置信度分数
        scores = F.softmax(outputs)
        # 从预测结果中取出置信度分数最高的
        class_id = paddle.argmax(scores, axis=-1)
        pred = class_id.numpy()[0]
        label = labels.numpy()[0][0]
```

```
        print('真实类别:{}, 模型预测类别:{}'.format(index_class[pred][1], index_class
[label][1]))
        if batch_id > 5:
            break
```

10.6　本章小结

　　视频分类不仅需要理解整段视频中的每帧图像,而且需要通过从帧间所包含的时序上下文信息中识别出能够描述视频片段的运动信息。深度学习方法利用深度神经网络从数据和标注中自动学习特征,已经成为目前视频分类的主流研究方法。本章主要概述了视频分类中的经典模型,包括基于时序划分的 TSN 和 SlowFast 双流网络、基于时序移位的类 3D 网络 TSM、基于自注意力机制的 Non-local 以及 TimeSformer 网络,并且详细介绍了由 PaddlePaddle 实现 TSN 的具体案例,让读者更加了解视频分类任务,让开发者更方便地使用与开发视频分类系统。

参考文献

[1]　Wu Z,Yao T,Fu Y,et al. Deep learning for video classification and captioning[M]//Frontiers of multimedia research. 2017: 3-29.

[2]　Wang L,Xiong Y,Wang Z,et al. Temporal segment networks: Towards good practices for deep action recognition[C]//European conference on computer vision. Springer,Cham,2016: 20-36.

[3]　Feichtenhofer C,Fan H,Malik J,et al. Slowfast networks for video recognition[C]//Proceedings of the IEEE/CVF international conference on computer vision. 2019: 6202-6211.

[4]　Lin J,Gan C,Han S. TSM: Temporal shift module for efficient video understanding[C]//Proceedings of the IEEE/CVF international conference on computer vision. 2019: 7083-7093.

[5]　Wang X,Girshick R,Gupta A,et al. Non-local neural networks [C]//Proceedings of the IEEE conference on computer vision and pattern recognition. 2018: 7794-7803.

[6]　Bertasius G,Wang H,Torresani L. Is space-time attention all you need for video understanding? [J]. arXiv preprint arXiv:2102.05095,2021.

[7]　Ioffe S,Szegedy C . Batch normalization: Accelerating deep network training by reducing internal covariate shift[C]//International conference on machine learning. PMLR,2015: 448-456.

[8]　Wang H,Schmid C. Action recognition with improved trajectories[C]. ICCV,2013.

[9]　Carreira J,Zisserman A. Quo vadis,action recognition? a new model and the kinetics dataset[C]. 2017 IEEE conference on computer vision and pattern recognition . IEEE,2017.

第11章

图像文本检测和识别原理与实战

图像文本检测和识别是指对图像进行文字分析和识别处理,提取文本信息的过程,是计算机视觉领域的另一大典型任务。通常,它对应光学字符识别(Optical Character Recognition,OCR)技术。狭义上的 OCR 主要是针对传统文档资料的文字检测,对输入扫描文档图像进行分析与处理,识别出图像中的文字信息;广义上的 OCR 则是指场景文字识别(Scene Text Recognition,STR),其目标是识别现实场景中的文字,并逐渐发展成为学术界的研究热点。

11.1 图像文本检测和识别任务的基本介绍

在计算机视觉处理技术上,OCR 通过对输入的图像进行处理,检测和识别出其中的文本,可以视为一个以字符为特定目标的目标检测识别过程。但与一般的图像目标检测识别相比,OCR 任务面临着更多的应用挑战。例如对扫描文档中的文本目标进行识别时,所处理的扫描文档往往存在着图像质量低下、分辨率不足、字体过小等问题,使得文本目标识别困难。而在自然场景下,图像中的文本行背景、文本形状、方向、尺度、颜色、字体等都存在多样化,使得文本识别的难度更大。

11.1.1 OCR 任务的应用与发展

OCR 技术在各行各业都应用广泛,可以带来巨大的商业价值。特别是,ORC 给自动化办公提供了强大的支撑,可以通过文档资料的存储与检索,提高企业流程化事务处理和监管的效率。此外,文本资料的自动识别也为机器翻译带来了很好的助力。由于自然图像的文本识别在文档分析、图像检索、场景理解和机器人导航中已经产生大量的实际应用,所以 OCR 在计算机视觉领域也引起越来越多的关注,其技术模型也日益成熟。

通常来说,OCR 任务主要包括文本检测和文本识别两部分,随着文本检测、文本识别方法的不断提出,OCR技术也不断地被完善。近些年,借助深度学习技术的发展,OCR领域也涌现出一些端到端的算法来一次性地解决文本检测和文本识别的问题。

1. 文本检测

文本检测就是要定位图像中的文字区域,通常以边界框的形式将单词或文本行标记出来。

与目标检测类似,在深度学习未广泛流行之前,文本检测技术主要依靠手工提取特征,包括笔画宽度变换(Stroke Width Transform,SWT)[1]、方向梯度直方图(Histogram of Oriented Gridients,HOG)、最大稳定极值区域(Maximally Stable Extremal Regions,MSER)[2]等算法。传统方法处理的对象多为印刷体,要求文本背景必须简单,单字符提取的结果极大影响着最终文本检测的性能。它对英文的检测效果较好,而中文字符由于其间隔较小,检测效果较差。

在计算机视觉任务大量使用深度学习之后,基于深度学习的方法也慢慢代替了传统的文本检测方法。目前基于深度学习的方法可以分为两类:一类是基于图像分割的文本检测方法,从图像语义分割发展而来;另一类是基于候选框(region proposal)的文本检测方法,从图像目标检测发展而来。此外,还有基于两者混合的文本检测方法以及少数其他方法。

针对文本对象变化模式不统一、背景图像干扰难确定等问题,近年来出现了各种基于深度学习的技术解决方案。它们从特征提取、区域建议网络(RPN)、多目标协同训练、损失函数改进、非极大值抑制、半监督学习等角度对常规目标检测方法进行改造[3],从而极大提升了自然场景图像中文本检测的准确率,并且诞生了许多效果不错的文本检测模型,例如SegLink[4]、CTPN[5]、TextBoxes[6]、EAST[7]等。改进模型的网络结构精心为文本检测而设计,极大地提升了对扫描文档以及自然场景图像文本检测的准确率。

2. 文本识别

在对图像进行文本检测之后,对于定位的图像区域进行专门的字符识别。

传统的文本识别是对单字符进行识别,可以简单地通过模板匹配的方式对字符进行分类识别,也可以借助模式识别中经典的分类算法,根据传统的手工特征,进行文本分类识别。但对于文本行而言,传统文本识别方法只能对其进行字符切割,再进行单字符识别,而字符切割的精度直接影响文本识别的精度。可见,传统的单字符识别方法忽略了文本定位区域的上下文信息,难以保证文本行的识别精度。同时,传统文本识别方法的计算量很大,不适合用在实时性要求高的系统中。

随着深度学习方法的发展,出现了许多基于深度学习的识别模型,例如VGGNet[8]、ResNet[9]、DenseNet[10]等网络,它们可以应用于单字符识别,但是更多地应用于文本行的识别。为了提高文本行识别的准确率,许多深度学习模型聚焦于如何引入文本行上下文信息,其中循环神经网络(Recurrent Neural Network,RNN)和长短期记忆网络(Long-Short Term Memory,LSTM)这两种表示时序关系的网络模型成为优选。例如基于注意力的文本识别(Attention OCR)网络,引入注意力模型将图像内容和文本时序信息通过RNN网络结合在一起,提高了文本行识别精度。另一典型的方法是卷积循环神经网络(Convolutional Recurrent Neural Network,CRNN)[11]文本识别模型,不需要进行字符分割,借助双向

LSTM 网络进行序列处理,可直接用于解决任意长度文本序列的识别问题,特别是场景文本的识别问题。

3. 端到端 OCR

以上的方法是将文本检测和文本识别视为两个独立的任务分成两个步骤进行,它们建立的模型不同,在实施阶段中将这两个模型串联组成一个完整的识别系统,也就是 OCR 的两阶段架构[12]。近年来,开始出现端到端的识别模型,即在一个网络结构中完成检测和识别任务。这种方法在训练阶段,输入训练图像以及文本内容和对应的文本坐标,损失函数是边框坐标预测误差与文本内容预测误差的加权之和[12];而在预测阶段,则是在训练好的模型中输入原始图像,并且直接输出识别好的文本。2021 年新发布的点聚集网络(Point Gathering Network,PGNet)[13]就是一个典型的端到端 OCR 框架,同时具有检测和识别模块的模型,在检测和识别任务之间共享卷积特征图,并联合训练。与两阶段的 OCR 不同,端到端 OCR 模型更加精炼,训练效率更高,在预测过程资源开销更少。

11.1.2　OCR 任务的评价指标

OCR 任务本质上是分类的任务,即判断图像中的文本框对应的字符分别属于哪一个类别,因此就可以用分类任务的指标进行评价。常见的 OCR 任务的评价指标有三个,分别对应分类任务的精度(P)、召回率(R)和 $F1$ 度量,具体可参见 5.1.2 节。

此外,在 OCR 任务中还有针对单个字符的字符准确率和针对整行文本的整行准确率,它们都是基于以上的精度和召回率,只是分类的对象有所不同。

11.2　文本检测算法

对于排版规范印刷字体的检测,现在的检测技术已经趋于成熟。例如,我们常使用的微信、QQ 等程序中就带有图像文字提取功能。而对于自然场景图像中文字检测,由于光照环境的影响、文字的多样性,文字检测则存在比较大的难度。一般而言,无论是印刷文字,还是自然场景中的文字,常用水平排列,连续字符的长度可变即文本行宽度是可变的、不确定的,但高度基本相同。这就促成了文本检测的一种基本思路,按照固定的高度进行检测,主要检测图像中连续出现同样高度特征的区域,如该区域的边缘符合文字特点,就将其当作文本行区域标记出来。

11.2.1　小尺度文本检测算法:CTPN

CTPN(Connectionist Text Proposal Network)[5],全称是基于连接预选框网络的文本检测。该算法由华南理工大学金连文老师研究组提出,是目前流传广、影响大的开源文本检测模型,可以检测水平或微斜的文本行。在 Faster R-CNN 基础上去掉了 RoI 层,引入了不同的锚框设置,通过固定宽度不同高度的锚框设置,来模拟不同高度的文本行,加入了 RNN 网络,使用 RNN 网络对目标的位置偏移和置信度得分计算,该算法虽然精度很高,但是由于使用了 RNN 网络,拖慢了网络速度。

在 CTPN 中文本行可以被看成一个序列,而不是一般物体检测中单个独立的目标。同一文本行上各个字符图像间可以互为上下文,在训练阶段让检测模型学习图像中蕴含的上下文统计规律,可以使得预测阶段有效提升文本块预测准确率[14]。

CTPN 模型的网络结构如图 11-1 所示。

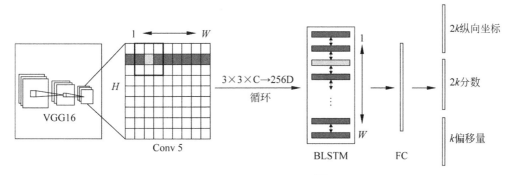

图 11-1　CTPN 网络结构[5]

具体的实现步骤主要如下:首先利用 VGG16 作为基础网络得到特征图,然后利用大小为 3×3 的滑窗来预测小的文本框。之后通过 RNN 提升效果,将所有预测的窗口输入 BLSTM 模块(双边 SLTM)中,这是由于文本框的预测对于左右两边的小窗口都存在联系。对 RNN 的结果通过全连接层进行输出预测的参数,它包括 $2k$ 个纵向坐标 y、$2k$ 个分数、k 个 x 的水平偏移量,最后根据每一个小窗口的分数来决定是否将相邻窗口进行合并,得到检测出的文本区域。

11.2.2　场景文本检测算法:EAST

常规的基于深度学习的文本检测方法,通常将文本检测分成多个阶段进行,这不仅增加了耗时,还可能影响检测的精度。针对该问题,EAST(An Efficient and Accurate Scene Text Detector)[7]设计了只包含两阶段的模型,消除中间过程冗余,减少检测时间。图 11-2 给出了几个不同框架的文本检测流程,可以发现 EAST 只包含全卷积网络(FCN)和非极大值抑制(NMS)。该模型借助 FCN 架构直接输出文本行的 (x,y,w,h,θ) 和置信度以及四边形的四个坐标。这意味着不仅可以检测水平和倾斜的矩形框,还可以检测出平行四边形的文本框。

EAST 的网络结构如图 11-3 所示,具体包括特征提取层、特征融合层以及输出层。特征提取层可以采用任意通用网络,采用 FCN 的结构,能够得到不同尺度的特征图,由于对小文字的预测需要图像底层信息,大文字的预测则需要高层语义信息,因此特征融合层将不同尺度的特征图融合起来(类似 U-Net)以应对图像中文字大小不一的文本检测问题。预测通道产生得分图,并计算在相同位置预测的旋转框和四边形的几何形状置信度,其中得分超过预定阈值的几何则认为是有效的文本框,用于 NMS 之后得到了网络的输出层,它包含文本行的 (x,y,w,h,θ) 和置信度以及四边形的 4 个坐标。EAST 采用了位置感知 NMS 来对生成的几何框进行过滤,同时在精度和速度方面都有一定的提升。

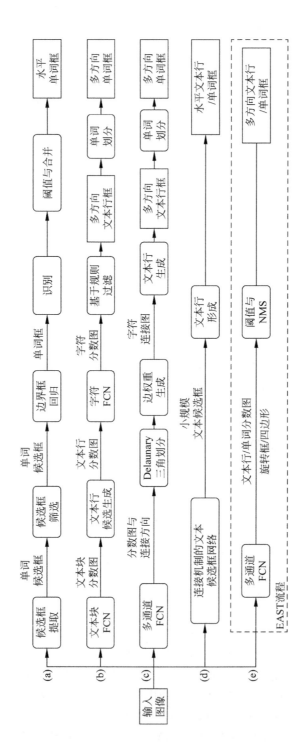

图 11-2 不同框架下的文本检测流程[7]

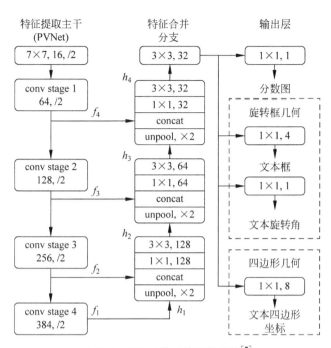

图 11-3 EAST 模型的网络结构[7]

11.2.3 任意形状文本检测器：SAST

对于一般文字检测算法而言，文字检测的最大难题就是文字的尺寸、方向和数量都是不确定的。通常来说，使用语义分割的方式找到文字的位置是一个不错的方式，但是也会带来新的问题，例如相邻的文字由于距离过近可能会被分割到同一部分，同时较长的文本也可能会在分割中被切断而碎片化，因此从文本检测的角度得到能完整分离每一段文本的方法就十分重要。SAST[15] 作为一种基于语义分割的文本检测算法，使用了高效的点对齐方法，来高效检测任意长度的文本。

SAST 算法的网络结构如图 11-4 所示，它包含了 3 部分：一个特征提取器、一个多任务分支和一个后处理模块。它的特征提取基础网络和 FCN 相似，之后连接了上下文注意力模块（CAB）。多任务分支的输出分为四部分，分别为 TCL、TCO、TVO 和 TBO 特征图。TCL 表示文本区域，它将文本区域和背景分割开，另外三个特征图表示相对于 TCL 的像素偏移量。TVO 特征图是相对于 TCL 特征图的文本边框四个顶点的像素偏移量，TBO 是相对于 TCL 特征图上下边界的偏移量，TCO 特征图是相对于 TCL 特征图的文本像素中心偏移量。后处理部分中，SAST 算法使用点对边对齐方法来分割文本实例，从而得到最终的结果。

同时，SAST 算法还设计了上下文注意力模块 CAB 来增强特征的表达，其具体的结构如图 11-5 所示。在水平方向上，通过并行 3 个卷积层来获取注意力图，并使用 Sigmoid 进行激活。在垂直方向上进行同样的操作，之后将得到的水平注意力图和垂直注意力图与原来的特征图进行结合得到最后的特征图。利用 CAB 模块可以有效获取每个像素和其余所有像素间的关系，也避免了长文本检测时由于感受野太小而造成的检测范围不够的问题。

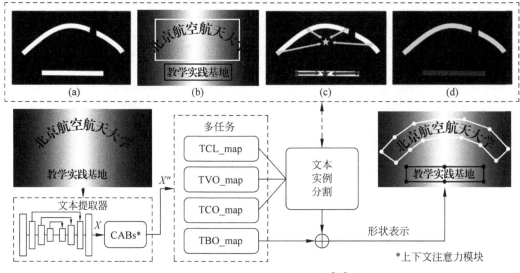

图 11-4　SAST 模型的网络结构[15]

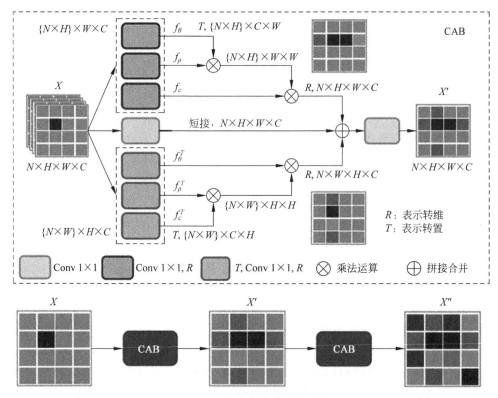

图 11-5　CAB 模块的结构图[15]

　　在后处理部分,SAST 使用点对边对齐方法来分割文本区域,第一步根据 TCL 和 TVO 特征图检测出候选文本四边形,第二步将二值化 TCL 特征图中的映射文本区域聚类成为文本实例。该后处理方法结合高层对象知识和底层像素信息,将 TCL 中的每个像素有效地聚类到其最佳匹配的文本实例,不仅有助于分离彼此接近的文本实例,而且在处理超长文本时还能减少分段。

11.2.4　二值化检测模型：DBNet

DB[16] 即 Differentiable Binarization,意为可微二值化。DBNet 模型[16] 和其他文本检测算法最大的不同就在于网络中增加了一个二值化的过程,从而能够对预测图自适应地设置二值化阈值,这种方法不仅简化了原本需要的后处理,也对文本检测的精度有了一个很大的提升。传统的文本检测流程如图 11-6 中上面的虚线箭头所示,首先设置一个固定的阈值,用于将分割网络生成的概率图转换为二值图像;DBNet 如下面的实线箭头所示,模型可以自适应地预测图像每个位置的阈值,从而能够完全区分前景和背景中的像素。

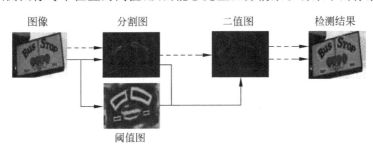

图 11-6　传统检测流程与 DBNet 检测流程[16]

DBNet 的网络结构如图 11-7 所示,输入的图像经过多层的卷积提取特征图,这个模型对不同尺度的特征图进行了特别的上采样,保证每一个更底层的特征都能包含部分的高层特征,然后将它们上采样融合并连接合并得到特征图 F,用特征图 F 来预测阈值图 T 和概率图 P,根据概率图 P 和阈值图 T 计算出二值图 B。因此,训练的时候需要同时对阈值图 T、概率图 P 和二值图 B 进行监督,其中概率图和二值图使用的标签相同。

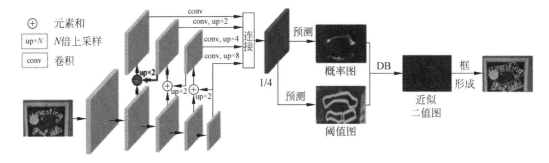

图 11-7　DB 模型的网络结构[16]

对于一个分割网络而言,在得到一个概率图 P 后需要对其进行二值化处理,这种方法通常使用下面的公式:

$$B_{i,j} = \begin{cases} 1, & P_{i,j} \geq t \\ 0, & \text{其他} \end{cases} \tag{11-1}$$

其中 t 表示阈值,i、j 表示坐标。

但是对于式(11-1)而言,它是不可微的,无法用于训练。因此,DB 算法提出了可微分的

二值化过程,具体公式如下:

$$B_{i,j} = \frac{1}{1 + e^{-k(P_{i,j} - T_{i,j})}} \qquad (11\text{-}2)$$

二值图 B 由概率图 P 和阈值图 T 计算得到,k 是一个超参数,用于控制放大倍数,一般设定为 50,这样近似的二值函数和原本的二值化在形式上类似,但是因为可以微分,就可以引入网络的训练中。同时,因为引入了这种可微分的二值化计算,对训练的梯度起到了放大的作用,也使文本检测的精度得到了一定的提升。

11.3　文本识别算法

文字识别算法在最开始发展的阶段主要分为两步:先将一串文字切割出单个字体,再对单个字体利用 CNN 进行分类。但是目前提出的方法可以将文字识别转化为序列学习问题,不需要进行文字切割的部分。现在主流的方法有两种:CRNN OCR 和 Attention OCR。这两大方法的区别主要是如何在最后输出时将学习的特征序列转化为文字识别的结果。它们的共同点是在其特征提取部分都采用了 CNN 和 RNN 的网络结构,不同的是 CRNN OCR 在对齐时采取的方式是连接机制时间分类(Connectionist Temporal Classification,CTC)算法,而 Attention OCR 采取的方式则是注意力机制[17]。本节分别介绍这些算法。

11.3.1　基于卷积循环神经网络的识别模型:CRNN

CRNN 网络[11]结构包含三部分:第一部分是卷积层,利用卷积网络从输入图像中获得特征图序列;第二部分是循环层,利用 LSTM 从特征图里预测序列的标签分布;第三部分是转录层,利用 CTC 将循环层对每个特征向量做出的预测转换成序列标签,最后得到识别结果,如图 11-8 所示。

CRNN 借鉴了语音识别中的 LSTM＋CTC 的建模方法。它采取的架构是 CNN＋RNN＋CTC,其中 CNN 提取图像像素特征,RNN 提取图像序列特征,而 CTC 主要用于对序列进行整合。经过 CNN 和 RNN 后输出的序列个数为 S,而 S 很多时候会大于实际的字符数,因为可能会有一个字母被连续识别多次而产生冗余,所以 CTC 的空白机制就能很好地解决冗余问题。

以图 11-9 所示的手写体字符识别为例,对于标签为"ab"的手写体图像,经过 CNN＋RNN 后输出序列长度为 5,即 $t_0 \sim t_4$,可以看出 t_0、t_1、t_2 位置应映射为"a",t_3、t_4 位置应映射为"b"。首先将连续重复的字符合并成一个输出,即"aaabb"将被合并成"ab"输出。CTC 的空白机制正是为了解决连续重复字符合并的问题,它以"-"符号将重复字符分隔开,例如"aa-aaabb"映射为"aab"。这样就能解决序列过长的冗余问题。

事实上,一个标签存在一条或多条的字符映射路径,用 $\pi_1 = --stta-t---e$ 表示其中的一条映射路径,B 表示字符序列到标签的映射,则从字符序列到标签的映射过程可表示为

$$B(\pi_1) = B(--stta-t---e) = state \qquad (11\text{-}3)$$

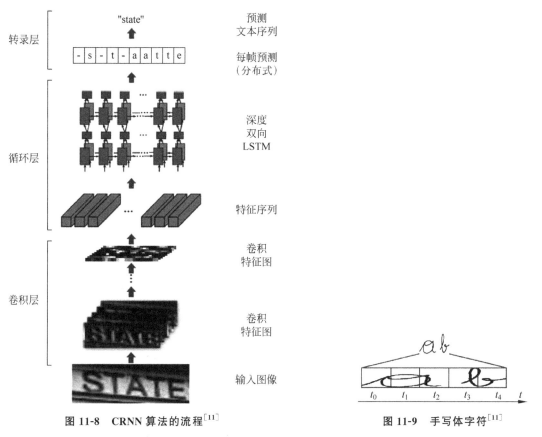

图 11-8 CRNN 算法的流程[11]　　　　图 11-9 手写体字符[11]

由于 RNN 层输出的字符序列中概率矩阵就包含了每个字符是各种不同字符和空白符的概率,即

$$p(\pi_1 \mid x) = y_-^1 \cdot y_-^2 \cdot y_s^3 \cdot y_t^4 \cdot y_t^5 \cdot y_a^6 \cdot y_-^7 \cdot y_-^8 \cdot y_t^9 \cdot y_-^{10} \cdot y_-^{11} \cdot y_e^{12} \quad (11\text{-}4)$$

其中,y_-^1 表示第一个序列输出"—"的概率,其余的类似。因此对于标注序列 l,其条件概率为所有映射到它的路径概率之和:

$$p(l \mid x) = \sum_{\pi \in B^{-1}(l)} p(\pi \mid x) \quad (11\text{-}5)$$

其中,$B^{-1}(l)$ 表示从标注序列到字符序列的所有可能路径的集合,以概率的方式 CTC 就不需要对输入序列进行准确拆分。为了计算方便,取对数似然函数定义 CTC 的损失函数如下:

$$O = -\ln \prod_{(x,z) \in S} p(l \mid x) = -\sum_{(x,z) \in S} \ln p(l \mid x) \quad (11\text{-}6)$$

其中,S 为 RNN 层输出的字符序列,x、z 分别表示输入图像经过 RNN 获得的特征图和 OCR 字符标签。

11.3.2 基于空间注意力残差网络的识别模型:STAR-Net

STAR-Net[18] 提出了一种用于识别场景文本的新型空间注意力残差网络(SpaTial

Attention Residue Network,STAR-Net)。它集成了空间注意力机制,该机制采用空间变换器来消除自然图像中文本的失真,允许后续的特征提取器专注于修正后的文本区域,而不会被扭曲所影响。STAR-Net 还利用残差卷积块来构建一个非常深的特征提取器,将空间注意力机制与残差卷积块相结合,并且采用残差卷积块来提取基于图像的特征,并使用长短时记忆对序列之间的长程依赖进行编码,这对于成功提取此细粒度识别任务的判别文本特征至关重要。

如图 11-10 所示,STAR-Net 主要由三部分组成:空间变换器、残差特征提取器以及CTC 模块。

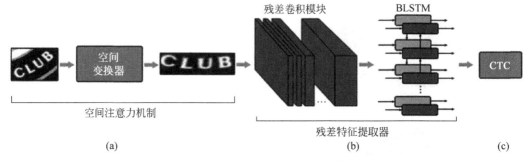

图 11-10　STAR-Net 基本结构图[18]

空间变换器负责引入空间注意力机制,用于将松散的边界和扭曲的文本区域转换为更紧密的边界和校正的文本区域,使后续的特征提取器能够完全专注于提取有区别的文本特征。空间变换器由三部分组成,即定位网络、采样器和插值器,如图 11-11 所示。定位网络用于确定原始文本图像显示的失真,并输出相应的变换参数。基于这些参数,采样器在输入图像上定位采样点,用来明确定义要获取的文本区域。而后插值器通过对距离每个采样点最近邻的四个像素的强度值进行插值来生成输出图像。空间变换器的所有计算过程都是可微的,这允许使用梯度下降算法进行优化。

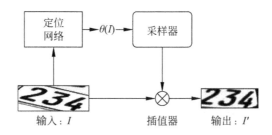

图 11-11　空间变换器工作流程[18]

残差特征提取器使用残差卷积块来提取基于图像的特征,并使用 LSTM 来编码序列特征之间的长距离依赖关系,包括两个卷积层、两个 ReLU 激活函数以及第二个卷积层的输出端与残差块输入端之间的短接。为了避免添加大量普通卷积块而导致的模型退化问题,STAR-Net 使用残差卷积块作为基本组件,构建了一个具有 18 个卷积层的深层特征提取器。

CTC 模块的作用与 CRNN 算法中的相同,用来解决序列识别任务中编解码对齐的问题,删除预测序列中的间隔符与多余的重复字符。

STAR-Net 的网络层数高于先前的任何文本识别网络,能够在失真较小的场景文本上实现与同时期最先进算法相当的性能,并且在失真较大的场景文本上优于这些算法。

11.3.3 具有自动校正功能的鲁棒识别模型:RARE

RARE (Robust text renognizer with Automatic Rectification)[19]是鲁棒的具有自动校正功能的识别模型,它是一种有效的文字识别算法,与其他文字识别算法不同的是,它通过一个空间变换网络来对输入的场景字符串进行校正从而实现了对不规则文本的识别。它主要包含两部分:第一部分是空间变换网络,用来进行图像校正;第二部分是序列识别网络,用来生成文字序列。其主要思想就是在识别文本前,先通过空间变换网络对图像进行校正,再由序列识别网络进行识别,这两个网络可以由反向传播算法联合训练,其基本流程如图 11-12 所示。

图 11-12 RARE 基本流程图[19]

由于场景中的文字并不总是水平排列,因此使用空间变换网络来进行图像校正是非常有必要的。具体的空间变换网络结构如图 11-13 所示,它包含三部分,第一部分是定位网络,它由四层卷积层、一层池化层和两层全连接层组成,用来预测图像校正需要的 K 个基准点。之后利用网格生成器对得到的 K 个基准点进行图像的校正变换,生成输出的采样窗格。最后对得到的窗格进行双线性插值从而得到校正后的图像。

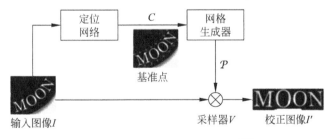

图 11-13 空间变换网络原理图[19]

序列识别网络主要用于识别字符,它的输入是经过空间变换的图像,输出是识别出的字符串。它包含编码器和解码器结构,编码器用于提取图像的特征向量,解码器用于将特征向量解码成字符串,具体结构如图 11-14 所示。其中的编码器结构由卷积神经网络和一个双向的 LSTM 组成,解码器是一个基于门控循环单元(Gated Recurrent Unit,GRU)的序列模型,用于预测当前输出的字符。

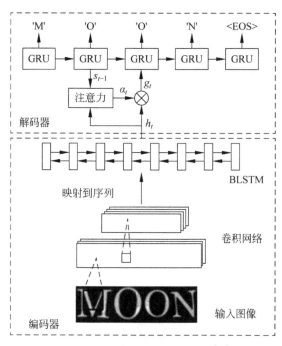

图 11-14　序列识别网络原理图[19]

11.3.4　基于语义推理网络的识别模型：SRN

　　SRN(Semantic Reasoning Networks)[20]即语义推理网络,它与传统的 RNN 方法相比极大地提高了计算效率,同时语义信息也得到了很好的使用。它主要包含三个模块:第一个模块是全局语义推理模块(GSRM),它利用一种新型的传输方式来多路并行考虑全局的语义信息;第二个模块是并行视觉注意力模块(PVAM),它利用注意力机制来提取并行的视觉特征;第三个模块是视觉语义融合解码器(VSFD),它是一种结合了视觉信息和语义信息的高效解码器。SRN 在各种类型的文本图像测试中都达到了一个比较高的水平。

　　SRN 的结构如图 11-15 所示,给定输入图像,首先使用主干网络提取 2D 特征 V。PVAM 用于生成 N 个对齐的一维特征 G,其中每个特征对应于文本中的一个字符并捕获对齐的视觉信息。然后将这 N 个一维特征 G 送入 GSRM 中,以捕获语义信息 S。最后,VSFD 将对齐的视觉特征 G 和语义信息 S 融合在一起,以预测 N 个字符。对于长度小于 N 的文本字符串,将填充 EOS 标记。

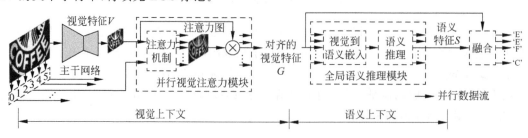

图 11-15　SRN 模型结构图[20]

主干网络使用 FPN 将 ResNet50 的第三阶段、第四阶段和第五阶段的分层特征图进行汇总。因此,输出特征图大小是输入图像的 1/8,通道数是 512。受 Non-local 机制的启发,主干网络还采用了 Transformer 单元以有效捕获全局空间相关性。二维特征图被馈送到两个堆叠的 Transformer 单元中,其中多头注意力中的头数为 8,前馈输出维度为 512。最后,提取出最终增强的二维视觉特征 V。

在主干网络输出二维的视觉特征图之后,PVAM 针对文本行中的每个字符,计算出相应注意力图,通过将其与特征图按像素加权求和,可得到每个目标字符对应的视觉特征。另外,PVAM 用字符的阅读顺序取代上一时刻的隐变量来引导计算当前时刻的注意力图,实现了并行提取视觉特征的目的。

GSRM 用以克服传统 RNN 结构单向语义上下文传递的缺点,基于全局语义信息进行推理。首先将视觉过程转换成语义特征,使用交叉熵损失进行监督,并对其概率分布取最大得到初始的分类结果,同时通过分类结果获取每个字符的嵌入向量,经过多层 Transformer 单元后,得到修正后的预测结果,同样使用交叉熵损失进行监督。

VSFD 对 PVAM 输出的对齐的视觉特征和 GSRM 输出的全局语义特征进行融合,最后基于融合后的特征进行预测输出。

11.4 端到端 OCR 方法

11.4.1 FOTS 模型

快速文本定位(Fast Oriented Text Spotting,FOTS)模型[21]着眼于解决多方向直线文本的检测识别问题,在检测和识别任务之间共享卷积特征图,并引入了 RoIRotate 组件,具有较小的计算开销,使处理时间大为缩短。FOTS 还采用了联合训练策略,能够学习到更多的通用特征,比之前的检测加识别的两阶段方法具有更好的性能。

FOTS 的基本流程如图 11-16 所示,整个模型主要由四部分组成:共享卷积网络、文本检测分支、RoIRotate 组件以及文本识别分支。共享卷积网络首先从输入图像中提取特征图,文本检测分支根据此特征图预测文本边界框,同时 RoIRotate 组件从特征图中提取与检测结果相对应的文本候选特征,然后将其送到文本识别分支以进行文本识别。由于网络中的所有模块都是可微的,因此可以对整个系统进行端到端的训练。

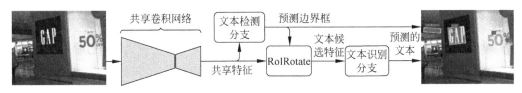

图 11-16　FOTS 流程图[21]

共享卷积网络的结构如图 11-17 所示,其主干是 ResNet50,采用了类似 U-Net 的卷积的共享方法,将底层和高层的特征进行融合。共享卷积网络生成的特征图的分辨率是输入图像的 1/4。

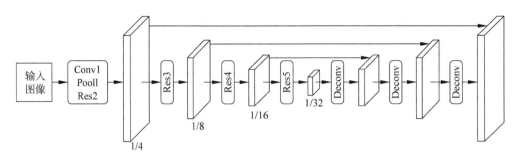

图 11-17　FOTS 共享卷积网络结构图[21]

文本检测分支采用全卷积网络作为文本检测器,根据共享卷积网络产生的特征图输出预测的密集文本框。其增加了一个卷积层,使用 6 个卷积核输出 6 个通道,分别对应每个像素属于文本区域的概率、到文本框上下左右的距离和文本框的旋转角度。在训练时,模型采用了 OHEM 筛选负样本候选以解决样本不均衡问题;在推理时,采样 NMS 以排除对同一目标的重复候选。RoIRotate 组件则对检测出的带朝向的文本区域先进行旋转,待转正后再进行截取以得到水平朝向的文本区域。该输出进入文本识别分支后先经过一系列卷积池化层送入到双向 LSTM。LSTM 单元与图像卷积层像素有一一对应关系,每一单元以对应的卷积层像素和其前后单元为输入,起到结合上下文语义的作用。然后,再通过 CTC 层进行路径概率求和输出最终的文本预测结果。

不过,FOTS 主要是针对直线文本设计的,在面对非直线的任意形状文本时则效果不佳。

11.4.2　PGNet 模型

点聚集网络(Point Gathering Network,PGNet)[13]是图像文本检测与识别同步训练、端到端可学习的网络模型。由于将两阶段的检测和识别集成到了一起,所以在保证识别准确率的同时,还实现了较高的运行速度。

PGNet 的基本流程如图 11-18 所示,首先利用 FCN 模型将输入图像送至主干网络生成特征图 F_{visual},然后 F_{visual} 通过在 1/4 大小的输入图像尺寸上并行执行多任务学习来生成文本边界偏移(TBO)、文本中心线(TCL)、文本方向偏移(TDO)和文本字符分类图(TCC)四个特征图。其中 TBO 及 TCL 经过后处理可以得到文本检测结果,而综合 TCL、TDO、TCC 则可以得到文本识别结果。

获得这四个特征图后,利用每个文本区域的中心点序列,通过多边形恢复和 PG-CTC 解码器,可以在一个阶段中实现对文本实例的检测和识别。在训练阶段,TCL、TBO 和 TDO 由相同比例的标签图监督,而 PG-CTC 损失则用于训练像素级 TCC 图,以解决字符级标注的缺失。在推理阶段,则从 TCL 中提取每个文本实例的中心点序列,并使用 TDO 信息对其进行排序,以恢复正确的阅读顺序,使模型能够正确识别非传统阅读方向的文本。借助 TBO 中相应的边界偏移信息,通过多边形恢复可以在一个阶段中检测每个文本实例。同时,PG-CTC 解码器可以将高级二维 TCC 图序列化为字符分类概率序列,并将其解码为最终的文本识别结果。

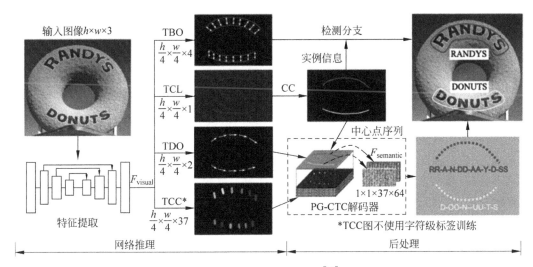

图 11-18　PGNet 原理图[13]

PGNet 用图形细化模块(GRM)来感知单词级语义上下文和视觉上下文,以进一步提高端到端识别的性能。GRM 基本结构如图 11-19 所示,对于每个文本序列,分别构造一个可视图和一个语义图,并将它们的输出 Y_v 和 Y_s 连接在一起,最后使用几个 FC 层进行进一步的字符分类。

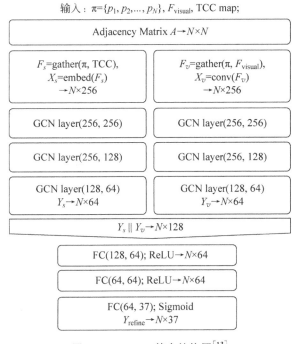

图 11-19　GRM 基本结构图[13]

总体来说,PGNet 的网络结构是 SAST 模型的一种改进和整合,它结合了文本检测中 SAST 的多任务输出和文字识别中的编码器-解码器结构以及 CTC 相关的方法,使得网络集成的同时又达到了很高的精度。

11.5 飞桨实现 OCR 案例

PaddleOCR 是百度开源的超轻量级文字识别模型套件,提供了数十种文本检测、识别模型,旨在打造一套丰富、领先、实用的文字检测、识别模型/工具库,助力使用者训练出更好的模型,并应用落地[22]。目前,不仅开源了超轻量 8.6MB 中英文模型,而且用户可以自定义训练,使用自己的数据集 Finetune 即可达到非常好的效果。PaddleOCR 也提供了多种硬件推理(服务器端、移动端、嵌入式端等全支持)的一整套部署工具,是 OCR 文字识别领域工业级应用的绝佳选择[22]。

同样,也可以在 PaddleHub 中快速使用 PaddleOCR。PaddleHub 可以帮助开发者便捷地获取 PaddlePaddle 生态下的预训练模型,完成模型的管理和一键预测。配合使用 Finetune API,可以基于大规模预训练模型快速完成迁移学习,让预训练模型能更好地服务于用户特定场景的应用。PaddleHub 具有无须数据和训练、一键模型应用、一键模型转服务、易用的迁移学习、具有丰富的预训练模型等优点。

本节主要以 CRNN+CTC 模型为例,详细地介绍在 Paddle 框架下的模型实施过程,主要包括环境准备、数据读取与预处理、网络模型搭建、训练与验证以及测试等步骤。

11.5.1 环境准备

搭建本案例所需 PaddlePaddle 深度学习环境参见 4.3.1 节,推荐在 GPU 版本的 PaddlePaddle 下使用 PaddleOCR。其中,PaddleOCR 的环境需要安装 PaddleOCR 的依赖库,具体操作如下:

```
!git clone https://gitee.com/PaddlePaddle/PaddleOCR.git    # 下载 PaddleOCR
% cd PaddleOCR
!pip install - r requirements.txt
```

11.5.2 数据读取与预处理

这里使用的是 OCR_Dataset 数据集,共包含 9453 张 JPG 图像,每张图像都包含一个由 4 位阿拉伯数字组成的验证码,如图 11-20 所示。

```
# 定义数据展示函数
def show_data(PATH):
    plt.figure(figsize = (10, 10))
    sample_idxs = np.random.choice(50000, size = 25, replace = False)

    for img_id, img_name in enumerate(os.listdir(PATH)):
        plt.subplot(1, 3, img_id + 1)
        plt.xticks([])
        plt.yticks([])
```

```
        im = Image.open(os.path.join(PATH, img_name))
        plt.imshow(im, cmap = plt.cm.binary)
        plt.xlabel("Img name: " + img_name)
    plt.show()
```

Img name: 9450.jpg

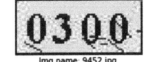
Img name: 9452.jpg

Img name: 9451.jpg

图 11-20　数据展示

下载数据集,待下载完毕后可按照如下的方式进行数据解压,待数据准备工作完成后修改本文"训练配置"中的 DATA_PATH＝解压后数据集路径。

```
# 下载数据集
!wget - O OCR_Dataset.zip https://bj.bcebos.com/v1/ai - studio -
online/c91f50ef72de43b090298a38281e9c59a2d741eadd334f1cba7c710c5496e342?
responseContentDisposition =
attachment % 3B % 20filename % 3DOCR_Dataset.zip&authorization = bce - auth -
v1 % 2F0ef6765c1e494918bc0d4c3ca3e5c6d1 % 2F2020 - 10 - 27T09 % 3A50 % 3A21Z % 2F -
1 % 2F % 2Fddc4aebed803af6c57dac46abba42d207961b78e7bc81744e8388395979b66fa
# 解压数据集
!unzip OCR_Dataset.zip - d data/
```

常见的开发任务中,读者并不一定会拿到标准的数据格式,因此可以通过自定义 DataReader 的形式来读取自己想要的数据。

设计合理的 DataReader 往往可以带来更好的性能。可以将读取标签文件列表、制作图像文件列表等必要操作在 __init__ 特殊方法中实现。这样就可以在实例化 DataReader 时装入内存,避免使用时频繁读取导致增加额外开销。

需要注意的是,如果不能保证数据十分纯净,可以通过 try 和 expect 来捕获异常并指出该数据的位置,或制定一个策略,使其在发生数据读取异常后依旧可以正常进行训练。

```
import os
import PIL.Image as Image
import numpy as np
from paddle.io import Dataset

# 图像信息配置 - 通道数、高度、宽度
IMAGE_SHAPE_C = 3
IMAGE_SHAPE_H = 30
IMAGE_SHAPE_W = 70
# 数据集图像中标签长度最大值设置 - 因图像中均为 4 个字符,故该处填写 4 即可
LABEL_MAX_LEN = 4


class DataReader(Dataset):
    def __init__(self, data_path: str, is_val: bool = False, is_train: bool = True):
        """
        数据读取 Reader
```

```
        :param data_path: Dataset 路径
        :param is_val: 是否为验证集
        :param is_train: 是否为训练状态
        """
        super().__init__()
        self.data_path = data_path
        self.is_train = is_train

        if self.is_train:
            # 训练状态下,读取 Label 字典
            with open(os.path.join(self.data_path, "label_dict.txt"), "r", encoding = "utf - 8") as f:
                self.info = eval(f.read())
            # 获取文件名列表
            self.img_paths = [img_name for img_name in self.info]
            # 训练状态下,将数据集后 1024 张图片设置为验证集,当 is_val 为真时 img_path 切
            # 换为后 1024 张
            self.img_paths = self.img_paths[ - 1024:] if is_val else self.img_paths[ : - 1024]
        else:
            self.img_names = [i for i in os.listdir(data_path) if os.path.splitext(i)[1] == ".jpg"]
            self.img_paths = [os.path.join(data_path, i) for i in self.img_names]

    def get_names(self):
        """
        # 获取验证文件名顺序
        """
        return self.img_names

    def __getitem__(self, index):
        # 获取第 index 个文件的文件名以及其所在路径
        file_name = self.img_paths[index]
        file_path = os.path.join(self.data_path, file_name)
        # 捕获异常 - 在发生异常时终止训练
        try:
            # 使用 Pillow 来读取图像数据
            img = Image.open(file_path)
            # 转为 NumPy 的 array 格式并整体除以 255 进行归一化
            img = np.array(img, dtype = "float32").reshape((IMAGE_SHAPE_C, IMAGE_SHAPE_H,
IMAGE_SHAPE_W)) / 255
        except Exception as e:
            raise Exception(file_name + "\t 文件打开失败,请检查路径是否准确以及图像文件
完整性,报错信息如下:\n" + str(e))

        if self.is_train:
            # 训练状态下,读取该图像文件对应的 Label 字符串,并进行处理
            label = self.info[file_name]
            label = list(label)
            # 将 label 转化为 NumPy 的 array 格式
            label = np.array(label, dtype = "int32")
            return img, label
        else:
            return img
```

```
def __len__(self):
    # 返回每个 Epoch 中图片数量
    return len(self.img_paths)
```

11.5.3 模型构建

模型方面使用的简单的 CRNN 结构,结构如图 11-21 所示,输入形为 CHW 的图像在经过 CNN→Flatten→Linear→RNN→Linear 后输出图像中每个位置所对应的字符概率。考虑到 CTC 解码器在面对图像中元素数量不一、相邻元素重复时会存在无法正确对齐等情况,故额外添加一个类别代表"分隔符"进行改善。

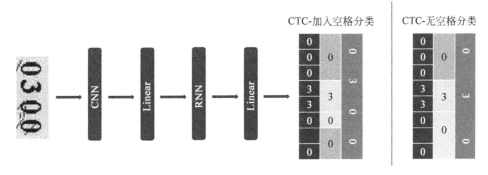

图 11-21　PaddleOCR 的模型配置

由于本节采用的数据集较为简单且图像尺寸较小,并不适合较深层次的网络。若对尺寸较大的图像进行模型构建,可以考虑使用更深层次网络/注意力机制来完成。此外,也可以通过目标检测的形式先检出文本位置,然后进行 OCR 部分的模型构建。图 11-22 展示的是 PaddleOCR 的实际使用效果。

图 11-22　PaddleOCR 效果图

```python
import paddle

# 定义网络结构
class CRNN(paddle.nn.Layer):
    def __init__(self, CLASSIFY_NUM, is_infer: bool = False):
        super().__init__()
        self.is_infer = is_infer

        # 定义一层 3×3 卷积 + BatchNorm
        self.conv1 = paddle.nn.Conv2D(in_channels = IMAGE_SHAPE_C,
                                      out_channels = 32,
                                      kernel_size = 3)
        self.bn1 = paddle.nn.BatchNorm2D(32)
        # 定义一层步长为 2 的 3×3 卷积进行下采样 + BatchNorm
        self.conv2 = paddle.nn.Conv2D(in_channels = 32,
                                      out_channels = 64,
                                      kernel_size = 3,
                                      stride = 2)
        self.bn2 = paddle.nn.BatchNorm2D(64)
        # 定义一层 1×1 卷积压缩通道数,输出通道数设置为比 LABEL_MAX_LEN 稍大的定值可获取
        # 更优效果,当然也可设置为 LABEL_MAX_LEN
        self.conv3 = paddle.nn.Conv2D(in_channels = 64,
                                      out_channels = LABEL_MAX_LEN + 4,
                                      kernel_size = 1)
        # 定义全连接层,压缩并提取特征(可选)
        self.linear = paddle.nn.Linear(in_features = 429, out_features = 128)
        # 定义 RNN 层来更好提取序列特征,此处为双向 LSTM 输出为 2 x hidden_size,可尝试换成
        # GRU 等 RNN 结构
        self.lstm = paddle.nn.LSTM(input_size = 128,
                                   hidden_size = 64,
                                   direction = "bidirectional")
        # 定义输出层,输出大小为分类数
        self.linear2 = paddle.nn.Linear(in_features = 64 * 2, out_features = CLASSIFY_NUM)

    def forward(self, ipt):
        # 卷积 + ReLU + BN
        x = self.conv1(ipt)
        x = paddle.nn.functional.relu(x)
        x = self.bn1(x)
        # 卷积 + ReLU + BN
        x = self.conv2(x)
        x = paddle.nn.functional.relu(x)
        x = self.bn2(x)
        # 卷积 + ReLU
        x = self.conv3(x)
        x = paddle.nn.functional.relu(x)
        # 将 3 维特征转换为 2 维特征 - 此处可以使用 reshape 代替
        x = paddle.tensor.flatten(x, 2)
        # 全连接 + ReLU
        x = self.linear(x)
        x = paddle.nn.functional.relu(x)
```

```
# 双向 LSTM - [0]代表取双向结果,[1][0]代表 forward 结果,[1][1]代表 backward 结果,
# 详细说明可在官方文档中搜索'LSTM'
x = self.lstm(x)[0]
# 输出层 - Shape = (Batch Size, Max label len, Signal)
x = self.linear2(x)

# 在计算损失时 ctc-loss 会自动进行 softmax,所以在预测模式中需额外做 softmax 获取
# 标签概率
if self.is_infer:
    # 输出层 - Shape = (Batch Size, Max label len, Prob)
    x = paddle.nn.functional.softmax(x)
    # 转换为标签
    x = paddle.argmax(x, axis = -1)
return x
```

11.5.4　CTC Loss

了解 CTC 解码器效果后,需要在训练中让模型尽可能接近这种类型输出形式,因此需要定义一个 CTC Loss 来计算模型损失。在飞桨框架中内置了多种损失函数,无须手动复现即可完成损失计算。

```
class CTCLoss(paddle.nn.Layer):
    def __init__(self):
        """
        定义 CTCLoss
        """
        super().__init__()

    def forward(self, ipt, label):
        input_lengths = paddle.full(shape = [BATCH_SIZE, 1], fill_value = LABEL_MAX_LEN + 4,
dtype = "int64")
        label_lengths = paddle.full(shape = [BATCH_SIZE, 1], fill_value = LABEL_MAX_LEN,
dtype = "int64")
        # 按文档要求进行转换 dim 顺序
        ipt = paddle.tensor.transpose(ipt, [1, 0, 2])
        # 计算 loss
        loss = paddle.nn.functional.ctc_loss(ipt, label, input_lengths, label_lengths,
blank = 10)
        return loss
```

11.5.5　训练配置

```
# 数据集路径设置
DATA_PATH = "./data/OCR_Dataset"
# 训练轮数
EPOCH = 10
# 每批次数据大小
```

```
BATCH_SIZE = 16
# 分类数量设置 - 因数据集中共包含 0～9 共 10 种数字 + 分隔符,所以是 11 分类任务
CLASSIFY_NUM = 11
```

11.5.6 模型训练

```
# 定义训练函数
def train(DATA_PATH, EPOCH, BATCH_SIZE, CLASSIFY_NUM):
    # 实例化模型
    model = paddle.Model(CRNN(CLASSIFY_NUM))
    # 定义优化器
    optimizer = paddle.optimizer.Adam(learning_rate = 0.0001, parameters = model.parameters())
    # 为模型配置运行环境并设置该优化策略
    model.prepare(optimizer = optimizer, loss = CTCLoss())

    model.fit(train_data = DataReader(DATA_PATH, is_train = True),          # 指定训练集
            eval_data = DataReader(DATA_PATH, is_val = True, is_train = True),    # 指定验证集
            batch_size = BATCH_SIZE,          # 设置训练批次大小
            epochs = EPOCH,                   # 设置训练轮次
            save_dir = "output/",             # 设置模型保存路径
            save_freq = 1,                    # 保存的 epoch 间隔数
            verbose = 1,                      # 设置日志格式,为输出进度条记录
            drop_last = True)                 # 将数据集最后少于 batch_size 的数据舍弃掉
# 执行训练
train(DATA_PATH, EPOCH, BATCH_SIZE, CLASSIFY_NUM)
```

训练成功命令行的显示如下:

```
The loss value printed in the log is the current step, and the metric is the average value of
previous steps.
Epoch 1/10
step 529/529 [ ============================== ] - loss: 0.4699 - 16ms/step
save checkpoint at /home/chenlong21/online_repo/book/paddle2.0_docs/image_ocr/output/0
Eval begin...
step 63/63 [ ============================== ] - loss: 0.5287 - 9ms/step
Eval samples: 1000
```

11.5.7 验证前准备

(1)参数设置。

```
# 待验证目录 - 可在测试数据集中挑出 3 张图像放在该目录中进行推理
INFER_DATA_PATH = "./sample_img"
# 训练后存档点路径 - final 代表最终训练所得模型
CHECKPOINT_PATH = "./output/final.pdparams"
# 每批次处理数量
BATCH_SIZE = 32
```

（2）展示待验证数据。

```
import matplotlib.pyplot as plt
import PIL.Image as Image
import numpy as np
import os

# 调用数据展示函数,展示待验证图像
show_data(INFER_DATA_PATH)
```

显示的图像如图11-20所示。

11.5.8　开始验证

```
# 编写简易版解码器
def ctc_decode(text, blank = 10):
    """
    # 简易 CTC 解码器
    :param text: 待解码数据
    :param blank: 分隔符索引值
    :return: 解码后数据
    """
    result = []
    cache_idx = -1
    for char in text:
        if char != blank and char != cache_idx:
            result.append(char)
        cache_idx = char
    return result


# 定义验证函数
def predict(INFER_DATA_PATH, CHECKPOINT_PATH, BATCH_SIZE, CLASSIFY_NUM):
    # 实例化推理模型
    model = paddle.Model(CRNN(CLASSIFY_NUM, is_infer = True))
    # 加载训练好的参数模型
    model.load(CHECKPOINT_PATH)
    # 设置运行环境
    model.prepare()

    # 加载验证 Reader
    infer_reader = DataReader(INFER_DATA_PATH, is_train = False)
    img_names = infer_reader.get_names()
    results = model.predict(infer_reader, batch_size = BATCH_SIZE)
    index = 0
    for text_batch in results[0]:
        for prob in text_batch:
            out = ctc_decode(prob, blank = 10)
            print(f"文件名:{img_names[index]},推理结果为:{out}")
            index += 1
```

```
# 执行验证
predict(INFER_DATA_PATH, CHECKPOINT_PATH, BATCH_SIZE, CLASSIFY_NUM)
```

成功运行后,命令行显示的结果如下:

```
Predict begin...
step 1/1 [ ============================== ] - 37ms/step
Predict samples: 3
文件名:9450.jpg,推理结果为:[8, 2, 0, 5]
文件名:9452.jpg,推理结果为:[0, 3, 0, 0]
文件名:9451.jpg,推理结果为:[3, 4, 6, 3]
```

通过推理结果可以看出,模型预测的字符与图像中的数字完全一致,说明通过飞桨构建的验证码识别模型达到了理想的效果。

11.6　本章小结

OCR 任务主要是通过对输入图像处理,检测和识别出其中的文本。本章从文本检测和文本识别两部分介绍 OCR 任务相关的模型,主要包括基于连接预选框网络的文本检测算法 CTPN、针对场景文本的检测算法 CTPN、任意形状文本检测器 SAST、可微二值化检测模型 DBNet,以及基于卷积循环神经网络的 CRNN 文本识别模型、基于空间注意力残差网络的 STAR-Net 文本识别模型、带自动校正的鲁棒 RARE 文本识别器、基于语义推理网络的 SRN 文本识别模型。本章还介绍了 OCR 领域端到端的 FOTS、PGNet 算法,并在飞桨平台下使用 PaddleOCR 快速地完成了一个文本识别模型的搭建和训练。

参考文献

[1]　Epshtein B,Ofek E,Wexler Y. Detecting text in natural scenes with stroke width transform[C]//2010 IEEE computer society conference on computer vision and pattern recognition. 2010:2963-2970.

[2]　Neumann L,Matas J. Real-time scene text localization and recognition[C]//2012 IEEE conference on computer vision and pattern recognition. 2012:3538-3545.

[3]　李进. 基于深度学习的文本识别算法的研究与应用[D]. 北京:北京邮电大学,2020.

[4]　Shi B,Bai X,Belongie S. Detecting oriented text in natural images by linking segments[C]//2017 IEEE conference on computer vision and pattern recognition. 2017:2550-2558.

[5]　Zhi T,Huang W,Tong H,et al. Detecting text in natural image with connectionist text proposal network[C]//European conference on computer vision. 2016:56-72.

[6]　Liao M,Shi B,Bai X,et al. TextBoxes:A fast text detector with a single deep neural network[J]. arXiv preprint arXiv:1611.06779,2016.

[7]　Zhou X,Yao C,Wen H,et al. EAST:An efficient and accurate scene text detector[C]//2017 IEEE conference on computer vision and pattern recognition. 2017:2642-2651.

[8]　Simonyan K,Zisserman A . Very deep convolutional networks for large-scale image recognition[J]. arXiv preprint arXiv:1409.1556,2014.

[9]　He K,Chen Q,Ren S,et al. Deep residual learning for image recognition[C]//2016 IEEE conference on computer vision and pattern recognition. 2016:770-778.

[10]　 Huang G,Liu Z,Van Der Maaten L,et al. Densely connected convolutional networks[C]//2017 IEEE

conference on computer vision and pattern recognition. 2017：2261-2269.

[11] Shi B，Xiang B，Cong Y. An end-to-end trainable neural network for image-based sequence recognition and its application to scene text recognition[J]. IEEE transactions on pattern analysis & machine intelligence，2016，39(11)：2298-2304.

[12] 阮景. 虚拟全景检测定位方法与中文识别方法的研究[D]. 北京：北京邮电大学，2019.

[13] Wang P，Zhang C，Qi F，et al. PGNet：Real-time arbitrarily-shaped text spotting with point gathering network[J]. arXiv preprint arXiv：2104.05458，2021.

[14] 苗腾. 自然场景下图像文本的检测与识别研究与应用[D]. 南京：南京师范大学，2020.

[15] Wang P，Zhang C，Qi F，et al. A single-shot arbitrarily-shaped text detector based on context attended multi-task learning[J]. arXiv preprint arXiv：1908.05498，2019.

[16] Liao M，Wan Z，Yao C，et al. Real-time scene text detection with differentiable binarization[J]. arXiv preprint arXiv：1911.08947，2019.

[17] 余子亮. 基于深度学习的发票识别系统的研究与实现[D]. 南京：南京师范大学，2020.

[18] Liu W，Chen C，Wong K Y K，et al. STAR-Net：a spatial attention residue network for scene text recognition[C]//British machine vision conference 2016. 2016：30-43.

[19] Shi B，Wang X，Lyu P，et al. Robust scene text recognition with automatic rectification[C]//2016 IEEE conference on computer vision and pattern recognition. 2016：4168-4176.

[20] Yu D，Li X，Zhang C，et al. Towards accurate scene text recognition with semantic reasoning networks[C]//2020 IEEE/CVF conference on computer vision and pattern pecognition. 2020：12110-12119.

[21] Liu X，Liang D，Yan S，et al. Fots：Fast oriented text spotting with a unified network[C]//Proceedings of the IEEE conference on computer vision and pattern recognition. 2018：5676-5685.

[22] Du Y，Li C，Guo R，et al. PP-OCRv2：Bag of tricks for ultra lightweight OCR system[J]. arXiv preprint arXiv：2109.03144，2021.

第12章

 图像识别原理与实战

图像识别是计算机视觉中重要的图像处理任务之一,常见于网站搜索、图像查询、个性化推荐、相册分类等实际应用中。本章重点介绍图像识别任务主要流程,包括系统目标识别、特征学习以及特征检索等主要模块实现原理和常见结构,并以百度 PaddlePaddle 飞桨图像识别系统为核心,结合图像识别实战案例深入浅出地介绍图像识别任务系统。

12.1 图像识别系统任务流程基本概述

在机器视觉领域中,图像识别主要依靠特征匹配、数据库检索对图像进行分类和定义。因此,它与图像分类、图像目标检测的内容和使用框架互有交叉。在大数据库支撑下,其与图像分类、检测类似。图像识别任务也一直是计算机视觉研究领域的重点关注对象。

目前,它仍面临以下几个问题。

(1)数据样本数目多:深度学习下的各类计算机视觉处理任务主要是由大数据驱动处理,在完成图像分类、图像识别、目标检测任务前,需要预先对超大量数目类别的训练集进行较为完备且恰当的预处理,用于保证算法精度。

(2)数据样本类别分布不均:面向互联网的海量数据,各类别间的图像数据样本数目不一,各类别之间无法达到相对平衡的数量,因此对于小类别样本无法通过训练达到满意的检测、分类精度。

(3)数据样本需要不断更新:互联网海量数据处于随时更新的状态,但由于计算机视觉中深度学习的网络特性,无法根据数据库实时调节神经网络参数;为了获得新的网络参数,需要依据更新的数据重新训练网络,以达到计算机视觉处理任务的精度要求。

图像分类和目标检测在大型数据库上的多类别数据处理以及数据更新属性下的分类任务中具有一定的局限性。而利用图像识别技术,则可以解决数据库存在的多类别、小样本、数据不均衡等问题,实现视觉系统的快速更新以及对物体的准确识别。

12.1.1 图像识别任务基本介绍

以百度飞桨图像识别系统为例,图像识别任务由已知图像识别特征学习和检索库搜索两部分组成。如图 12-1 所示,其主要流程如下。

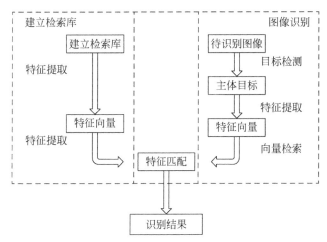

图 12-1 百度飞桨图像识别系统任务流程

(1)通过目标检测算法检测图像中的主体目标。

(2)提取主体目标特征向量。

(3)建立检索数据库,提取检索数据库的特征向量。

(4)利用度量学习将主体目标特征向量与检索数据库特征向量进行度量匹配,完成图像目标索引,输出识别结果。

综上,图像识别系统主要分为目标检测、特征学习、特征检索三个步骤。值得一提的是,在补充新数据库类别时,无须重新训练模型,只需要在检索库中补入该类别特征即可。

12.1.2 百度飞桨图像识别系统简介

百度飞桨图像识别系统主要由 4 个核心部分构成,分别为目标检测、主干网络、特征学习以及特征检索。图像识别系统中每一个核心部分均采用目前计算机视觉领域最前沿、效果最为优良的处理方式和智能算法。在对图像识别系统具体使用过程中,读者可运行整套系统实现完整的图像识别任务,也可以单独针对某一特定部分进行改进和重组,满足不同针对性任务需要。接下来依次对核心模块进行简要介绍。

(1)目标检测。在图像识别系统中,首先需要对图像主体目标进行检测,也就是抓住图像识别"主要对象"。在目标检测任务中,飞桨将近年来较为流行的超轻量网络架构 PP-YOLOv2 作为目标检测算法,可以快速对待识别图像完成高精准度目标主体检测,为后续特征学习和特征检索打好基础,有效提升识别效率和准确率。

(2)主干网络。在完成目标检测任务后,需要对主体目标进行完备且全面的特征提取工作,因此选择合适的主干网络十分重要。飞桨图像识别系统精选 6 种不同类型的特征提取主干网络架构,涵盖适用于高精度要求的服务器模型和适用于轻量级需要的移动端模型。主干核心模块支持读者对部分主干结构核心和非核心部分进行修改或重组,以满足使用者对不同目标物体、不同背景场景的使用需求。

(3) 特征学习。主干网络提取特征的优良程度决定了识别的精准度,飞桨图像识别系统采用了特征学习的方式,融入深度度量学习方法,有效提升特征表征能力,进一步提升图像识别效率。在本部分特征学习模块中,集成 ArcMargin、CenterLoss、TriHard 等目前计算机视觉领域最前沿的度量学习函数,与此同时,读者可以结合其他效果优良的损失函数进行任意组合微调,支持提取最鲁棒、测试效果最佳的图像特征向量。

(4) 特征检索。百度飞桨图像识别系统的第四个核心部分是检索系统,通过检索的方式解决互联网下数据更新重复训练的问题。特征检索部分集成百度自行研发的基于 Mobius 最大内积图搜索算法,能够高效完成在特征学习部分所提取特征向量在庞大数据库中的检索。同时,特征检索部分连接互联网数据库,并随时更新检索库,达到一次训练长期使用的效果。

值得一提的是,读者不仅可以单独或自主组装使用这四部分,还可以直接采用构建好的车辆识别、Logo 识别、商品识别、动漫识别四个模块进行快速识别。在使用过程中,根据不同任务需要,读者只需要补充好检索库,就可以直接投入使用。此外,飞桨图像识别系统在许多领域都有着出色表现。

(1) 支持读者应用在内容及广告推荐:对客户浏览页面中图像进行分析,通过识别图像中的信息,给客户推荐相关内容,或是在页面中展示相关广告,提升广告点击量。

(2) 可应用于新闻资讯类服务、信息检索服务、视频类 App、个性化推荐等业务场景中:图像内容检索,通过图像内容识别给图像打上标签,检索与标签相关的信息,适用于图像搜索等场景;拍照识图,根据拍摄照片,识别图像内容,广泛应用于娱乐类 App,自助结算等业务场景中;相册分类,通过识别图像的信息,实现相册智能分类管理,应用于相册管理类功能和 App。

12.2　目标检测模块

在图像识别系统中,目标检测模块占据非常重要的地位。通过目标检测模型,检测待识别图像中的主要目标对象,为下一步主体目标特征提取确定了主要对象,可以有效提升图像识别效率和准确率。

百度飞桨图像识别系统采用了高精准超轻量的 PP-YOLOv2 检测算法,能够实现图像目标主体的快速检测,极大提高整个图像识别系统的识别效率。其他有关目标检测算法的基本介绍、算法原理以及常用的检测网络、具体应用等相关内容,参见本书第 6 章"目标检测算法原理与实战"中的详细介绍。

12.3　特征学习模块

在完成目标检测任务后,图像识别系统需要对目标对象进行特征提取工作,而特征提取的质量将决定图像识别的精准程度。在图像识别系统中,将此部分内容解读为特征学习模块。度量学习是特征学习模块的核心,其以不同的度量函数作为损失函数,直接决定了提取的图像特征的质量。因此,在接下来的内容中将对度量学习进行详细讲解。

12.3.1 度量学习算法原理及主要内容

在介绍度量学习之前,先来了解下度量(metric)的定义。在数学中,度量也被称为距离函数,是定义一个集合中元素之间距离的函数,一个度量的集合被称为度量空间[1]。

在机器学习领域,度量学习(metric learning)又常被称为相似度学习,是一种对样本进行学习区分不同维度特征空间特征的方法,其目的是增加数据在特征空间中的类间距离,减小类内距离。即让同一个类别的样本具有较小的特征距离,不同类别的样本具有较大的特征距离。通过度量学习,可以定量分析数据样本在高维空间中的数据样本距离,达到测定特征或者数据样本之间的相似性关联程度的目的,而这也正是机器学习和模式识别领域中有关数据分析的核心问题之一。目前常用的方法有 K 近邻方法(KNN)、支持向量机(SVM)、径向基函数网络等分类方法以及 K 均值(K-means)聚类,以及基于图论的一些机器学习算法,它们的性能都与其度量函数所提取的样本间相似性大小直接相关。

为了处理多样化的特征相似度,也可以根据任务特性通过选择合适的特征来手动构建度量函数,但是这种方法费时费力,极有可能使得大量数据集提取的特征向量不稳定且准确度不够,进而影响后续的分类性能。随着深度学习技术的发展,度量学习开始与深度学习相结合,构成深度度量学习。其已经成为提高训练过程中特征提取性能、优化特征提取的一种常见方法,在许多视觉任务上取得了较好效果,例如人脸识别、行人重识别和图像检索等。结合深度学习技术和度量函数,深度度量学习可以针对性地根据不同任务特性自主学习特定的度量损失函数,以便训练出优良的特征向量。例如,如果深度度量学习的任务目标是动物识别,那么就需要构建相应的可以区别不同动物的度量函数训练特征提取网络,强化合适的特征(如体型、颜色、形状等);而如果目标是识别熊科类动物,那么就需要构建一个可以捕获高维空间下不同熊科动物类别差异的特征相似度度量函数。

12.3.2 深度度量学习常见算法框架

目前深度度量学习的应用既可以基于有监督的机器学习框架,也可以与无监督机器学习任务进行结合。一般地,深度度量学习包括两个主体成分:编码网络模型(特征提取模型)和度量损失函数(相似性判别函数)。其具体流程可以分为三部分:对输入数据进行特征编码提取特征,对提取到的特征进行度量,完成提取特征的优化。

深度度量学习的整体流程结构如图 12-2 所示,主要包括数据预处理、编码网络模型、信息瓶颈模块(Neck)、度量损失函数四部分。其中 Neck 部分为自由添加的网络层,如添加的特征嵌入(embedding)层等,在实际设置中此部分也可忽略。训练时,利用度量函数部分的损失函数值对模型进行优化。预测时,一般来说,默认以编码网络模型或 Neck 部分的输出作为特征输出。在编码网络模型中,通常采用孪生神经网络(siamese neural network)。其具有双路网络结构,可在同一网络参数下并行完成不同对象的特征提取。其具体网络结构可以根据目标对象的种类和任务需要,选择适宜的主干网络,例如 ResNet50、DenseNet、

AutoEncoder 等常见特征编码网络。在此过程中,需要去掉原有主干网络最后的 Softmax 层,并且整个模块关注的重点在于如何训练模型,把原始数据编码为特征向量。

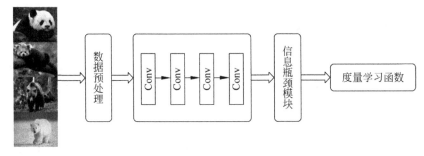

图 12-2　深度度量学习流程框架

度量损失函数是度量学习的关键,其通过度量特征空间的特征距离实现对特征提取的优化,以此完成后续识别、分类等任务。其重点在于将双路或多路并行的网络输出的特征向量进行相似性比对,计算不同映射空间下的距离函数,以此判定结果。度量损失函数的设计是否合适是能否训练网络提取最能反映问题本质,区分数据的特征向量的关键。常见的度量损失函数[2-3]有如下 4 种。

(1) Softmax Loss 度量函数。

$$L_S = -\sum_{i=1}^{m} \log \frac{e^{W_{y_i}^{\mathrm{T}} x_i + b_{y_i}}}{\sum_{j=1}^{n} e^{W_j^{\mathrm{T}} x_i + b_j}} \tag{12-1}$$

这是最常见且较为简单的度量损失函数,考虑了类内分类的距离要求,但是没有考虑类间距离。基于对特征类间距离的分离需要,在后续的研究中,相关学者提出了 Center Loss 度量函数。

(2) Center Loss 度量函数。

Center Loss 不仅仅考虑到分类的正确性要求,而且对类间距离提出了较高要求。c_{y_i} 表示某一类的中心,x_i 表示每个样本的特征值。具体公式如下:

$$L_C = \frac{1}{2} \sum_{i=1}^{m} \| x_i - c_{y_i} \|^2 \tag{12-2}$$

$$\Delta c_j = \frac{\sum_{i=1}^{m} \delta(y_i = j) \cdot (c_j - x_i)}{1 + \sum_{i=1}^{m} \delta(y_i = j)} \tag{12-3}$$

Center Loss 度量函数在使用过程中,所构建度量函数在 Center Loss 基础上加入了 Softmax Loss,并同时使用参数 λ 来控制类内距离。整体的损失函数如下:

$$L = -\sum_{i=1}^{m} \log \left(\frac{e^{W_{y_i}^{\mathrm{T}} x_i + b_{y_i}}}{\sum_{j=1}^{n} e^{W_j^{\mathrm{T}} x_i + b_j}} \right) + \frac{\lambda}{2} \sum_{i=1}^{m} \| x_i - c_{y_i} \|^2 \tag{12-4}$$

（3）Triplet Loss 度量函数。

第三种是最为常见、效果优异的 Triplet Loss（三元度量损失函数），由 Anchor、Negative、Positive 组成。该函数希望 Anchor 和 Positive 尽量靠近（同类距离较近），Anchor 和 Negative 尽量远离（类间距离较大），因此 Triplet Loss 可表示为

$$L_{tri} = \sum_i^N \left[\| f(x_i^a) - f(x_i^p) \|_2^2 - \| f(x_i^a) - f(x_i^n) \|_2^2 + \alpha \right] \tag{12-5}$$

式（12-5）第一项为同类距离，通常希望同类距离越来越小，因此该项前为正号。第二项为不同的类之间的距离，需要不同类别距离较大，但总的度量损失函数值需要变小，因此这一项之前为负号，使之综合表征对同类和异类度量距离的需要程度。Triplet Loss 的目标是使具有相同标签的样本尽可能接近地嵌入空间中，同时使得具有不同标签的样本在嵌入空间中尽量远离。值得注意的一点是，如果只遵循以上两点，最后映射到高维空间的样本可能收敛到一个极小的范围内，且样本和样本之间虽然相对距离较大，但绝对距离仍然较小，陷入过拟合状态。因此，可以考虑加入阈值间隔（margin）的概念，只要不同类别样本的间隔距离大于间隔阈值即可。

（4）Arcface Loss 度量函数。

Arcface Loss 度量函数[2]于 2018 年由伦敦帝国理工学院学者提出，目的是设计适合大规模人脸识别挑战的特征提取增强方法，其将大规模人脸识别任务识别能力提升了近 10%。在后续的研究中发现 Arcface Loss 度量函数在其他识别任务中也同样可以取得优良的效果，是近年来较为前沿的度量损失函数。Arcface Loss 度量函数从特征角度出发，直接在特征向量角度空间中最大化分类界限，具有优良的学习分类效果。其具体公式如下：

$$L_{Arc} = -\frac{1}{N} \sum_{i=1}^N \log \frac{e^{s(\cos(\theta_{y_0} + m))}}{e^{s(\cos(\theta_{y_0} + m))} + \sum_{j=1, j \neq y_i}^k e^{s\cos\theta_j}} \tag{12-6}$$

12.3.3　百度飞桨中深度度量学习应用

在本节中，主要介绍飞桨中的几种主要深度度量学习方法和其使用方法，具体包括数据准备、模型训练、模型微调、模型评估、模型预测五个模块，接下来将进行详细解释。

1. 安装

运行本节代码需要 PaddlePaddle Fluid v0.14.0 或更高的版本环境。

2. 数据准备

Stanford Online Product（SOP）数据集下载自 eBay，包含 120 053 张商品图像，有 22 634 个类别，使用该数据集进行实验。训练时，使用 59 551 张图像，11 318 个类别的数据；测试时，使用 60 502 张图像，11 316 个类别。首先，SOP 数据集可以使用以下脚本下载：

```
cd data/
sh download_sop.sh
```

3. 模型训练

为了训练度量学习模型，需要一个神经网络模型作为骨架模型（如 ResNet50）和度量学

习代价函数来进行优化。首先使用 softmax 或者 arcmargin 来进行训练,然后使用其他的代价函数来进行微调,例如 triplet、quadruplet 和 eml。下面是一个使用 arcmargin 训练的例子。

```
python train_elem.py \
        -- model = ResNet50 \
        -- train_batch_size = 256 \
        -- test_batch_size = 50 \
        -- lr = 0.01 \
        -- total_iter_num = 30000 \
        -- use_gpu = True \
        -- pretrained_model = $ {path_to_pretrain_imagenet_model} \
        -- model_save_dir = $ {output_model_path} \
        -- loss_name = arcmargin \
        -- arc_scale = 80.0 \
        -- arc_margin = 0.15 \
        -- arc_easy_margin = False
```

4. 参数介绍:

(1) **model**:使用的模型名字,默认 ResNet50。

(2) **train_batch_size**:训练的 mini-batch 大小,默认 256。

(3) **test_batch_size**:测试的 mini-batch 大小,默认 50。

(4) **lr**:初始学习率,默认 0.01。

(5) **total_iter_num**:总的训练迭代轮数,默认 30000。

(6) **use_gpu**:是否使用 GPU,默认 True。

(7) **pretrained_model**:预训练模型的路径,默认 None。

(8) **model_save_dir**:保存模型的路径,默认 output。

(9) **loss_name**:优化的代价函数,默认 softmax。

(10) **arc_scale**:arcmargin 的参数,默认 80.0。

(11) **arc_margin**:arcmargin 的参数,默认 0.15。

(12) **arc_easy_margin**:arcmargin 的参数,默认 False。

5. 模型微调

网络微调是在指定的任务上加载已有的模型来微调网络。在用 softmax 和 arcmargin 训完网络后,可以继续使用 triplet、quadruplet 或 eml 来微调网络。下面是一个使用 eml 来微调网络的例子。

```
python train_pair.py \
        -- model = ResNet50 \
        -- train_batch_size = 160 \
        -- test_batch_size = 50 \
        -- lr = 0.0001 \
        -- total_iter_num = 100000 \
        -- use_gpu = True \
        -- pretrained_model = $ {path_to_pretrain_arcmargin_model} \
        -- model_save_dir = $ {output_model_path} \
```

```
        -- loss_name = eml \
        -- samples_each_class = 2
```

6. 模型评估

模型评估主要是评估模型的检索性能。这里需要设置 $path\_to$ $pretrain\_model$。可以使用下面命令来计算 Recall@Rank-1。

```
python eval.py \
        -- model = ResNet50 \
        -- batch_size = 50 \
        -- pretrained_model = $ {path_to_pretrain_model} \
```

7. 模型预测

模型预测主要是基于训练好的网络来获取图像数据的特征,下面是模型预测的例子。

```
python infer.py \
        -- model = ResNet50 \
        -- batch_size = 1 \
        -- pretrained_model = $ {path_to_pretrain_model}
```

12.4 特征检索系统

下面列举了几种度量学习的代价函数在 SOP 数据集上的检索效果,这里使用 Recall@Rank-1 来进行评估,如表 12-1 所示。

表 12-1 Recall@Rank-1

预训练模型	softmax	arcmargin
未微调	77.42%	78.11%
使用 triplet 微调	78.37%	79.21%
使用 quadruplet 微调	78.10%	79.59%
使用 eml 微调	79.32%	80.11%
使用 npairs 微调	—	79.81%

在完成目标检测和特征学习任务后,需要对提取到的图像目标特征向量在数据库中进行检索和匹配,以此达到最佳的图像识别效果。因此,优良的图像检索算法在特征检索系统中占有核心地位。接下来,将对特征检索系统以及飞桨图像识别系统中所采用的特征检索算法进行介绍。

12.4.1 特征检索系统介绍

在图像识别任务中,往往存在一些较为特殊的物体类别,如车辆、商品、植物、动物等,需要识别的类别数较多。因此在进行图像识别任务的时候往往采用基于检索的方式,通过将待识别目标向量与现有数据库特征向量进行快速的最近邻搜索,获得匹配的预测类别,完成图像识别工作[4]。飞桨中存在的向量检索模块为特征检索提供了一种非常有效的近似最近邻搜索算法,其基于百度于 2019 年在 NeurIPS 会议上发表的文章 *Möbius Transformation for Fast Inner Product Search on Graph*[5]。该篇论文提出了一种基于莫比乌斯算法的图结构近似最近邻搜索算法,支持并用于最大内积搜索(MIPS)。该向量检索模块为读者提供了 Python 接口,支持 NumPy 和 tensor 类型向量进行编程,通识支持欧几里得距离 L2 和内积乘积距离计算作为损失函数。

12.4.2　特征检索原理介绍

在特征检索任务中,常见的方法是最大内积搜索算法(Maximum Inner Product Search,MIPS),主要以比较计算特征向量最大向量内积的形式完成搜索任务。随着深度学习中特征学习和度量学习在图像识别中的广泛应用,构建有效特征检索方式成为图像识别的关键举措,具有优良效果的最大内积搜索算法更是在大数据库智能视觉处理任务中使用广泛,并取得卓越效果。例如近几年使用较为广泛的图像搜索经典算法莫比乌斯算法,目前需求量极高的广告系统、推荐系统以及基于深度学习的语言模型等,都会使用计算最大内积的方法来进行目标数据的预筛选,而预筛选的好坏也直接影响到最终的结果。百度的下一代 query-ad(候选目标)匹配算法莫比乌斯算法在传统排序(ranking)以及匹配(matching)组成的匹配算法框架基础上,将原来的排序模型作为先验信息,利用知识蒸馏的方法训练一个小型网络模型,并通过目前最新的近似最近邻(Approximate Nearest Neighbor,ANN)[7]和最大内积搜索(Maximum Inner Product Search,MIPS)算法来加快计算速度。

如今随着数据库的日渐丰富,特征检索也面临着数据量大,检索复杂度高的难题。那么在大规模数据的条件下,如何进行快速的最大内积搜索呢?最简单的方法是暴力搜索算法,但其时间复杂度随着样本维度不断增大,并不能满足短时间能搜索的需要。

百度于 2019 年在国际人工智能顶会 NeurIPS 上提出一种基于莫比乌斯算法的图结构近似最近邻搜索算法,并将其作为飞桨特征检索系统的主要功能模块[5]。该算法通过对高维特征数据进行莫比乌斯变换,映射高维特征数据距离原点的距离,使得原来距离原点越远的点,在经过这个变换后就越近。此时在变换后的数据上加入原点,构建完善 l2-Delaunay,使得原点的所有邻点就是 ip-Delaunay 上的点,因此 l2-Delaunay 子图和基于内积 Delaunay 图存在同构的性质。这种简单但新颖的图索引和搜索算法,为搜索特征空间内积最大的最优解提供了快速有效方案,也为图像识别系统的有效性增添了重要砝码。

12.5　飞桨实现图像识别应用案例

在本节中,将以百度飞桨图像识别系统图像识别实际操作为例,给出操作文档,带领广大读者快速熟悉图像识别系统。

具体本文档包含 3 部分:环境配置、图像识别、未知类别的图像识别。

如果图像类别已经存在于图像索引库中,那么可以直接参考图像识别案例章节,完成图像识别过程;如果希望识别未知类别的图像,即图像类别之前不存在于索引库中,那么可以参考未知类别的图像识别案例章节,完成建立索引并识别的过程。

12.5.1 环境配置

（1）安装：配置 PaddleClas 运行环境。值得注意的是，运行 PaddleClas 需要 PaddlePaddle 2.1.2 或更高的版本。PaddlePaddle 环境和其他环境依赖的具体安装参见 4.3.1 节。此外，如果需要克隆 PaddleClas 模型库，可直接在 GitHub 或者 Gitee 上进行下载，具体命令如下：

```
git clonehttps://github.com/PaddlePaddle/PaddleClas.git - b release/2.2
git clone https://gitee.com/paddlepaddle/PaddleClas.git - b release/2.2
```

（2）进入 deploy 运行目录。本部分所有内容与命令均需要在 deploy 目录下运行，可以通过下面的命令进入 deploy 目录。

```
# 第一次运行请解压该文件压缩包
# !unzip - q - d  /home/aistudio/ /home/aistudio/PaddleClas - release - 2.2.zip
cd /home/aistudio/PaddleClas - release - 2.2/deploy
```

（3）导入所需要的环境模块。

```
import os
import io
import numpy as np
import matplotlib.pyplot as plt
from PIL import Image as PilImage
import paddle
from paddle.nn import functional as F
```

12.5.2 已知类别的图像识别

本项目涉及的检测模型包括 4 个方向（Logo、动漫人物、车辆、商品）的识别。项目中涉及的 inference 模型、测试数据、下载地址以及对应的配置文件可在飞桨官方网站中下载使用。

注意：Windows 环境下如果没有安装 wget，可以按照下面的步骤安装 wget 与 tar 命令，也可以在下载模型时将链接复制到浏览器中下载，并解压放置在相应目录下；Linux 或者 macOS 用户可以通过 wget 命令下载。如果 macOS 环境下没有安装 wget 命令，可以运行下面的命令进行安装。

```
# 安装 homebrew
ruby - e " $ (curl - fsSL https://raw.githubusercontent.com/Homebrew/install/master/install)"
# 安装 wget
brew install wget
```

安装完毕后，可以按照下面的命令下载并解压数据与模型：

```
mkdir models
cd models
# 下载识别 inference 模型并解压
```

```
wget {模型下载链接地址} && tar - xf {压缩包的名称}
cd ..

# 下载 demo 数据并解压
wget {数据下载链接地址} && tar - xf {压缩包的名称}
```

下载、解压 inference 模型与 demo 数据。以商品识别为例,下载 demo 数据集以及通用检测、识别模型,命令如下:

```
!mkdir/home/aistudio/paddleClas - release - 2.2/deploy/models
cd/home/aistudio/paddleClas - release - 2.2/deploy/models
# 下载通用检测 inference 模型并解压
!wget https://paddle - imagenet - models - name. bj. bcebos. com/dygraph/rec/models/ inference/
ppYOLOv2_r50vd_dcn_mainbody_v1.0_infer. tar && tar - xf ppYOLOv2_r50vd_dcn_mainbody_v1.0_
infer. tar
# 下载识别 inference 模型并解压
!wget https://paddle - imagenet - models - name. bj. bcebos. com/ygraph/rec/ models/inference/
product_ResNet50_vd_aliproduct_v1.0_infer. tar && tar - xf product_ResNet50_vd_aliproduct_
v1.0_infer. tar
cd/home/aistudio/paddelClas - release - 2.2/deploy
# 下载 demo 数据并解压
!wget https://paddle - imagenet - models - name. bj. bcebos. com/dygraph/rec/data/recognition_
demo_data_v1.0. tar && tar - xf recognition_demo_data_v1.0. tar
```

解压完毕后,recognition_demo_data_v1.0 文件夹下应有如下文件结构:

```
├── recognition_demo_data_v1.0
│    ├── gallery_cartoon
│    ├── gallery_logo
│    ├── gallery_product
│    ├── gallery_vehicle
│    ├── test_cartoon
│    ├── test_logo
│    ├── test_product
│    └── test_vehicle
├── ...
```

其中 gallery_xxx 文件夹中存放的是用于构建索引库的原始图像,test_xxx 文件夹中存放的是用于测试识别效果的图像列表。

models 文件夹下应有如下文件结构:

```
├── product_ResNet50_vd_aliproduct_v1.0_infer
│    ├── inference. pdiparams
│    ├── inference. pdiparams. info
│    └── inference. pdmodel
├── ppYOLOv2_r50vd_dcn_mainbody_v1.0_infer
│    ├── inference. pdiparams
│    ├── inference. pdiparams. info
│    └── inference. pdmodel
```

12.5.3 商品识别与检索

以商品识别 demo 为例,展示识别与检索过程(如果希望尝试其他方向的识别与检索效果,在下载解压好对应的 demo 数据与模型之后,替换对应的配置文件即可完成预测)。

1. 识别单张图像

运行下面的命令,实现相应功能。

```
# 图像存储路径为
./recognition_demo_data_v1.0/ test_product/ daoxiangcunjinzhubing_6.jpg
# 使用下面的命令使用 GPU 进行预测
python3.7 python/predict_system.py - c configs/inference_product.yaml
# 使用下面的命令使用 CPU 进行预测
python3.7 python/predict_system.py - c configs/inference_product.yaml - o Global.use_gpu = False
```

注意:这里使用了默认编译生成的库文件进行特征索引,如果与用户的环境不兼容,导致程序报错,可以参考向量检索重新编译库文件。

待检索图像如图 12-3 所示。

最终输出结果如下:

```
[{'bbox': [287, 129, 497, 326], 'rec_docs': '稻香村金猪饼', 'rec_scores': 0.8309420943260193},
{'bbox': [99, 242, 313, 426], 'rec_docs': '稻香村金猪饼', 'rec_scores': 0.7245652079582214}]
```

其中 bbox 表示检测出的主体所在位置,rec_docs 表示索引库中与检测框最为相似的类别,rec_scores 表示对应的置信度。

检测的可视化结果也保存在 output 文件夹下,对于本张图像,识别结果可视化如图 12-4 所示。

图 12-3 图像识别系统识别示例输入(1)

图 12-4 图像识别系统识别结果示例(1)

2. 基于文件夹的批量识别

如果希望预测文件夹内的图像,可以直接修改配置文件中的 Global. infer_imgs 字段,也可以通过下面的-o参数修改对应的配置。

```
# 使用下面的命令使用 GPU 进行预测,如果希望使用 CPU 预测,可以在命令后面添加 - o Global.use_
gpu = False
python3.7 python/predict_system.py - c configs/inference_product.yaml - o Global.infer_imgs
= "./recognition_demo_data_v1.0/test_product/"
```

终端中会输出该文件夹内所有图像的识别结果,如下所示:

```
...
[{'bbox': [37, 29, 123, 89], 'rec_docs': '香奈儿包', 'rec_scores': 0.6163763999938965}, {'bbox
': [153, 96, 235, 175], 'rec_docs': '香奈儿包', 'rec_scores': 0.5279821157455444}]
[{'bbox': [735, 562, 1133, 851], 'rec_docs': '香奈儿包', 'rec_scores': 0.5588355660438538}]
[{'bbox': [124, 50, 230, 129], 'rec_docs': '香奈儿包', 'rec_scores': 0.6980369687080383}]
[{'bbox': [0, 0, 275, 183], 'rec_docs': '香奈儿包', 'rec_scores': 0.5818190574645996}]
[{'bbox': [400, 1179, 905, 1537], 'rec_docs': '香奈儿包', 'rec_scores': 0.9814301133155823}]
[{'bbox': [544, 4, 1482, 932], 'rec_docs': '香奈儿包', 'rec_scores': 0.5143815279006958}]
[{'bbox': [29, 42, 194, 183], 'rec_docs': '香奈儿包', 'rec_scores': 0.9543638229370117}]
...
```

所有图像的识别结果可视化图像也保存在 output 文件夹内。

更多地,可以通过修改 Global. rec_inference_model_dir 字段来更改识别 inference 模型的路径,通过修改 IndexProcess. index_path 字段来更改索引库索引的路径。

3. 未知类别的图像识别体验

对图像./recognition_demo_data_v1.0/test_product/anmuxi.jpg 进行识别,命令如下:

```
# 使用下面的命令使用 GPU 进行预测,如果希望使用 CPU 预测,则可以在命令后面添加 - o
Global. use_gpu = False
python3.7 python/predict_system.py - c configs/inference_product.yaml - o
Global. infer_imgs = "./recognition_demo_data_v1.0/test_product/anmuxi.jpg"
```

待检索图像如图 12-5 所示。

图 12-5 图像识别系统识别示例输入(2)

输出结果为空,由于默认的索引库中不包含对应的索引信息,所以这里识别结果有误,此时通过构建新的索引库的方式,完成未知类别的图像识别。

当索引库中的图像无法覆盖实际识别的场景时,即在预测未知类别的图像时,我们需要将对应类别的相似图像添加到索引库中,从而完成对未知类别的图像识别,这一过程是不需要重新训练的。

(1)准备新的数据与标签。

首先需要将与待检索图像相似的图像列表复制到索引库原始图像的文件夹(./recognition_demo_data_v1.0/gallery_product/gallery)中,运行下面的命令复制相似图像。

```
cp -r ../docs/images/recognition/product_demo/gallery/anmuxi ./
recognition_demo_data_v1.0/gallery_product/gallery/
```

然后需要编辑记录了图像路径和标签信息的文本文件(./recognition_demo_data_v1.0/gallery_product/data_file_update.txt),这里基于原始标签文件,新建一个文件。命令如下:

```
# 复制文件
cp recognition_demo_data_v1.0/gallery_product/data_file.txt
recognition_demo_data_v1.0/gallery_product/data_file_update.txt
```

在文件 recognition_demo_data_v1.0/gallery_product/data_file_update.txt 中添加以下信息。

```
gallery/anmuxi/001.jpg     安慕希酸奶
gallery/anmuxi/002.jpg     安慕希酸奶
gallery/anmuxi/003.jpg     安慕希酸奶
gallery/anmuxi/004.jpg     安慕希酸奶
gallery/anmuxi/005.jpg     安慕希酸奶
gallery/anmuxi/006.jpg     安慕希酸奶
```

每一行的文本中,第一个字段表示图像的相对路径,第二个字段表示图像对应的标签信息,中间用 Tab 键分隔开(注意,有些编辑器会将 tab 自动替换为空格,这种情况下会导致文件解析报错)。

(2)建立新的索引库。

使用下面的命令构建 index 索引,加速识别后的检索过程。

```
python3.7 python/build_gallery.py -c configs/build_product.yaml -o
IndexProcess.data_file = "./recognition_demo_data_v1.0/gallery_product/data_file_update.
txt" -o
IndexProcess.index_path = "./recognition_demo_data_v1.0/gallery_product/index_update"
```

最终新的索引信息保存在文件夹:

```
./recognition_demo_data_v1.0/gallery_product/ index_update 中.
```

12.5.4 基于新的索引库的图像识别

使用新的索引库,对上述图像进行识别,运行命令如下。

♯ 使用下面的命令使用 GPU 进行预测,如果希望使用 CPU 预测,则可以在命令后面添加 − o

Global. use_gpu = False

python3.7 python/predict_system. py − c configs/inference_product. yaml − o

Global. infer_imgs = "./recognition_demo_data_v1.0/test_product/anmuxi. jpg" − o

IndexProcess. index_path = "./recognition_demo_data_v1.0/gallery_product/index_update"

输出结果如下：

[{'bbox': [243, 80, 523, 522], 'rec_docs': '安慕希酸奶', 'rec_scores': 0.5570770502090454}]

最终识别结果为安慕希酸奶,识别正确,识别结果可视化如图 12-6 所示。

图 12-6　图像识别系统识别结果示例(2)

12.6　本章小结

　　本章系统综合概述了百度飞桨中图像识别系统的模块构成、算法原理以及代码实现部分,分别对目标检测、特征学习和图像检索模块展开介绍,方便读者使用和拓展图像识别系统。

参考文献

[1] Xing,E,Jordan M,Russell S,et al. Distance metric learning with application to clustering with side-information[C]//Advances in neural information processing systems. 2002：505-512.

[2] Deng J,Guo J,Xue N,et al. Arcface：Additive angular margin loss for deep face recognition[C]//Proceedings of the IEEE/CVF conference on computer vision and pattern recognition. 2019：4690-4699.

[3] Wang X,Hua Y,Kodirov E,et al. Ranked list loss for deep metric learning[C]//Proceedings of the IEEE/CVF conference on computer vision and pattern recognition. 2019：5207-5216.

[4] Morozov S,Babenko A. Non-metric similarity graphs for maximum inner product search[C]//Advances in neural information processing systems. 2018：4721-4730.

[5] Zhou Z，Tan S，Xu Z，et al. Möbius transformation for fast inner product search on graph［C］// Advances in neural information processing systems. 2019：8216-8227.

[6] Malkov Y A，Yashunin D A. Efficient and robust approximate nearest neighbor search using hierarchical navigable small world graphs［J］. IEEE transactions on pattern analysis and machine intelligence，2018，42(4)：824-836.